高等职业教育园林类专业系列教材

园林植物养护

沈 楠 主编

中国林业出版社
China Forestry Publishing House

内 容 简 介

本教材以项目、任务为体例编写,内容包括园林树木养护、草坪养护、花卉养护和园林养护工程招投标与合同4个项目。每个项目分别由不同的任务组成,每个任务由任务指导书、相关知识、生产应用、课后习题等组成。任务指导书包括任务目标、任务描述、材料及工具、任务实施指导4个部分组成,根据学生的实际情况,使其在充分消化所学知识的基础上,学会如何执行任务并以企业真实的工作环境为场景,亲身实践,以实现"做中学、做中教"的职教理念。

图书在版编目(CIP)数据

园林植物养护 / 沈楠主编. —北京:中国林业出版社,2021.1(2024.1 重印)
ISBN 978-7-5219-0987-6

Ⅰ.①园… Ⅱ.①沈… Ⅲ.①园林植物-观赏园艺-高等职业教育-教材 Ⅳ.①S688

中国版本图书馆 CIP 数据核字(2021)第 009968 号

中国林业出版社·教育分社

策划编辑: 田 苗 曾琬淋 田 娟 责任编辑: 曾琬淋
电话:(010)83143630 传真:(010)83143516

出版发行	中国林业出版社(100009 北京市西城区刘海胡同7号) E-mail: jiaocaipublic@ 163. com http://www.forestry.gov.cn/lycb.html
印　刷	北京中科印刷有限公司
版　次	2021 年 1 月第 1 版
印　次	2024 年 1 月第 2 次印刷
开　本	787mm×1092mm 1/16
印　张	16
字　数	435 千字(含数字资源)
定　价	58.00 元

数字资源

未经许可,不得以任何方式复制或抄袭本书之部分或全部内容。
版权所有　侵权必究

前言

随着社会经济的发展以及人们生活水平的提高，城市园林绿化得到了快速稳定的发展，园林绿化规模进一步加大，园林植物的应用种类也大大增加。全国各地城市绿化中，园林植物养护的任务比较繁重，同时对于园林植物养护的专业人才需求量加大，社会对高素质技能型人才有了更高的要求。根据教育部《关于全面提高教育教学质量的若干意见》的文件精神，编写一部贴近园林产业发展和生产实践需要并符合时代需求，适用于现代农林类高职教育和园林企业员工培训的教材，成为专业教育工作者的首要任务。

本教材由辽宁生态工程职业学院与沈阳金点园艺销售有限公司合作开发，涵盖高级养护工的全部工作任务，与苗木生产、园林景观设计、园林工程施工等一起，形成了园林植物"种植—设计—施工—养护"的完整工作过程体系。强调"职业教育与职业资格证书相融合""教学做一体化""高职专业教育与创新创业教育相结合"等人才培养模式及目标，突出体现高职教育和企业培训对于加强实践能力培养的基本要求。主要供高等职业院校园林相关专业师生参阅，也可为园林行业及相关专业的从业者，以及园林绿化、设计等领域的工程技术人员和管理人员提供参考。

本教材共4个项目23个任务，主要介绍园林绿地养护(包括园林树木养护、园林草坪养护、园林花卉养护)和园林养护招投标、预算的基本原理及操作方法。注重理论与生产实践相结合，强调职业性、实践性，可操作性强，及时融进新知识、新观念、新方法，呈现内容的专业性和开放性，培养读者进行园林植物养护的实践能力。此外，本教材还配备了相应的数字资源。

本教材是笔者多次深入园林养护企业调研，在企业专家的大力支持下，结合多年的科研及教学经验编写而成。编写人员均具有丰富的教学和实践经验。

本教材由沈楠主编，刘丽馥、张玉忱为副主编，各项目、任务编写分工如下：沈楠编写前言、课程导入、任务1.1至任务1.3、任务1.6、任务1.7、任务4.4和数字资源中的附录8；陈丽媛编写任务1.4、任务1.5；傅海英编写任务1.8、任务1.9、任务2.6；刘丽馥编写任务2.1、任务2.5、任务2.7和任务4.5；单兴宇编写任务2.2至任务2.4；张影编写任务3.1、任务3.2；李月编写任务4.1至任务4.3；唐晓棠编写数字资源中的附录1至附录7；张玉忱编写数字资源中的附录9、附录10。

  本教材编写过程中，得到了沈阳金点园艺销售有限公司及相关物业公司的大力支持与配合，在此谨向有关企业、专家表示感谢！

  由于编者水平有限，书中难免存在不妥及疏漏之处，敬请读者批评指正。

编　者

2020年7月

目 录

前 言
课程导入 ·· 001
项目1 园林树木养护 ·· 003
    任务1.1　园林树木补植 ··· 004
    任务1.2　园林树木土壤管理 ·· 016
    任务1.3　园林树木营养管理 ·· 026
    任务1.4　园林树木水分管理 ·· 039
    任务1.5　园林树木整形修剪 ·· 047
    任务1.6　树体保护 ··· 062
    任务1.7　古树名木养护管理 ·· 076
    任务1.8　园林树木病害防治 ·· 086
    任务1.9　园林树木虫害防治 ·· 097

项目2 园林草坪养护 ·· 113
    任务2.1　草坪补植 ··· 114
    任务2.2　草坪修剪 ··· 128
    任务2.3　草坪水分管理 ··· 134
    任务2.4　草坪施肥 ··· 141
    任务2.5　草坪杂草防除 ··· 149
    任务2.6　草坪病虫害防治 ·· 156
    任务2.7　草坪辅助养护管理 ·· 163

项目3 园林花卉养护 ·· 173
    任务3.1　花坛栽植与补植 ·· 174
    任务3.2　花坛花卉养护 ··· 192

项目 4　园林养护工程招投标与合同 ········ 205

任务 4.1　园林养护工程招投标 ········ 206
任务 4.2　园林养护工程合同签订 ········ 212
任务 4.3　园林养护预算 ········ 220
任务 4.4　制订园林树木养护管理月历 ········ 233
任务 4.5　制订草坪养护管理月历 ········ 240

参考文献 ········ 249

课程导入

1　课程内涵

园林植物是指一切具有观赏价值(观花、观叶、观果及观树姿)的植物的统称,包括树木、草坪和花卉。园林植物是构成园林景观的基本材料。园林植物具有美化、绿化、香化、彩化景观的作用,同时能起到净化和保护环境的作用。

园林植物养护是根据园林植物的生理特性与生长规律,为达到特定的景观效果与生态服务功能,而采取的一系列技术处理措施和人为控制行为。

随着城市的发展、经济的增长和社会的进步,城市绿化已逐步将园林绿化理念有机结合起来。一般来说,园林植物的种植施工时间不是很长,但"三分种,七分养",园林景观建成后的养护则是一个漫长的过程。一项园林工程或一个园林作品能否达到理想的效果,最大限度地发挥绿地的综合功能,在很大程度上取决于养护管理水平的高低。养护工作在一定程度上或一定时期就是施工过程的延续,养护管理也可以说是一项对园林作品或园林绿地建设施工的完善与再加工的过程。

因此,园林植物能够正常生长的关键是养护,根据植物不同的生长需要和特定要求,及时采取园林养护措施是非常必要的。

2　课程定位

本课程涵盖高级养护工的全部工作任务,同时涵盖绿化工的工作任务。该课程与前修课程苗木生产、园林景观设计、园林工程施工等形成了园林植物"种植—设计—施工—养护"的完整工作过程课程体系。

3　主要内容

园林植物养护的主要内容是指为了维持植物生长发育对诸如光照、温度、土壤、水分、肥料、气体等外界环境因子的需求所采取的土壤改良、松土、除草、水肥管理、越冬越夏、病虫防治、修剪整形、生长发育调节等诸多措施。园林植物养护的具体方法因园林植物的种类、所处地区、环境和栽培目的而不同。

在园林植物的养护中应顺应植物生长发育规律和生物学特性,以及当地的具体气候、土壤、地理等环境条件,还应考虑设备设施、经费、人力等主观条件,因时、因地、因植物制宜。

本课程根据园林行业的实际岗位(园林养护工)确定课程内容；依据岗位的典型工作内容和季节确定课程的大纲，项目实施按真实企业的养护管理流程进行；实施过程融入企业的要素，内容的编制与确定全程由园林养护企业参与，在企业岗位的真实情境下设置典型的工作任务。

4　学习方法

本课程的学习，应注重任务的实施和规范化操作，注重生态保护，在掌握课程理论内容的基础上，用园林养护专业技术指导园林植物养护工作。在任务实施的过程中，应不怕脏、不怕累、能吃苦，并通过与组员配合完成任务实施，培养与人沟通、协作、组织的能力。

项目 1
园林树木养护

学习内容

任务 1.1　园林树木补植
任务 1.2　园林树木土壤管理
任务 1.3　园林树木营养管理
任务 1.4　园林树木水分管理
任务 1.5　园林树木整形修剪
任务 1.6　树体保护
任务 1.7　古树名木养护管理
任务 1.8　园林树木病害防治
任务 1.9　园林树木虫害防治

任务1.1 园林树木补植

任务指导书

>> 任务目标

了解各类绿化树木栽植方法；掌握乔木、灌木、绿篱、藤本树木中死亡和生长不良的树木的分辨原则，裸根树和带土球树的栽植，以及树木移植后的管理措施。

>> 任务描述

1. 根据养护需要，进行树木补植调查、补植方案制订。
2. 补植工作任务的实施。
3. 补植后的养护工作任务的实施。

>> 材料及工具

计算机、手机、铁锹、水桶、喷壶、草绳、木棍、树木营养液、电钻等。

>> 任务实施指导

1. 树木补植前准备：补植调查→苗木准备→补植地准备。
2. 树木补植技术：补植树木移栽前的修剪→补植树的栽植。
3. 树木补植后管理：围堰→浇水→封堰→设置支柱及保护器。

相关知识

1.1.1 树木补植前准备

1.1.1.1 补植调查

首先对死亡的或者是病虫害发生严重的树木进行登记，登记内容包括树木的品种、树龄、胸径、冠幅、死亡的原因等，记录好详细信息，有助于购买相同规格的苗木，并尽早补植，这样不会影响补植后的景观效果。

需要注意的是，补植的树木应选用原来树种，规格也要求相近似。若改变树种或规格，则须与原来的景观相协调。行道树补植必须与同路段树种一致。

1.1.1.2 苗木准备

要确保绿化工程质量，首先要选用优良、符合设计要求的树苗，尤其是补栽树种，必须要规格达标，才能体现出原绿化设计的景观效果。在苗圃中将所需符合规格的苗木从生长地点挖起，用于绿化补植。苗木出圃作为育苗工作中最后一个重要环节，关系到苗木的质量和经济效益。出圃工作做得仔细、做得好，可以提高补植苗木质量，减少苗木损失。相反，如果在出圃环节中不注意，不严格按照操作程序，容易造成苗木根系受损伤、苗根干燥及苗冠形状的破坏、失衡，从而降低苗木的质量，影响补植效果。

(1)起苗

起苗又称掘苗，就是把苗木从苗圃地上挖起来，不使其受损伤的过程。起苗操作技术的好坏对苗木质量影响很大，一株经过多年培育而又生长很好的苗木，往往由于起苗操作不慎，使根系受伤过重或只带很少的主、侧根，或者顶芽损伤、苗干受损等，致使栽植后成活希望很小，结果变成一株废苗。如果多数苗木损伤，就会给苗圃的经济收益造成损失。因此，起苗工作必须仔细、严谨，按照操作规程执行，做到操作施工安全，并按规定标准带足根系，且根系必须附有足够的土壤，同时不能损伤苗干、顶芽(图1-1-1)。

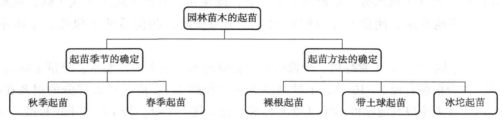

图1-1-1　苗木起苗程序和方法

①起苗季节的确定　在园林树木补植工作中，尽量做到随起随栽，将起苗时间和栽苗时间紧密配合。主要根据园林树木补植的季节来确定起苗的时间，大致分为春、秋两季。

A. 秋季起苗　应在秋季苗木停止生长后，树木生理活动减弱，叶片基本脱落之后进行。秋季起苗有利于根系伤口的愈合和劳动力调配，也有利于苗圃地的冬耕和因苗木带土球使苗床出现大穴而必须回填土壤等圃地整地工作。对于生长较早的树种适宜秋季起苗，如梅花、蜡梅、落叶松、水杉等。过于严寒的北方地区，一些幼苗在苗圃内不能保证安全越冬，需要将苗木挖起假植越冬的地区，也应在秋季起苗。

B. 春季起苗　在春季树木生理活动开始活跃，树液开始流动前起苗，主要用于不宜冬季假植越冬的常绿树、假植不便的大规格苗木，或根部含水量较高的落叶树种如泡桐、枫杨、柳树等。应做到随起苗随栽植，不仅可以提高成活率，而且可省工，节省种植成本。

需要注意的是，落叶树种从秋季落叶开始到翌年春季树液开始流动以前都可进行。常绿树种除上述时间外，也可在雨季起苗。

②起苗方法的确定　起苗方法得当与否关乎苗木的质量，起苗合理有利于保证苗木根系完整，苗冠合理，对于苗木成活率有保证，同时起苗方法对于节省培育成本具有影响，所以，需要根据具体苗木类型、生长特点和作业施工季节选择正确的起苗方法，最大限度地提高苗木的移植成活率和苗木质量。根据苗木类型和树种生长习性，起苗方法可以分为裸根起苗、带土球起苗和冰坨起苗3种类型。

A. 裸根起苗　规格较小的绝大多数落叶树种和少数常绿树种小苗，如红枫、樱花、紫荆、紫玉兰、白玉兰、石榴、黄杨、侧柏、马尾松、油松等小苗均可采用裸根起苗。起小苗时，沿苗行方向距苗行20cm左右，先挖1行沟，在沟壁下侧挖斜槽，根据起苗深度切断苗主根。一般留苗根长15~20cm，在第二行苗与第一行苗间插入铁锹，切断侧根，把苗木向沟内推倒，即可取苗。注意不可硬拔，免伤侧根和须根。对于推倒后的苗木，要注意根系多带土壤，不损伤主干和顶芽。

对于繁育周期3年以上、苗木胸径在5cm以上的大规格苗木，在裸根起苗时，应单株挖掘，起苗时切断根系周围其他根系的连接，带根系的幅度为其根颈粗度的5~6倍，在规定的根系幅度稍大的范围外挖沟，切断全部侧根。然后于一侧向内深挖，并将主根切断。粗根最好用手锯断开，以免根系被劈裂。轻轻放倒苗木并打碎根部泥土，尽量保留须根。挖好的苗木立即打泥浆蘸根系。苗木如果不能及时运走，应放在阴凉通风处临时埋根种植，苗木枝叶适当剪截一些，以减少蒸发。

在砂质土壤或土壤水分含量较低的情况下，或在起苗前如果遇到天气干燥，应提前2~3d对起苗地灌水，使苗木充分吸收水分，土质变软，起苗后便于包扎，土球不致松散。

B. 带土球起苗　对于常绿树、珍稀树木、名贵树木和较大的花灌木，应带土球起苗。土球的直径为根颈直径8~10倍。土球高度为其直径的2/3，应包括大部分的根系在内。花灌木的土球大小以其冠幅的1/4~1/2为标准。在天气干旱时，为了防止土球松散，于挖前1~2d灌溉，增加土壤的黏结力。起苗程序按照束冠、清基、画圈、挖掘、包扎5个步骤进行。挖苗时先将树冠用草绳拢起，再将苗干周围无根生长的表层土壤铲去，清理根部附近的枝叶、石块等杂物，以苗干基部为圆心、苗干直径的6~8倍为直径画圈，在圈的外侧挖一条操作沟，沟深与土球高度相等或至少是土球直径的2/3。沟壁应垂直，遇到细根用铁锹斩断，对于粗度3cm以上的粗根不能用锹斩断，只能用手锯断开，以免震裂土球。挖至规定深度，用铁锹将土球表面及周围修平，使土球呈现上大下小的苹果形或锅底形，主根较深的树种则土球呈萝卜形。土球上表面中部稍高，周围浑圆光滑，逐渐向外倾斜，其肩部应圆滑，不留棱角，这样包扎时比较牢固，不易滑脱。土球的下部直径一般不应超过土球直径的1/3，自上向下修土球至一半高度时，应逐渐向内缩小至规定的标准。最后用铁锹或起苗铲从土球底部斜着向内切断主根，使土球与地底分开。在土球下部主根未切断前，不得硬推土球或硬扳动树干，以免土球破裂和根系断损。若土球底部松散，必须及时填塞泥土或干草，并包扎结实。最后，拴好绳子后用木杆或竹竿将土球抬出土坑，装车或移栽。

C. 冰坨起苗　东北地区利用冬季土壤结冻层深的特点及水分结冰固着土壤的能力增强的特性，采用冰坨起苗法。冰坨的直径和高度的确定以及挖掘方法，与带土球起苗方法基本一致。当气温降至-12℃左右时挖掘土球。如果挖开侧沟，发现下部冻得不牢、不深，可于坑内停放2~3d。如果因土壤干燥冻结不实，可于土球外泼水，待土球冻实后，用铁钎插入冰坨底部，用锤将铁钎打入，直至震掉冰坨为止。为保持冰坨的完整，掏底时不能用力太猛、太重，以防震碎。如果挖掘深度不够，铁钎打入后不能震掉冰坨，可以继续挖至足够深度为止。冰坨起苗适用于北方地区的针叶树，如落叶松、樟子松、油松、赤松等。为防止碰伤或折断主干顶芽和便于操作，起苗前用草绳将树冠隆起，用3~4根长80cm左右的树枝，将顶芽包住再用绳索捆紧。

(2)苗木包装与运输

根据苗木类型实施相应的包装,再进行苗木的运输。苗木运输之前还需要检疫,只有通过检疫,领取检疫证书,才能运输(图1-1-2)。

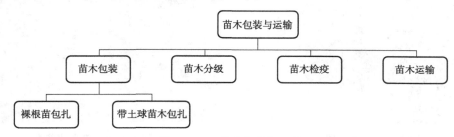

图 1-1-2　苗木包装与运输

①苗木包装

A. 裸根苗包扎　裸根苗一般容易受风吹日晒而失水过多,影响成活和今后的生长。据试验,侧柏1年生播种苗,在春季阳光下,根部暴晒1h,成活率为67%,2h为60%,4h后只有3.1%。因此,没有土壤保护根系,苗木成活率往往会大大降低。为了保证裸根苗根系不干燥,可以采用湿草包起或打泥浆。带土球的苗木是否需要包扎(有时称为包装),视苗木种类、土球大小、土质松紧及运输距离的远近而定。一般近距离运输土质紧实、土球较小的苗木时,可以不必包扎。凡是土球直径在30cm以上一律要包扎,确保土球不散。

B. 带土球苗木包扎　苗木包扎的方法有多种,最简单的是用草绳上下缠绕几圈,称为简易包,或"西瓜皮"包扎法,也可用塑料布或稻草包裹。另外,还有井字式(即古钱包式)、五星式和橘子包式(即网格式)3种。对于贵重的大苗、运输距离远、土质不太坚实的采用橘子包式(图1-1-3)。而土质坚实、运输距离较近的,土球直径在1m左右,可以采用五星式或井字式包扎。土质比较疏松时,挖土球常易松散,应在挖至1/2高度后,立即扎腰箍,不能待整个土球挖好后再进行。土球

图 1-1-3　樱花苗木土球的橘子包式

包扎前,应在土球四周向内侧掏挖底沟,以便打包时卡住草绳,不使松散脱落。

简易包土球时,有些地区用双股双轴包扎法,先用蒲包等软材料把土球包严实,用草绳固定,然后包扎。以苗干为中心,将双股草绳拴在苗干上,然后从土球上部稍微倾斜向下绕过土球底部,从土球的对面绕上去,每圈草绳必须绕过苗干基部,按顺时针方向间隔6~8cm缠绕,若土质疏松可以适当加密。边绕边敲,使草绳嵌土紧密。草绳绕好后,留一个双股的草绳头拴在苗干的基部。江南一带包扎土球,往往不用蒲包等物,只有当土质松软时,才先用蒲包、麻袋片包裹后再绕草绳(图1-1-4、图1-1-5)。

图 1-1-4 土 球

图 1-1-5 带土球苗木

井字式包扎时，先将草绳一端拴在腰箍上或主干上，然后按照顺时针方向包扎土球，上下、前后交替进行。五星式包扎时，先将草绳一端拴在腰箍或苗干上，然后把土球表面分 5 等份，用木杆做好记号（1、2、3、4、5 点位），按照次序包扎，先由上面 1 点拉到下面 3 点，然后由下面 3 点绕到上面的 5 点，再由上面 5 点绕到下面的 2 点，最后由下面的 2 点绕到上面的 4 点，体现上下交替，并且至少使每一点位绕绳 3 圈（一般要求每点绕过 5 圈）。土球包扎完毕，在计划推倒苗木的方向，于土球底部挖一道小沟，用起苗铲或铁锹铲断主根，使土球与土地分离，挪动土球，用工具将其抬出土坑。

橘子式包扎时，先将草绳一端拴在主干上，再拉到土球边。由土球面拉到土球底，如此反复即可。对于名贵、珍稀的大苗，可用同样方法包扎 2 层。另外，包扎材料不仅可以使用草绳，也可以使用塑料薄膜，由于其保湿性好，故经常用塑料薄膜包扎土球或裸根苗，薄膜内填入一定的湿润物。这种包装方法的优点是保湿、重量轻，便于装运，但用塑料薄膜包装的苗木不能在太阳下暴晒，以免灼伤根系，另外，抵抗外力干扰较差，只有在苗木规格不是很大的情况下使用效果才理想。

②苗木分级　为了确保苗木质量，起苗后必须依据苗木的高度、根颈粗度、胸径、冠幅和主侧根的状况以及园林用苗的规格进行分级。分级后进行抽样检疫苗木，能按国家和地区的规定检疫重点的病虫害，对照检疫单填写要求，根据操作水平和表现评定成绩。苗木分为合格苗、不合格苗和废苗 3 类。合格苗是符合出圃最低要求以上的苗木，可以出圃。不合格苗和废苗不能出圃，应留圃继续培育。双干、无头、分杈或病虫害严重的废苗不要保留。合格苗根据其高度和粗度的差别，又可分为几个等级。如行道树苗木，枝下高应在 2~3m，胸高直径要求在 4cm 以上，而且苗干通直、冠形良好，此为合格苗木的最低要求，在此基础上，胸高直径每增加 0.5cm，即提高 1 个等级。

在苗木分级时，对于每株苗木的损伤枝、过长枝、劈裂根、徒长枝、过密枝及交叉树冠要适当修剪。各树种、不同用途的苗木数量统计，应结合分级进行，大苗以株为单位逐株清点，小苗可以分株清点，也可用称量法，即称一定重量的苗木，然后计算该重量的实际株数，再依据苗木总重量推算苗木总数。应将人员组织好，起苗、检疫、分级、修剪和统计等工作实行流水作业，分工合作，以提高工效，缩短苗木在空气中的暴露时间，能大大提高苗木的质量。

③苗木检疫　是用法律的形式防止危险性病虫害传播的重要措施，各地苗圃和育苗单位必须严格执行。在苗木分级统计后，为了顺利通过在苗木运输途中的检查和到达目的地后苗木质量安全的检查，及时进行苗木销售和交流，防止危险性病虫害随苗木一同扩散和传播，应对苗木进行检疫。根据国家植物检疫部门的规定，运往外地的具体苗木种类，应按国家和地区的规定检疫重点的病虫害。苗木检疫委托法定的检疫部门进行，经过检疫的批量苗木必须出具由检疫部门签发的检疫证和准运证方可向外运销。如果发现本地区和国家规定的检疫对象，应禁止出售和交流，以免病虫害扩散蔓延到其他地区。

引进苗木的地区，还应将本地区或本单位没有的严重病虫害列入检疫对象。引进的种苗需要有检疫证，证明确实无危险性病虫害者，均应按种苗消毒方法消毒之后栽植。如果发现本地区或国家规定的检疫对象，应立即销毁，以免扩散，给安全生产带来后患。凡是没有检疫证明的苗木，不能运输和邮寄。

④苗木运输　挖起并包装好的苗木，装运前应按标准检查质量、清点树种、规格、数量并填写清单。为最大限度防止苗木上其他一些病虫的传播，苗木不但要检疫，而且在运销前要进行苗木消毒，苗木消毒可以使用3~5波美度的石硫合剂或0.1%的升汞溶液全株喷洒或浸苗1~3min，然后晾干，即可包装运销。装车时要轻抬轻放，防止损伤树皮及枝叶，更不能损伤主干、分枝苗木的枝顶或顶芽，以免破坏树形。带土球的苗木应抬着上车，土球朝前，苗冠朝后，防止土球松散。选择卡车、拖拉机等运输工具，远距离运输用火车、轮船运输。装车时先装大苗、重苗，大苗间隙填放小规格苗。树干与车厢接触处要衬垫稻草、草包或木屑等软材，以免磨损树皮。苗木间衬垫物品，防止苗木滚动。树冠宽大、拖地的枝条应用绳索拢起垫高，使其离开地面。长途运输时，为了减少日晒而失水，苗木要盖帆布，不定期向苗冠和树干喷水。苗木装车、卸车时，要防止根系受伤及宿土脱落，不要碰伤嫩芽（图1-1-6）。

运输途中，经常检查苗木的温度和湿度，若发现湿度不够，要适当浇水。用塑料包根的苗木，当温度过高时，打开包布通气降温。运达目的地后，及时卸车假植或及时用于栽植。如果苗木失水过多，先将苗木用水浸泡一昼夜再行假植。

（3）苗木假植与贮藏

如果在补植过程中遇到特殊情况，如劳动力不够、极端天气，不能马上栽植的苗木要在起苗后根据苗木类型进行假植和贮藏。

将苗木的根系用湿润的土壤暂时短期埋植，防止根系干燥，称为假植。根据假植时间的长短，可以分为临时假植和越冬假植。起苗后或栽植前的短期假植称为临时假植。树木补植采用临时假植的方法。秋季起苗后至翌春栽植前，整个冬季苗木根系都处于用

图1-1-6　苗木装车运输

土埋盖的条件下，称为越冬假植或长期假植。多在苗圃中使用。

①苗木假植 假植前，先探查附近土地、地形、风向和水源状况，选择地势高燥、背风向阳、土层深厚疏松、排水良好、交通便利、经营条件良好的地方，积水或风口处不能作假植地。挖一条与当地主风向垂直的假植沟，沟的长度由苗木数量决定，沟的宽度与深度依据假植苗木的规格大小而定，一般深80~100cm，宽80cm，应比原种植深度深10~15cm，迎风面的沟壁挖成垂直。假植沟挖好后，先在沟底填入一层湿沙或细土，然后将捆好的苗木根系向下按品种整齐排在沟内斜壁上，并在根系部分填上厚15~20cm的细沙或细土。对苗木上部枝条也应适当掩埋，防止冬季冻梢和风干。埋土厚度依据当地冬季气温状况而定。用土将沟填平踏实。大苗或长期假植的苗木，应单株排列。假植期间应保持土壤湿润，天气干旱时适当浇水，但切忌水分过多，否则苗木根系会腐烂。

北方天气寒冷，为了防止苗木受冻和干梢，可用稻草或塑料薄膜将苗木地上部分覆盖起来。在风沙很大的地区，应在假植的迎风面设置风障，进行防风。

南方冬季温暖地区，可将带土球苗木及裸根大苗直立假植，根系覆土厚度在30~50cm，两边培土，并设立支架，不使倒伏，这样可以少占用土地。大量假植时，假植沟之间应当留出道路，便于春季起苗和运苗。假植完毕应挂牌，注明树种、苗木用途、苗木年龄、规格和数量等。假植期间要定期检查土壤水分和苗木根系生长状况，如果发现积水、根系腐烂，及时排水。土壤干旱及时浇水，久雨积水要及时排水。苗木因各种原因，早春不能及时运走栽植时，为了抑制苗木萌发，推迟栽植期，应采取遮阴降温措施，使苗木推迟萌芽。

②苗木贮藏 在寒冷的北方，冬季气候严寒而且春季气候干燥，所以多用地窖贮藏苗木。在排水良好的地方挖窖，窖深一般在1.3~1.6m，上面加盖稻草、木板等辅助材料。窖可以分为地下窖、半地下窖和冰窖。窖藏苗木既能推迟苗木春季萌发期，又能克服假植干梢的缺点。苗木在窖内平放，根部朝向窖壁，一层苗木一层湿沙，当窖内温度约3℃时入窖。在冬季寒冷的东北、西北或华北地区，落叶阔叶树苗越冬贮藏时用沟藏，将苗木全部埋于沟中，沟的深度应在地下水位之上。贮藏期间沟内的温度经常保持在0~3℃，苗木上覆土20~40cm，保持土壤足够的厚度和湿度。

1.1.1.3 确定补植时间

(1)落叶树

应在春季土壤解冻后、树木萌芽前或在秋季落叶后、土壤冰冻前进行补植。

春季树体结束休眠，开始生长发育，是我国大部分地区的主要植树季节。春植符合树木先长根、后发枝叶的物候顺序，有利于水分代谢的平衡。特别是在冬季严寒地区或对于不甚耐寒的树种，春植可免却越冬防寒之劳。秋旱风大地区，常绿树种也宜春植，但在时间上可稍推迟。具肉质根的树种，如山茱萸、木兰、鹅掌楸等，根系易遭低温冻伤，也以春植为好。春季工作繁忙，劳动力紧张，要根据树种萌芽习性和不同地域土壤化冻时期，利用冬闲做好计划。树种萌芽习性以落叶松、银芽柳等最早，杨、柳、桃、梅等次之，榆、槐、栎、枣等最迟。土壤化冻时期与气候因素、立地条件和土壤质地有关。落叶树种春植宜早，土壤一化冻即可开始。华北地区春植，多在3月上旬至4月下旬，华东地区以

2月中旬至3月下旬为佳。

（2）针叶树和常绿阔叶树

应在春季土壤解冻后、树木萌芽前或在秋季秋梢停止生长后、降霜前补植。

华北地区秋植，多使用大规格苗木，以增强树体越冬能力。华东地区秋植，可延至11月上旬至12下旬。东北和西北北部严寒地区，秋植宜在树木落叶后至土地封冻前进行。

1.1.1.4 补植地准备

（1）整理绿化地

补植前应对所补植地进行土壤改良，通过深翻熟化、客土改良、培土与掺沙和施有机肥等措施，使补植地土壤达到栽植土要求。栽植土应土壤疏松，容重不超过 $13g/cm^3$；排水良好，非毛管孔隙度不得低于10%；土壤pH应为 $7.0 \sim 8.5$，含盐量不高于0.12%，并且土壤营养元素平衡。

（2）确定定植点

按照原绿地要求的株行距，在待补植地做好记号，按记号插木桩或撒石灰。

（3）挖穴

树穴是栽植树木的立地之本。挖树穴看似简单，其实有很多的技术要求，不是随便挖个坑就能种树的。树穴挖得科学合理，树木生长旺盛；如果挖得不合理，则树木长势衰弱，甚至整株死亡。

①树穴的规格　定植穴的大小，依土壤性质和环境条件及植株根系大小而定。树穴过小，根系不能正常伸展，会出现上翘或下窝的情况，而且树穴过小也不利于树木发根，新栽树木还容易被大风吹倒。树穴的规格可根据树种根系特点或土球的大小来确定。树穴一般应比规定根幅或土球大一些，宽应加大 $50 \sim 100cm$，深度则加大 $20 \sim 40cm$。这样做不仅在栽植树木时容易操作，而且有利于树木根系生长。当然，在确定树穴规格之前，首先要确定栽植树木的根幅或土球尺寸。一般来说，裸根乔木的根幅以树木胸径的 $4 \sim 6$ 倍为宜，灌木按株高的30%来确定根幅，需要带土球的苗木其土球直径应为树木胸径（灌木按地径）的 $6 \sim 8$ 倍为宜，土球高度可按土球直径的 $60\% \sim 80\%$ 来确定（图1-1-7至图1-1-9）。

图1-1-7　成片栽植穴

图1-1-8　栽植穴（圆形）

②树穴的挖掘　树木在补植前应提前半个月以上的时间进行挖穴，这样不仅可以使底层土壤进行充分的风化，而且在补植树木前有充足的时间进行准备工作，可以有效地提高树木栽植成活率。

挖掘树穴时先以确定的穴径来画圆，然后沿着圆向下挖掘，挖掘时要注意树穴立面与底面垂直，上下大小一致，不可形成上大下小的锅底形，否则栽植树木分层填土踩实时会使根系受到损伤。此外，在一些干旱地区，为了减少水分蒸发，也可将树穴挖成上小下大的梯形穴。在挖掘过程中，要注意将树穴的浅层土（即表土，地表以下 30cm 内的土壤，这类土壤较为肥沃、疏松，属于熟土，栽植时要混合有机肥填至树根部，对树木生长有利）和深层土（即心土，地表 30cm 以下的土壤，这类土壤土性比较冷，板结且肥力不足，放置于地表经风吹日晒后，其结构会发生变化，变得疏松肥沃）分开堆放。穴挖好后，因为树穴一般比根幅和土球更大和更深一些，因此要提前进行回填土，回填土可以是和基肥充分混匀的土壤，也可以是素土。如果回填素土，为了树木长势旺盛，也可在素土下施用一些基肥，肥料有素土间隔着，不会发生烧根现象。回填的底土最好呈缓山包形，即中间高、四周低，也可呈水平状，这样有利于树木栽植时根系舒展。在树穴的底土回填好后，立即浇水进行沉降，如果时间来不及也可用木夯进行夯实，不可简单地用脚踩踏了事。因为如果底土不实，在栽植树木进行浇水后，底土会发生沉降，致使树木根系悬浮，从而使树木出现先活后死的现象。如果下层土壤具有卵石层或白干土的土壤，必须取出卵石和白干土，然后换进好土。

图 1-1-9　栽植穴（方形）

1.1.2　树木补植技术

1.1.2.1　补植树木移栽前的修剪

（1）移栽树木修剪的目的

为了调整树形、均衡树势、减少蒸腾，提高移栽树木的成活率，修剪主要是指修枝和剪根 2 个部分。

（2）修剪量

修剪量要视树种、苗木移栽成活的难易程度、栽植方法、挖苗的质量来确定。一般萌生能力强、根系发达、带土球移栽、挖根质量好的可适当减少修剪量。

（3）苗木的修剪

应保持自然的树形，剪去内膛细弱枝、重叠枝、下垂枝、病虫枝、枯死枝、折断枝，对过长徒长枝应加以控制。

①落叶乔木的修剪　掘苗前对树形高大、具明显中央主干的树种（银杏、水杉、池杉等）应以疏枝为主，保护主干的顶芽，使中央主干直立生长。对主干不明显的落叶树种（槭树类），应通过修剪控制与主枝竞争的侧枝，使主枝直立生长。对易萌发枝条的树种（悬铃

木、槐、意大利杨、柳树等），栽植时注意不要造成下部枝干劈断，定干的高度根据环境条件，一般为3~4m。

②常绿树的修剪　中、小规格的常绿树移栽前一般不剪或轻剪。栽植前只剪除病虫枝、枯死枝、生长衰弱枝、下垂枝等。常绿针叶树类只能疏枝、疏侧芽，不得短截和疏顶芽。高大乔木应于移栽前修剪，乔木疏枝应树干齐平、不留桩。

③灌木的修剪　灌木一般多在移栽后进行修剪。对萌发枝强的花灌木，常短截修剪，一般保持树冠半球形、球形、圆形等。对根蘖萌发力强的灌木，常以疏剪老枝为主，短截为辅，疏枝修剪应掌握外密内稀的原则，以利于通风透光，但丁香只能疏不能截。灌木疏枝应从根处与地平面齐平，短截枝条应选在叶芽上方0.3~0.5cm处，剪口应稍微倾斜向背芽的一面。

(4)根系的修剪

裸根苗木移栽前应剪掉腐烂根、细且长根、劈裂损伤根，对于较粗大的根使截口平滑，有利于愈合。

1.1.2.2　补植树的栽植

按原场地设计方案要求的树种、规格、数量进行定位补植。

(1)注意事项

①规则式树补植　树干定位必须横平竖直，树干应在一条直线上；相邻近苗木规格（干径、高度、冠幅、分枝点）应要求一致，或相邻树高度不超过50cm，胸径不超过1cm；如果需要补植的树较多，栽植时最好先植标杆树，然后以标杆树为瞄准的依据，三点连成一线，全面开展补植工作。

②丛植树木补植　树木高矮、干径及体量大小要与原搭配相符合，还要合乎自然要求；从四面观赏的树丛，选择补植苗木时，一定要严格按照尺寸进行选择，要将高的苗木定植于中间或根据需要偏于一隅，矮的苗木定植于四周；从三面观赏的树丛，高的苗木定植在后，矮的苗木定植在前。

③孤植树补植　应将最好的观赏面迎着主要方向；孤植的大树若树干有弯，其树干凹的一面应尽量朝西北方向。

此外，栽植时要保持树体端正、上下垂直，不得倾斜，并尽可能照顾到其在原生长地时所处的阴阳面；置放苗木要做到轻拿轻放，裸根苗直接放入树穴，带土球苗暂时放树穴一边，但不得影响交通。

(2)栽植方法

①树木栽植深浅程度

A. 一般栽植裸根苗，根颈部位易生不定根的树种，或遇栽植地为排水良好的砂壤土，可适当栽深些，其根颈(原土痕)处低于地面5~10cm。

B. 带土球苗木、灌木或栽植地为排水不良的黏性土壤，均不得深栽，根颈部略低于地面2~3cm或平于地面。

C. 常绿针叶树和肉质根类植物，土球入土深度不应超过土球直径的3/5。在黏性重、排水不良地域栽植时其土球顶部至少应在表土层外，栽后对裸露的土球应填土成土包。

②带土球苗栽植方法

A. 将带土球苗木吊放于树穴时，应选择树冠最佳面为主要欣赏面，必须一次性妥善放置到树穴内，将苗扶正。如果需要转动，须使土球略倾斜后，慢慢旋转，切勿强拉硬扯造成土球破损。

B. 土球放置树穴后，要全部剪开土球包装物，尽量取出，使土球泥面与回填土密切结合。

C. 带土球苗栽植前，应先将表土（营养土）填入靠近土球部分，当填土20~30cm时应踏实一次，遇大型土块要敲碎，将细土分层填入，逐层脚踏或用锹把土夯实，注意不要损伤苗根或土球。

D. 栽植后应将捆绕树冠的草绳解开，使枝条舒展。

③裸根苗栽植方法

A. 裸根苗木入坑前，先将表土（营养土）填入坑穴成一个小土包，以便裸根苗木放入树穴后根系自然伸展。

B. 裸根苗木栽植前必须将包装物全部清出坑外，避免日后气温升高，包装材料腐烂发热，影响根系正常生长。

C. 栽植裸根苗木时，在回填土至一半时，须将树苗向上稍微提一下，以便使根颈处与地面相平或略低于地面，再用脚踏实土壤。

1.1.3 树木补植后管理

1.1.3.1 围堰

树苗栽好后，应在树穴周围用土筑成高15~20cm的土堰，其内径要大于树穴直径，围堰要筑实，围底要平，用于浇水时挡水用（图1-1-10）。

1.1.3.2 浇水

定植后必须浇足3次水，第一次要及时浇透定根水，渗入土层约30cm深，使泥土充分吸收水分与根系紧密结合，以利于根系的恢复和生长；第二次浇水应在定根后2~3d进行；再相隔约10d浇第三次水，并灌足、灌透，以后可根据实际情况酌情浇水（图1-1-11）。

图1-1-10 围堰

图1-1-11 浇水

新移植的常绿树除了对根部浇水外，还要多向树冠和叶片喷水，以减少树体蒸腾而失水。

灌溉水以自来水、井水以及无污染的湖、塘水为宜。为节约用水，经化验后不含有毒物质的工业废水、生活废水也常作为灌溉用水。

在灌水时，切忌水流量过大冲毁围堰，如果发生土壤下陷，应及时扶正培直苗木。

1.1.3.3　封堰

三遍水之后，待充分渗透，用细土封堰，填土20cm，保水护根以利于成活。

1.1.3.4　设置支柱及保护器

为减少人为和自然损害造成树木倾斜、损伤，需要设立支柱或保护器保护。

（1）缠干

对新植树木用草绳缠干，缠干高度为1.3m。

（2）立支柱

栽植树冠较大的乔木，应立支柱支撑（图1-1-12、图1-1-13）。

（3）设置保护器

图1-1-12　立支柱

城市道路行道树、停车场及庭院单株树木，为防止人为践踏和机械碰撞，应在树穴上安装镂空的铸铁或水泥盖板，并在盖板上配支架保护单株树木。同一条道路上的保护器应做到规格一致，整齐、结实、美观，不影响交通（图1-1-14）。

图1-1-13　立支柱

图1-1-14　设置镂空铸铁保护器

课后习题

1. 什么是树木假植？假植技术有哪些？
2. 树木补植前苗木的准备工作有哪些？
3. 乔木补植的过程是什么？

任务1.2 园林树木土壤管理

任务指导书

>> 任务目标

了解树木生长地的土壤条件、城市土壤特点；掌握土壤管理的主要方法，掌握土壤改良的方法。

>> 任务描述

1. 根据养护需要安排，进行土壤改良方案制订。
2. 土壤改良工作任务的实施。

>> 材料及工具

计算机、手机、铁锹、水桶、喷壶、土壤改良剂等。

>> 任务实施指导

1. 植物生长地土壤调查：土壤盐碱性调查、土壤硬度调查、土壤其他理化性质调查。
2. 土壤改良技术：土壤改良方案的制订→松土除草→地面覆盖→土壤改良。
3. 土壤改良效果鉴定。

相关知识

土壤是园林树木生长的介质，它不仅支持、固定树木，而且还是树木生长发育所需矿质养分的主要供给者，是整个绿地系统的基础。园林树木能产生多大的环境与美学价值，在很大程度上取决于其土壤质量。园林土壤由于受到强烈的人为干扰，大都性质低劣、营养贫瘠，且障碍因素颇多，极大地影响了园林树木质量和绿化效果。

园林树木土壤的管理，是通过多种综合措施来提高土壤肥力，改善土壤结构和理化性质，保证园林树木健康生长所需养分、水分、空气的有效供给。

1.2.1 园林树木生长地的土壤类型

土壤是园林树木生长发育的基础，也是其生命活动所需水分和养分的源泉。因此，土壤的类型与条件直接关系到园林树木能否正常生长。由于不同的树木对土壤的要求不同，了解栽植地的土壤类型对于土壤管理具有重要的意义。园林树木生长地的土壤大致有以下几种类型：

(1) 荒山荒地土壤

荒山荒地的土壤未经深翻熟化，其肥力低，保水、保肥能力差，不适宜直接作为园林树木的栽植土壤。

(2) 平原肥沃土壤

平原肥沃土壤适合大部分园林树木的生长，是比较理想的栽植土壤，多见于平原地区城镇的园林绿化区。

(3) 酸性土壤

在我国长江以南地区常有红壤土。红壤土呈酸性，土粒细，结构不良。许多树木不能适应这种土壤，因此需要改良后才可以用作栽植土。

(4) 水边低湿地土壤

水边低湿地的土壤一般比较紧实，水分多，但是通气不良，而且北方低湿地的土质多带盐碱，对树木的种类要求比较严格，只有耐盐碱的树木能正常生长，如柽柳、刺槐等。

(5) 沿海地区土壤

如果是砂质土壤，盐分被雨水溶解后就能够迅速排出；如果是黏性土壤，因透水性差，会残留大量盐分。

(6) 紧实土壤

城市土壤经长时间的人流践踏和车辆碾压，土壤密度增加，孔隙度降低，导致土壤通透性不良，不利于树木生长发育。

(7) 人工土层土壤

如建筑物的屋顶花园以及地下停车场、地下铁道、地下储水槽等上面栽植树木的土壤，一般是人工修造的。由于人工土层没有地下毛细管水的供应，而且土壤厚度受到限制，土壤水分容量小，如果没有及时进行人工浇水，土壤很快干燥，不利于树木生长。

(8) 市政工程施工后土壤

在城市中，由于施工将未熟化的土壤翻到表层，使土壤肥力降低。机械施工、碾压，则会导致土壤坚硬、通气不良。这种土壤一般需要经过一定的改良才能保证树木的生长。

(9) 煤灰土或建筑垃圾土

生活居住区产生的废物如煤灰、垃圾、瓦砾、动植物残体等形成的煤灰土以及建筑施工后留下的灰渣、煤屑、砂石、砖瓦块、碎木等建筑垃圾堆积而成的土壤。这种土壤不利于树木生长。要经过换土才可以栽植树木。

(10) 工矿污染地土壤

被矿山、工厂等排出的废物中的有害成分污染的土地，树木在其上不能正常生长。

1.2.2 土壤水、气、热状况的调节

土壤水、气、热三者有着相互联系、相互制约的关系。在实际工作中,为达到土壤水、气、热状况的协调,采取如下一些措施。

(1)合理耕作,蓄水调温

广义的耕作,除了通常所说的耕翻土壤外,还包括耙糖、中耕、松土、镇压等操作。耕作既是改良土壤的措施,可破除土壤表面的结壳或板结层,疏松土壤,又是直接调节土壤水、气、热状况的手段,有利于通气和渗水。通过耕翻、松土,利于水分迅速渗入土壤,减少径流,增加深层土壤含水量;同时增加土壤的大孔隙,利于通气,并使土壤易于升温,使水、气、热状况更趋协调。对于城镇的花池、花坛等,在降水或灌水后蒸发强烈的时期及时中耕除草,可以切断毛管,减少地面蒸发和杂草对水分的消耗,对保水有显著作用。

(2)地面覆盖,保墒增温

农、林业兴起的地膜覆盖,具有极显著的保墒、增温效果。在苗圃、花圃及城镇绿地建植的初期,很有应用价值,特别是在北方地区很适用。在地表喷施增温保墒剂,其作用机理与地膜覆盖相似——通过抑制地面蒸发而保墒、保温,同时其较深色的薄膜也有利于吸收太阳辐射而增温。

利用其他人工覆盖物遮蔽地表,亦能起到良好的保墒、调温、通气等效果。尤其在生产性绿地和播种草坪中,用稻草、麦秸、豆秸、木屑、谷糠、泥炭等覆盖播种床或坪面,既能有效地防止水分蒸发,又可避免阳光直射导致的高温"烧苗";夜晚还有保温、预防晚霜的作用。有条件的话,用草木灰覆盖则增温效果更好,同时还能提供钾肥。

在栽植花木、树木的绿地亦可模仿甘肃、宁夏中部抗旱的砂田覆盖法,在树坛土壤上覆盖砾石或粗砂,既保水,又通气,还能稳定土温。据了解,北京市的一些行道树就采取了这样的措施,效果很好。也可以在人行道或绿地广场采用透水、透气性铺装,能起到保墒、通气和稳定土温的作用。

(3)合理整地,调水通气

根据实际情况,采取科学、合理的整地措施,对调节土壤水、气、热状况也很有成效。如坡地植树采取梯田式水平沟整地、隔坡带子田整地、鱼鳞坑整地,都有助于减少径流,保蓄水分;干旱地区植树,深栽浅埋有利于保墒;苗圃实行低床(畦)作业,利于保墒。多雨地区或低洼地的苗圃、花圃采用高床作业或高垄作业,利于排水、通气、提温。低温地区高台植树亦是同样道理。北方的生产性绿地,若将床、畦做成阳向斜坡状,有利于春季增温。另外,低湿地设置专门的排水系统和树下设置透气井等,也可被广义地认为是通过特殊"整地"措施来调节土壤水、气状况。

(4)合理灌排,调控水、气、热

水是土壤中最为活跃的肥力因素,控制水分条件的意义并不仅限于水分本身,它对养分、通气和土壤温热状况都有重大影响。

夏季土壤温度过高时，灌水、洒水可以使土表层及根系活动范围内的土温下降至适宜程度，这对防止苗圃幼苗根颈灼伤及保护树木根系不受高温危害有重要意义。在严寒来临前灌水，可使地面空气湿度增加，减少地面热量辐射散失，水汽凝结又可放出潜热；同时，由于水的热容量大，土温因而不易急剧下降。这样就可保持土温，减轻冻害、霜害，对于北方苗圃、花圃及城镇绿化都有现实意义。

土壤中水分过多，停留时间过长，就会因通气不良而妨碍树木生长，这时就必须排除多余的水分。排水的主要任务就是排除地表积水和降低地下水位。利用排水措施也可以调节土壤温度。尤其早春季节，排除多余土壤水分，可使土壤热容量减小，促进空气进入，土温容易提高。

1.2.3 土壤养分状况的调节

在树木的生长季节中，土壤养分随时都存在着保持与损失、积累与消耗、有效化与固定的矛盾，总是处于不断的复杂变化之中。大多数情况下，土壤的养分状况并不能完全满足树木在不同时期的需求，因此，应在找出树木对养分的需要和土壤养分供应二者之间的差距的基础上，运用施肥（包括保肥剂和养分活化剂）、耕作、排灌等技术措施来加以调节。其中，施肥是最直接的重要手段，但调节土壤的水、气、热状况以及酸碱度、氧化还原条件等以促进养分的转化也很重要，不能忽视。

(1) 合理施肥，增加和调节土壤养分

肥料基本上分有机肥和化肥两大类。施用化肥主要是直接增加土壤有效养分，满足树木的养分需要。而施用有机肥除直接增加养分外，还有改良土壤、培肥地力的重要作用，并对水、气、热状况及其协调有重要影响。生产性绿地的养分和地力消耗最大，所以经常施肥是十分必要的；城镇绿地合理施肥，能显著改善树木的生长和健康状况，提高绿化效果。

(2) 保护凋落物层，维持养分循环

树木每年从土壤中吸收各种养分元素，其中很大一部分又以凋落物的形式归还到地表，这些凋落物分解后重新释放出氮、磷、钾等各种有效养分，供树木再次吸收利用。保护林下及花木丛下的凋落物层，维持树木与土壤间的养分循环，是增加养分供应和改良土壤的重要途径。

(3) 合理轮作和配置，协调利用土壤养分

不同树木对养分的种类和数量要求不同，它们的根系深度和吸收养分的能力也各不相同，合理轮作和配置能起到相互补充、协调利用养分的效果。在生产性绿地中，不同树种的苗木可以轮作，苗木与花卉或草坪也可以轮作，还可以将这些绿地植物与绿肥轮作、间作和套种。在城镇绿地中，乔木、灌木、草相结合的复式树木配置有利于协调利用不同层次的土壤养分，以豆科绿肥为地被物，也能起到养地的作用，同时丰富了园林景观。

(4) 合理耕作和灌排，促进养分转化

土壤养分转化与水、气、热状况有着密切关系。通过合理耕作和合理灌排，并结合土

壤水、气、热的其他一些调节措施,全面改善土壤的水、气、热状况,可以促进微生物的活动,并同时通过其他一些物理化学机制,加速土壤养分的有效化。这在园林绿化工作中具有重要的现实意义。

(5) 消除有害物质,改善土壤养分状况

通过土壤改良,消除酸害、盐害、碱害、污染害及还原性有害物质,改善营养环境,是调节障碍性土壤养分状况的必要措施。当然,这已不属于"人工直接调节"的范围。

实际上,养分因素是最为复杂的肥力因素。几乎所有的土壤物理性状、化学性状(包括养分本身)及生物性状都会对养分转化产生深刻影响。因此要做到对土壤养分状况进行最合理的调节是一件非常不容易的事。这既需要通盘考虑,又要抓主要矛盾。

1.2.4 土壤酸碱度的改良

土壤酸碱度的调节是园林绿地土壤改良中最重要的方面之一,也是园林树木土壤管理的重要工作内容。这是因为在我国许多园林绿地中,酸性土和碱性土所占比例较大之故。

1.2.4.1 酸性土壤改良

酸性土壤改良对改善某些树木的生长状态,提高绿地质量和绿化效果,具有重要意义。调节土壤的酸性最常用的是施石灰。生产上所用的石灰品种主要有生石灰(CaO)和石灰石粉($CaCO_3$)两类。石灰的施用,一方面直接中和活性酸;另一方面通过离子代换作用中和潜性酸。它还能增加土壤中的钙素,有利于土壤中有益微生物的活动,促进有机质分解,减少磷素被活性铁、铝的固定,而且还可以改良土壤结构。

(1) 施用量

石灰施用量应根据石灰种类、土壤性质和树木的生物学特性而定。施用生石灰,因其碱性很强,作用较快,故用量宜少;采用石灰石粉,因其碱性平缓,作用时间长,用量可多一些。在土壤性质方面,质地黏重或腐殖含量高的土壤,石灰用量可多一些;砂质土和腐殖质少的土壤,应酌量少施,且以施石灰石粉为好。另外,不耐酸的树木要多施,耐酸的树木宜少施。

表施一次撒施量一般不超过 $100g/m^2$;均施一次用量 $75g/m^2$,石灰石粉可多次施用。对于常耕性绿地,避免一次性用量过大,否则可能带来初期副作用(如失绿症)。改土工作一般在几年内完成。

(2) 施用方法

①均施 无论生石灰还是石灰石粉,均匀地混入土壤是最基本的施用方式,这有利于石灰与土壤充分作用。一般是结合绿地建植或育苗前的耕作和整地作业,将材料均匀混入整个根层深度的土壤或树穴。

②表施 对于已建成的绿地,可以表施细石灰石粉。在北方地区(个别情况)以秋、冬、春季施用为好,通过冻融和干湿交替有利于这些物质顺利"渗入"。施后应立即灌水。

1.2.4.2　中性和石灰性土壤的人工酸化

在中性或石灰性土壤上栽植喜酸树木，需对土壤进行酸化，这对北方城镇绿化、美化的多样性有现实意义。

一般可用硫黄粉或硫酸亚铁使土壤变酸，用量：硫黄粉 $50g/m^2$ 或硫酸亚铁 $150g/m^2$。硫黄粉作用慢，安全、无副作用。北方城镇栽植喜酸树木的规模一般不大，除酸化土壤外，对苗木亦可采用酸性的泥炭、松针土及南方酸性山泥等配制培养基，效果往往更令人满意。

1.2.4.3　碱性土壤改良

碱性土壤的改良通常施用石膏（$CaSO_4$），以中和土壤的碱性盐（如碳酸钠），并将胶体上吸附的过量 Na^+ 代换出来，结合灌水将其淋洗掉。所用石膏以细粒或粉状为好，结合耕作或整地均匀混入要改良的土层。石膏既中和碱性，又可借助 Ca^{2+} 的胶体凝聚作用促使结构性差的碱性土壤团聚，显著改善结构和水、气状况。

除了石膏外，还可均匀施用其他酸性的化学物质，如磷石膏、亚硫酸钙、硫酸亚铁、硫黄粉及酸性工业废料等。

1.2.5　城镇绿地土壤改良

由于城镇绿地土壤的障碍性因素很多，往往需要进行土壤改良，才能解决土壤的障碍性因素，以满足园林树木的生长要求。

1.2.5.1　土壤改良剂

土壤改良剂的种类很多：既有天然的，又有人工合成的；既有有机的，又有无机的；既有改良物理性质的，又有改良化学性质和生物学性质的。因此，需要绿化工作者根据实际情况做出正确选择。

（1）有机土壤改良剂

有机土壤改良剂包括泥炭、木屑、刨花、树皮、蔗渣、甜菜渣、稻壳与蔗糠灰等。

①泥炭　由树木残体在长年积水、缺氧条件下经过不完全分解而形成。它是一类用途广泛的改土材料，既可改良土壤的物理性质，又可改良土壤的化学性质和养分状况。其优点是增加砂土的持水能力，增加黏土的渗透性，使土壤疏松透气，根系易于穿插，并增加土壤的缓冲能力、微生物活性和养分供应。

②木屑　质轻疏松，孔隙度大，是改良黏质土的良好材料，在国内外被广泛应用。木屑可增加土壤的通透性和保水性能，并能在土壤微生物的作用下分解、转化为腐殖质，增加土壤的团聚性和保肥性。

③刨花　其化学成分与木屑相同，只是颗粒较大。具有较高的通气性，但持水量较低。

④树皮　用作改土材料时，需要加以适当粉碎。大多数情况下需要加石灰，以调节pH 至中性。其他同木屑。

⑤蔗渣　多用于热带地区，对改良黏质土壤效果较好，可增加土壤的通透性和持水

量。由于较易分解，故利于增加土壤有机质含量。

⑥甜菜渣　多用于北方地区，含粗纤维少，易于分解，可用作黏质或砂质土壤的改良材料，在土壤中腐殖化后有助于土壤团聚，改善土壤通透性，增加养分的供应和保存能力。

⑦稻壳　具有良好的通透性，对土壤 pH 无显著影响，并能抗分解，所以是一种优良的改善黏重土通透性的材料。

⑧砻糠灰　它是稻壳不完全燃烧后的灰，掺入土壤后也可使土壤疏松，并富含有效性钾，不失为良好的改土材料。

（2）无机土壤改良剂

无机土壤改良剂包括石灰、石膏、黑矾、硫黄粉、沙子、膨化岩石类等。

①石灰　是常用的酸性土壤改良剂，它既可以中和土壤酸性，又有助于土壤团粒形成，同时还提供了充足的钙素养分（酸性土壤有些是缺钙的）。

石灰的碱性很强，不能与种子或幼苗的嫩叶直接接触，否则易灼烧致死；石灰石粉（碳酸钙为主要成分）则碱性平缓，使用容易且安全，但作用时间长。

②石膏　是碱性土壤改良剂，成分为硫酸钙，为酸性盐类。施用石膏主要是通过离子代换作用把碱性土壤中有害的 Na^+ 代换出来，结合灌水将其淋洗掉。

③黑矾　主要成分是硫酸亚铁，酸性较强，可有效地降低土壤碱性，并对碱性或中性土壤进行酸化。在土壤消毒时，也常用硫酸亚铁。

④硫黄粉　是碱性土壤改良剂，在通气良好的湿润土壤中可被硫细菌氧化为硫酸，所以能起到酸化土壤的作用。但在水分过多、通气不良的条件下不宜使用硫黄粉，以免生成有毒的硫化氢。

⑤沙子　常用于黏重土壤的质地改良，能增加土壤的非毛管孔隙度和通透性，降低土壤的黏结性和黏着性，但也降低水分保持能力。主要是选择风化沙和河沙。

A. 风化沙　多分布在山区，尤其是花岗岩类风化沙，颗粒粗细不均，矿物成分复杂，呈微酸性反应，养分含量较为丰富，适于一般的苗圃或绿地土壤改良之用。

B. 河沙　主要为石英砂，养分贫乏，但颗粒均匀，以中沙和细沙为主，适于一般的土壤改良，也适于草坪土壤改良，尤其适于对土壤力学性质要求较高的高尔夫球场、运动场等专用绿地改土、配土之用。

⑥膨化岩石类　大多是岩石、矿物（包括黏土矿物）经高温煅烧后形成的膨化产物，具有疏松土壤和增加细质地土壤通透性等功能，并能增加土壤的保水性，有的还具有一定的阳离子交换作用。包括蛭石、珍珠岩、膨胀页岩、岩棉、煅烧黏土、硅藻土、浮石、炉渣、粉煤灰等，其中蛭石和珍珠岩在花卉和蔬菜穴盘育苗中作为培养基质的常用添加物大量应用。

1.2.5.2　土壤理化性状的改良

任何不良的土壤理化性状都可能会成为园林树木正常生长的障碍，从而极大地影响城镇绿化方案的实施和实际绿化效果，或严重影响生产性绿地的整体生产性能和经济效益。

在园林树木土壤改良中，土壤基本理化性状的改良可能是最经常涉及的一大方面。

(1) 土壤质地改良

主要是针对黏重或砂质土壤，因为两者都有严重的肥力缺陷，保水、供肥性差，往往经过改良，才能满足园林树木生长的需要。

①黏重土壤改良　通过掺沙子或砂土改变颗粒组成，是改良黏重土壤的最根本方法。除掺沙外，还可施用膨化岩石类、珍珠岩、膨胀页岩、岩棉煅烧黏土、硅藻土、浮石等改良黏土的通透性和黏性，同时增加持水量。施用粗有机物料同样可增加黏土的通透性，降低其黏性。所用材料有木屑、粉碎树皮、稻壳及粗质泥炭等，经过堆制效果更好。一般施用方法是将 2~3cm 厚的粗有机物料平铺于土壤表面，然后通过耕翻使其与 15~20cm 深土层混合即可。重施有机肥向来是改良黏土的好办法，因为有机肥中的大量有机质可使土壤疏松、通气透水，降低黏土的黏结力和黏着力，改善土壤结构，还能提高肥力。有机肥一般平铺于地表，通过耕翻混入土壤即可。条件允许时，可多次施用。

②砂质土改良　根本办法是增加土壤矿质胶体含量，即掺入黏土或河泥、塘泥等，也可掺壤质土。施用腐熟的细质有机肥或富含腐殖质和养分的细质低位泥炭，可增加砂土有机胶体和养分的含量，且明显提高保水、保肥性；同时腐殖质利于单粒团聚，可改善砂土过沙的不良性状，从而进一步提高其肥力。

③渣砾质土壤改良　城镇渣砾质土壤的利用原则是以种植耐旱乔木和灌木为主，渣砾含量若不过多(<30%)，可不改良。如果渣砾过多(>45%)，则无论如何也不能保证树木对水分、养分和扎根条件的需求，这时应向渣砾质土中掺入足够量的壤土。

(2) 土壤结构改良

在城镇绿地土壤中，各种类型的不良结构经常出现，如块状(坷垃)、板结、片状、核状、散沙、飞灰等，这些不良性状将严重影响树木生长，应该加以改良。

①土壤结构的改良　土壤结构改良，既要破坏现有的不良结构，又要采取措施防止不良结构的形成，并促使土壤向良好的团粒结构转化。主要是通过深翻熟化，增加土壤孔隙度，改善理化性质，改善土壤的水分和通气条件，促进微生物的活动，加快土壤熟化进程。

A. 深翻时期　包括园林树木栽植前的深翻与栽植后的深翻。前者是配合园林地形改造、杂物清除，对栽植场地进行全面或局部的深翻，并暴晒土壤、打碎土块、填施有机肥，为园林树木生长奠定基础；后者是在树木生长过程中进行的土壤深翻。一般情况下，深翻主要在秋末和早春两个时期进行。秋末，多年生园林树木地上部分基本停止生长，养分开始回流转入积累，同化产物的消耗减少，若结合施基肥，更有利于受损根系的恢复生长，甚至还能刺激长出部分新根，对翌年的生长十分有益。秋耕可松土保墒，有利于雪水的下渗。一般秋耕后比未秋耕的土壤含水量要高 3%~7%；若秋耕后进行冬灌，可使土壤下沉，根系与土壤进一步密接，有助于根系翌年生长。春翻应在土壤解冻后及时进行，此时园林树木地上部分尚处于休眠状态，根系刚开始活动，伤根容易愈合和再生。

B. 深翻方法　主要有行间深翻、全面深翻、隔行深翻和树盘深翻。行间深翻是在两排多年生园林树木的行中间挖取长条形深翻沟，用一条深翻沟达到对两行树木同时深翻的目的，这种方式多适用于呈行状种植的树木。全面深翻、隔行深翻应根据具体情况灵活运用。树盘深翻是在树冠垂直投影线附近挖环状深翻沟，以利于树木根系向外扩展，这适用于园林草坪中的孤植树和株间距大的树木。各种深翻均应结合施肥和灌溉，可将上层肥沃土壤与腐熟有机肥拌匀填入深翻沟底部，以利于改良根层附近的土壤结构，为根系生长创造有利条件。将生土放在上面，则可促使生土在风化过程中迅速熟化。

C. 深翻次数与深度　一般情况下，黏土、涝洼地深翻后容易恢复紧实，深翻效果保持年限较短，需 1~2 年深翻一次；地下水位低、排水良好、疏松通气的砂壤土保持深翻效果时间长，可 3~4 年深翻一次。深翻的深度与土壤结构、土质状况以及树木特性有关，一般以 50~60cm 为宜。但对土层浅、下部为半风化物质或土质黏重、浅层有砾石层和黏土夹层、地下水位低的土壤可适当再深些，反之则适当浅些。

除了深翻外，中耕通气也是一项不可缺少的改土措施。雨后或灌水后中耕不但可破除地表板结，切断土壤表层的毛管，减少土壤水分蒸发，防止土壤泛碱，改良土壤通气状况，促进土壤微生物活动，还有利于难溶性养分的分解，提高土壤肥力。此外，早春进行中耕，还能明显提高地温，使树木根系尽快开始生长，并及时进入吸收功能状态，以满足地上部分对水分、养分的需求。中耕也是清除杂草的有效办法，减少杂草对水分、养分的竞争，使园林绿地环境清洁美观，增添景观效果，同时还能阻止病虫害的滋生和蔓延。

中耕是一项经常性工作，中耕次数应根据当地气候条件、树木特性及杂草生长状况而定。一般每年的中耕次数不少于 4 次。土壤中耕大多在生长季节进行，有时以雨后或灌水后破板结为目的，有时以除草为目的，选择杂草出苗期和结实期中耕效果最好，这样能消灭大量杂草，减少除草次数。具体时间应选择在土壤既不过于干燥，又不过于湿润时进行。

②表层土壤紧实度与通透性改良　改善绿地表层土壤过紧实状态的最直接方式就是松土。对于未铺装的园林树木下松土，当仅涉及被踏实、压实或过于自然沉实的上层土壤时，应以人工松土为主，像菜地那样顺树干辐射方向将大钢叉踩入土中，然后将土轻轻撬动，露出缝隙即可，尽量不伤根系，将树冠范围内的硬土撬松。

松土主要是土壤变紧实后的补救措施。虽然经常松土也能防止土壤变紧实，但并不是所有的绿地（尤其是风景树木和林地）都允许经常松土。所以，应该以保护土壤为主，可在园林树木下设立护栏禁止人和车辆进入将土壤压实。

1.2.6　换土

当地块的绿化价值很高，而现有的土质又太差，以致改良困难或工期不能等待时，则可以通过全面或局部换土的办法解决土壤问题。全面换土往往投入过高，经济承受力也是考虑的重要因素之一。

生产应用

盐碱地快速改良主要技术措施

1. 水利工程改良措施

水利工程改良措施主要包括建立完善的灌溉系统,建立现代化排水系统和建立井沟渠结合的灌排工程系统。

(1) 建立完善的灌溉系统

各流域根据各自特点,修建水库、灌水渠道和排水渠道网络,使地下水深度降至临界深度以下。

(2) 建立现代化排水系统

主要采用水平排水和垂直排水,水平排水,主要以明沟、暗管的形式进行,既能降低地下水位,又可以排出土壤中的盐分;垂直(竖井)排水,竖井排水价格低、不占地、水量大水质好、控制调节性地下水位灵活、维修工作少,同时又可以和灌溉相结合,竖直设井以梅花形布井效果最好。

(3) 建立井沟渠结合的灌排工程系统

机井灌溉,淋洗土壤盐分,降低地下水位,增加地下库容,起到灌排调蓄等作用;井沟渠结合,加速水盐交换循环,使土壤脱盐淡化。

2. 生物改良措施

国内外相关研究表明,生物改良措施是改良、开发和利用盐碱地的有效途径。在盐碱地上种植耐盐碱的树种,特别是能固氮的耐盐树种和草木(绿肥)植物,既可以减少地表水分的蒸发、防止土壤表面积盐,又可以降低地下水位和盐分,改良土壤的物理性状,增加有机质和土壤微生物,降低土壤 pH,从而彻底改善周围的生态环境。通过生物措施改良的盐碱地具有脱盐持久、稳定且有利于水土保持以及生态平衡的效果。

3. 农业改良措施

增施有机肥和磷肥,以增强土壤对盐碱的缓冲性和作物的抗盐碱能力;适时翻晒,当夏作物收获后正值伏天,及时灌水并犁翻土壤,此外还可于秋后翻地暴晒;采用水旱轮作的方式;及时松土切断土壤毛管,抑制返盐。根据土壤含盐碱轻重,选择适宜的耐盐碱作物种植。

4. 化学改良措施

利用酸碱中和原理来改良盐碱地理化性质的方法。化学改良剂有两方面作用:一是改善土壤结构,加速洗盐排碱过程;二是改变可溶性盐基成分,增加盐基代换容量,调节土壤酸碱度。

盐碱地的化学改良剂主要包括石膏、磷酸、矿渣、聚丙烯酸酯溶液、聚马来酸酐(HPMA)等改良剂,降低土壤中的盐碱含量,使盐碱地 pH 与盐分含量明显下降。施用改良剂后需用大量水冲洗，在水资源缺乏的情况下应用困难，而且成本高。

知识拓展

常见的适合盐碱地种植的绿化植物

1. 盐生植物

一般将盐生植物定义为能在含盐量超过 0.7% 的土壤中正常生长并完成生活史的植物。盐生植物一般在不含盐的土壤中不能生存。根据植物对盐度的生理适应，可以将盐生植物分为 3 个生理类型：一是稀盐盐生植物，藜科最多；二是泌盐盐生植物；三是拒盐盐生植物，主要是禾本科。

2. 耐盐植物

生长在盐渍环境中的部分盐生植物，无法阻止或排出盐分，通过渗透调节、盐离子在细胞中的区域化作用等生理途径，抵消或降低盐分胁迫的作用，以维护其正常生理活动，该类植物称为耐盐植物。根据特性，耐盐植物分为耐盐灌木和耐盐乔木等。

耐盐灌木：枸杞、田菁、单叶蔓荆、紫穗槐、木槿、罗布麻等。

耐盐乔木：白蜡、构树、合欢、杜梨、竹柳、楝树、毛白杨等。

3. 盐碱地绿化苗木

盐碱地绿化苗木指能在盐碱地上生长，或者通过将盐碱地改良后，能在盐碱地环境中生长的，并且有一定美化绿化效果的苗木树种。主要品种有：中山杉、竹柳、弗吉尼亚栎、槐、夹竹桃、白蜡、法国冬青、海滨木槿、蜡杨梅、单叶蔓荆、红花罗布麻、红花补血草、白刺、文冠果、柽柳等。

课后习题

1. 什么是土壤改良？
2. 土壤改良的方法有哪些？
3. 什么是盐碱地？
4. 盐碱地改良的方法有哪些？

任务 1.3　园林树木营养管理

任务指导书

》》任务目标

了解肥料的种类和类型，乔木、灌木、绿篱、藤本树木缺素原则；掌握各类绿化树木的施肥方法，掌握树木施肥后的管理。

>> **任务描述**

1. 根据养护需要，进行树木缺素症调查、施肥方案制订。
2. 施肥工作任务的实施。
3. 施肥后的养护工作。

>> **材料及工具**

计算机、手机、铁锹、肥料、水桶、喷壶、营养吊瓶、电钻等。

>> **任务实施指导**

1. 树木施肥前准备：植物缺素症调查→肥料准备→工具准备。
2. 树木施肥技术：确定施肥方法→绿化树种施肥。
3. 树木施肥后管理：浇水→检验肥料是否过量、是否有烧苗现象并进行相应的处理。

相关知识

营养是园林树木生长的物质基础，树木的营养管理就是通过合理施肥来改善与调节树木营养状况的经营活动。所有的绿色植物，在生长过程中都需要多种营养元素，并不断从周围环境特别是土壤中摄取各种营养成分。与草本植物相比，园林树木多为根深、体大的木本植物，生长期和寿命长，生长发育需要的养分数量很大；加之树木长期生长于一地，根系不断从土壤中选择性吸收某些元素，常造成某些营养元素贫乏；此外，城市园林绿地土壤人流践踏严重，土壤密实度大，密封度高，水气矛盾突出，使得土壤养分的有效性大大降低；同时城市园林绿地中的枯枝落叶常被彻底清除，营养物质被带离绿地，极易造成养分的枯竭。因此，只有合理地施肥，才能提高土壤肥力，确保园林树木健康生长，增强树木抗逆性，延缓树木衰老，达到花繁叶茂的目的。

1.3.1 园林树木生长所需要的营养元素及其作用

园林树木的正常生长发育需要从土壤、大气中吸收碳、氢、氧、氮、磷、钾、钙、镁、硫、铁、铜、锌、硼、钼、锰、氯等几十种化学元素作为养料。尽管园林树木对各种营养元素需要量差异很大，但这些元素对树木生长发育来说同等重要，都是不可缺少的。碳、氢、氧是组成植物体的主要成分，树木基本上能从空气和土壤中获得以满足自身生长需要，一般情况下不会缺乏。氮、磷、钾被称为植物的营养三要素，树木的需要量远远超过土壤的供应量。其他营养元素由于受土壤条件、降水、温度等影响，也常不能满足树木需要。因此，必须根据实际情况对这些元素给予适当补充。

现将主要营养元素对园林树木生长的作用介绍如下：

（1）氮

氮是植物需求量最大的元素之一，氮肥在我国是最为广泛使用的化肥。氮能促进园林树木的营养生长和叶绿素的形成，但如果氮肥施用过多，尤其是在磷、钾供应不足时，会造成徒长、贪青、迟熟、易倒伏、感染病虫害等，特别是一次性用量过多时会引起烧苗，所以一定要注意合理施肥。不同种类的园林树种对氮的需求有差异，一般观叶树种、绿篱、行道树在整个生长期中都需要较多的氮肥，以便在较长的时期中保持美观的叶丛、翠绿的叶色；而对观花种类来说，只是在营养生长阶段需要较多的氮肥，进入生殖生长阶段以后，应该控制使用氮肥，否则将延迟开花。若是植株在生长阶段受抑制，地上部受影响比地下部明显，缺氮的症状一般从老叶开始，逐渐扩展到上部的叶片，下部的叶片也均匀失绿，严重时造成叶片淡黄并且提前脱落，落果或结出的果实小，显著影响产量和品质。

(2) 磷

磷肥与氮肥一样，是我国农林业的必备肥料。磷可以提高植物的抗旱、抗寒和抗盐能力，并有提早成熟、增加产量和改善品质的作用，还能促进种子发芽，提早开花结实，这一功能正好与氮相反。此外，磷还使茎发育坚韧、不易倒伏，增强根系的发育，特别是在苗期能使根系早生快发，弥补氮肥施用过多时出现的问题，增强植株对于不良环境及病虫害的抵抗力。因此，园林树木不仅在幼年或前期营养生长阶段需要适量的磷，而且进入开花期以后磷需要量也是很大的。磷肥在土壤中溶解较慢，植物对磷肥的利用率与氮肥、钾肥比较起来要低得多。植物若是缺磷，就会生长缓慢、植株矮小，禾谷类作物常呈直立状，叶片与茎的角度小，叶狭小，叶片缺乏光泽，叶色暗绿或者灰绿色，有些还会呈紫色。严重缺磷时，叶片就会枯死脱落，落果，严重影响产量和品质的。

(3) 钾

钾元素是植物生长所必需的三大要素之一。它能有效地提高植物的产量，促进养分吸收。钾能使园林树木生长强健，增强茎的坚韧性而不易倒伏，并促进叶绿素的形成和光合作用的进行，同时钾还能促进根系的扩大，使花色鲜艳，提高园林树木的抗寒性和抵抗病虫害的能力。但过量的钾肥使植株生长低矮，节间缩短，叶子变黄，继而变成褐色而皱缩，甚至可能使树木在短时间内枯萎。植物缺钾时，叶呈蓝绿色，老叶变黄，叶尖黄化、焦枯，严重时会出现白斑、枯死，组织坏死，株形异常，器官畸形，生长发育进程出现延迟或提前等。

(4) 钙

钙在树木体内主要用于细胞壁、原生质及蛋白质的形成，可促进根的发育。植物缺钙后会出现营养失衡，造成叶黄早落，远看满树小红果，近看遍地黄落叶，新生枝上幼叶出现褪色或者坏死斑，叶尖以及叶缘向下卷曲，较老的叶片可能会出现部分枯死。果实会出现苦痘病，表面出现下陷斑点，果肉组织变软，有苦味。缺钙后不同的果实显现不同的现象，因此在施肥的过程中一定要对症施用。

(5) 硫

硫为树木体内蛋白质成分之一，能促进根系的生长，并与叶绿素的形成有关，硫还可能促进土壤中微生物的活动。但硫在树体内移动性较差，很少从衰老组织中向幼嫩组织运转,所以利用效率较低。植物缺硫会导致全株叶色褪淡,呈浅绿或黄绿色,叶片褪绿均匀,幼叶较老叶明显,叶小而薄,脱落提早,茎生长受阻,株矮、僵直且木栓化,生育期延迟。

(6) 铁

铁在叶绿素形成过程中起重要作用。当缺铁时,叶绿素不能形成,因而树木的光合作用将受到严重影响。铁在树木体内的流动性也很弱,老叶中的铁很难向新生组织中转移,因而它不能被再度利用。在通常情况下树木不会发生缺铁现象,但在石灰质土或碱性土中,由于铁易转变为不可给态,虽土壤中有大量铁元素,树木仍然会发生缺铁现象而造成"缺绿症"。

1.3.2 园林树木营养诊断及造成营养贫乏的原因

1.3.2.1 园林树木营养诊断

园林树木营养诊断是将树木矿质营养原理运用到施肥措施中的一个关键环节,是指导树木施肥的理论基础。根据树木营养诊断进行施肥,是实现树木养护管理科学化的一个重要标志,它能使树木施肥达到合理化、指标化和规范化。

园林树木营养诊断的方法很多,包括形态诊断法、化学诊断法、酶诊断法等。其中,形态诊断法是行之有效的方法,它是通过园林树木在生长发育过程中,当缺少某种元素时在植株的形态上呈现一定的症状,来判断树体缺素种类和程度。此法具有简单易行、快速的优点,在生产上有一定实用价值。

(1) 形态诊断法

通过观察植物外部形态的某些异常特征以判断其体内营养元素不足或过剩的方法(表1-3-1)。主要凭视觉进行判断,较简单方便。但植物因营养失调而表现出的外部形态症状并不都具有特异性,同一类型的症状可能由几种不同元素失调引起;因缺乏同种元素而在不同植物体上表现出的症状也会有较大的差异。因此,即使是训练有素的工作者,也难免误诊。此法不能用作诊断的主要手段。

表1-3-1 植物缺素症检索表

(一) 症状限于老叶,或由老叶起始

 1 叶片出现杂色斑或黄色,有或无坏死斑

  (1) 叶片向上卷曲,叶色黄,叶面有黄或褐色斑,有坏死 ………………… 缺钾

  (2) 叶淡绿或白,叶脉间黄化或有淡色斑,无坏死 ……………………… 缺镁

 2 叶全部黄化,呈干燥或烧焦状,叶小,早脱落

  (1) 叶淡绿至黄化,叶柄、叶脉呈红褐色,小叶紫红色 …………………… 缺氮

  (2) 小簇叶,轮生,有花斑 ………………………………………………… 缺锌

  (3) 叶暗绿至青铜色,叶柄、叶脉紫红色 ………………………………… 缺磷

(二) 症状限于幼叶或生长点,或由幼叶起始

 1 幼叶失绿、卷曲,顶芽有的枯死

　　　　　(1)叶尖钩状,叶缘皱缩,叶易碎裂 …………………………………… 缺钙
　　　　　(2)叶皱缩,厚薄不均,叶脉扭曲,小簇叶后光秃 …………………… 缺硼
　　2　幼叶黄化,顶芽活着
　　　　　(1)幼叶有坏死斑,小叶脉绿色,似网状 …………………………… 缺锰
　　　　　(2)幼叶无坏死斑,黄化
　　　　　　　①叶脉浅绿色,与叶脉间组织同色,无黄白色 ……………… 缺硫
　　　　　　　②叶脉绿色,叶片黄化至漂白色,严重者全叶漂白 ………… 缺铁

(2)化学诊断法

此法借助化学分析对植株、叶片及其组织液中营养元素的含量进行测定,并与由试验确定的养分临界值相比较,从而判断营养元素的丰缺情况。成败的关键取决于养分临界值的精确性和取样的代表性。由于同一植物器官在不同生育期的化学成分及含量差异较大,应用此法时必须对采样时期和采样部位做出统一规定,以资比较。

(3)酶诊断法

酶诊断法又称生物化学诊断法。通过对植物体内某些酶活性的测定,间接地判断植物体内某营养元素的丰缺情况。例如,对碳酸酐酶活性的测定,能判断植物是否缺锌,锌含量不足时这种酶的活性将明显减弱。此法灵敏度高,且酶作用引起的变化早于外表形态的变化,用以诊断早期的潜在营养缺乏尤为适宜。

此外,显微化学法、组织解剖方法以及电子探针方法等也开始应用于植物营养诊断。

1.3.2.2　造成园林树木营养贫乏的原因

引起园林树木营养贫乏的具体原因很多,常见的有以下几个方面:

(1)土壤营养元素缺乏

这是引起园林树木营养贫乏症的主要原因。但某种营养元素缺乏到什么程度会发生贫乏症却是个复杂的问题,因为树木种类不同,即使同种但品种不同以及生育期、气候条件不同,也会有差异,所以不能一概而论。理论上说,不同树种都有对某种营养元素要求的最低限值。

(2)营养成分不平衡

树木体内的正常代谢要求各营养元素含量保持相对的平衡,否则会导致代谢紊乱,出现生理障碍。一种元素的过量存在常常抑制另一种元素的吸收与利用,这就是所谓元素间的颉颃现象。这种颉颃现象是相当普遍的,当其作用比较强烈时,就导致树木营养贫乏症发生。生产中,较常见的颉颃现象有磷—锌、磷—铁、钾—镁、氮—钾、氮—硼、铁—锰等。因此,在施肥时需注意肥料的选择搭配,避免一种元素过多而影响其他元素作用的发挥。

(3)土壤理化性质不良

这里所说的理化性质,主要是指与养分吸收有关的因素。土壤 pH 影响营养元素的

溶解度，即有效性。有些元素在酸性条件下易溶解，有效性高，当土壤 pH 趋于中性或碱性时有效性降低；另外一些则相反。如铁、硼、锌、铜随着 pH 下降有效性迅速增加，钼则相反，其有效性会随 pH 升高而增加。园林树木根系分布越广，吸收的养分数量就越多，可能吸收到的养分种类也越多。但如果土壤坚实、底层有漂白层、地下水位高、盆栽容器太小等，都会限制根系的伸展，从而加剧或引发营养贫乏症。在地下水位高的立地环境生长的树木极易发生缺钾症，而在钙质土壤中高地下水位会引发或加剧缺铁症等。

(4) 不良的气候条件

低温一方面减慢土壤养分的转化，另一方面削弱树木对养分的吸收能力，故低温容易促发缺素症。实验证明，在各种营养元素中磷是受低温抑制最大的一个元素。雨量多少对营养缺乏症发生也有明显的影响，主要是通过土壤过旱或过湿来影响营养元素的释放、淋失及固定等，如少雨促进缺硼、缺钾及缺磷，多雨容易促发缺镁。此外，光照也影响元素吸收，光照不足对营养元素吸收的影响以磷最严重。因而在多雨少光照而寒冷的天气条件下，施磷肥的效果特别明显。

1.3.3 园林树木施肥原则

(1) 根据树木种类合理施肥

树木的需肥与树种及生长习性有关。例如，泡桐、杨树、重阳木、香樟、桂花、茉莉花、月季、山茶等生长速度快、生长量大的种类，比柏木、马尾松、油松、小叶黄杨等慢生耐瘠树种需肥量要大，因此应根据不同的树种调整施肥用量。

(2) 根据生长发育阶段合理施肥

总体上讲，随着树木生长旺盛期的到来，需肥量逐渐增加，生长旺盛期以前或以后需肥量相对较少，在休眠期甚至不需要施肥；在抽枝展叶的营养生长阶段，树木对氮素的需求量大，而生殖生长阶段则以磷、钾及一些微量元素为主。根据园林树木物候期差异，施肥方案上有萌芽肥、抽枝肥、花前肥、壮花稳果肥以及花后肥等。就生命周期而言，一般处于幼年期的树种，尤其是幼年的针叶树生长需要大量的氮素，到成年阶段对氮素的需要量减少；对古树、大树供给更多的微量元素，有助于增强对不良环境因子的抵抗力。

(3) 根据树木用途合理施肥

树木的观赏特性以及园林用途影响其施肥方案。一般说来，观叶、观形树种需要较多的氮肥，而观花、观果树种对磷、钾肥的需求量大。有调查表明，城市里的行道树大多缺少钾、镁、磷、硼、锰、硝态氮等元素，而钙、钠等元素又常过量。也有人认为，对行道树、庭荫树、绿篱施肥应以饼肥、化肥为主，郊区绿化树种可更多地施用人粪尿和土杂肥。

(4) 根据土壤条件合理施肥

土壤厚度、土壤水分与有机质含量、酸碱度高低、土壤结构以及三相比等均对树木的施肥有很大影响。例如，土壤水分含量与土壤酸碱度及肥效直接相关，土壤水分缺乏时施肥，可能因肥分浓度过高，树木不能吸收利用而遭毒害；积水或多雨时养分容易被淋洗流失，降低肥料利用率。另外，如上所述，土壤酸碱度直接影响营养元素的溶解度，这些都是施用肥料时需仔细考虑的问题。

（5）根据气候条件合理施肥

适宜的温度和土壤湿度是植物吸收营养元素的保证，在没有办法控制温度和湿度的绿地，可根据气候条件合理施肥。

（6）根据营养诊断合理施肥

根据营养诊断结果进行施肥，能使树木的施肥达到合理化、指标化和规范化，完全做到树木缺什么就施什么，缺多少就施多少。目前该原理在生产上广泛应用虽受到一定限制，但应提倡。

（7）根据养分性质合理施肥

养分性质不同，不但影响施肥的时间、方法、施肥量，而且还关系到土壤的理化性状。一些易流失挥发的速效性肥料，如碳酸氢铵、过磷酸钙等，宜在树木需肥期稍前施入；而迟效性的有机肥料，需腐烂分解后才能被树木吸收利用，故应提前施入。氮肥在土壤中移动性强，即使浅施也能渗透到根系分布层内供树木吸收利用；而磷、钾肥移动性差，故宜深施，尤其磷肥需施在根系分布层内才有利于根系吸收。化肥的施肥用量应本着宜淡不宜浓的原则，否则容易烧伤树木根系。事实上，任何一种肥料都不是十全十美的，因此实践中应将有机肥与无机肥，速效性肥与缓效性肥、酸性肥与碱性肥、大量元素肥与微量元素肥等结合施用，提倡复合配方施肥。

1.3.4　肥料种类

根据肥料的性质及使用效果，园林树木用肥大致包括化学肥料、有机肥料及微生物肥料三大类，现将它们的使用特性简介如下。

1.3.4.1　化学肥料

化学肥料又被称为化肥、矿质肥料、无机肥料，由物理或化学工业方法制成，其养分形态为无机盐或化合物。有些农业上有肥料价值的无机物质，如草木灰，虽然不属于商品性化肥，但习惯上也将其列为化学肥料。还有些有机化合物及其产品，如硫氰酸化钙、尿素等，也常被称为化肥。化学肥料种类很多，按植物生长所需要的营养元素种类，可分为氮肥、磷肥、钾肥、钙肥、镁肥、硫肥、微量元素肥料、复合肥料、草木灰、农用盐等。

氮肥常见品种：铵态氮的硫酸铵、碳酸氢铵、氯化铵，硝态氮的硝酸铵，还有含酰胺态氮的尿素。

我国常用的磷肥种类有过磷酸钙、重过磷酸钙、钙镁磷肥及磷酸铵等。

我国常用的钾肥种类有氯化钾、硫酸钾和硝酸钾。

化学肥料大多属于速效性肥料，供肥快，能及时满足树木生长需要。化学肥料还有养分含量高、施用量少的优点。但化学肥料只能供给植物矿质养分，一般无改土作用，养分种类也比较单一，肥效不能持久，而且容易挥发、淋失或发生强烈的固定，降低肥料的利用率。所以，生产上一般以追肥形式使用，且不宜长期单一施用化学肥料，必须贯彻化学肥料与有机肥料配合施用的方针，否则，对树木、土壤都是不利的。

1.3.4.2 有机肥料

有机肥料是指含有丰富有机质，既能提供植物多种无机养分和有机养分，又能培肥改土的一类肥料，其中绝大部分为就地取材自行积制的。有机肥料来源广泛、种类繁多，常用的有粪尿肥、堆沤肥、饼肥、泥炭、绿肥、腐殖酸类肥料等。虽然不同种类有机肥的成分、性质及肥效各不相同，但有机肥大多有机质含量高，有显著的改土作用，含有多种养分，有完全肥料之称，既能促进树木生长，又能保水、保肥；而且其养分大多为有机态，供肥时间较长。但是，大多数有机肥养分含量有限，尤其是氮含量低，肥效慢，施用量也相当大，因而需要较多的劳动力和运输力量。此外，有机肥施用时对环境卫生也有一定不良影响。针对以上特点，有机肥一般以基肥形式施用，施用前必须采取堆积方式使之腐熟，其目的是释放养分，提高肥料质量及肥效，避免肥料在土壤中腐熟时产生某些对树木不利的影响。

1.3.4.3 微生物肥料

微生物肥料也称生物肥、菌肥、细菌肥及接种剂等。确切地说，微生物肥料是菌而不是肥，因为它本身并不含有植物需要的营养元素，而是通过所含的大量微生物的生命活动来改善植物的营养条件。依据生产菌株的种类和性能，微生物肥料大致有根瘤菌肥料、固氮菌肥料、磷细菌肥料及复合微生物肥料等几大类。根据微生物肥料的特点，使用时应注意：一是使用菌肥需具备一定的条件，才能确保菌种的生命活力和菌肥的功效，而强光照射、高温、接触农药等都有可能杀死微生物。另外，如固氮菌肥，要在土壤通气条件好、水分充足、有机质含量稍高的条件下才能保证微生物的生长和繁殖。二是微生物肥料一般不宜单施，一定要与化学肥料、有机肥料配合施用，才能充分发挥其应有作用，而且微生物生长、繁殖也需要一定的营养物质。

1.3.5 施肥时期

确定施肥时期，首先要了解植物在什么时间需要何种肥料，同时还应了解植物并不是在整个生长期内都从土壤中吸收养分，也不是土壤中有什么营养元素就吸收什么元素。植物从外界环境中吸收与利用营养元素的过程，实质上是一种选择吸收的过程，其主要决定于植物本身的需要。因此，施肥的时间应掌握在树木最需肥的时候，以便使有限的肥料能最大限度地被树木充分吸收。具体施肥的时间应视树木生长的情况和季节而定。在生产上，一般分基肥和追肥，基肥施用要早，追肥要巧。树木早春萌芽、开花和生长，主要是消耗树体贮存的养分。树体贮存的养分丰富，可提高开花质量和坐果率，有利于枝条健壮生长，叶茂花繁，增加观赏效果。树木落叶前，是积累有机养分的时期，这时根系吸收强度虽小，但是时间较长，地上部制造的有机养分以贮藏为主，为了提高树体的营养水平，北方一些省份多在秋分前后施用基肥，但时间宜早不宜晚。尤其是对观花、观果及从南方引入的树种，更应早施。若施得过迟，会使树木生长不能及时停止，降低树木的越冬能力。

1.3.5.1 基肥的施用时期

基肥是在较长时期内供给树木养分的基本肥料，所以宜施迟效性有机肥料，如腐殖酸类肥料、堆肥、厩肥、圈肥、鱼肥、血肥，以及腐烂的作物秸秆、树枝、落叶等，使其逐渐分解，供树木较长时间吸收利用大量元素和微量元素。基肥分秋施和春施。

秋施基肥以秋分前后施入效果最好，其原因如下：基肥为迟效性的有机肥，需要比较长的时间腐烂分解，秋季施入有机质，腐烂分解的时间较充分，可提高矿质化程度，翌春可及时供给树木萌芽、开花、枝叶和根系生长的需要。如果能结合施入部分速效性化肥，提高细胞液浓度，还可增强树木的越冬性。施有机肥可提高土壤孔隙度，使土壤疏松，有利于土壤积雪保墒和提高地温，防止冬、春土壤干旱，并减少根际冻害。秋施基肥正值一些树木根系（秋季）生长的高峰，伤根容易愈合，并可发出新根，加之秋天树木根系吸收的时间较长，吸收的养分积累起来，为翌年生长和发育打好物质基础。

春施基肥，如果有机质没有充分分解，肥效发挥较慢，早春不能及时供给根系吸收，到生长后期肥效发挥作用，往往会造成新梢二次生长，对树木生长发育不利，特别是对某些观花、观果类树木的花芽分化及果实发育不利。

1.3.5.2 追肥的施用时期

追肥又称为补肥。根据树木一年中各物候期需肥特点及时追肥，以调解树木生长和发育的矛盾。追肥的施用时期，在生产上分前期追肥和后期追肥。

前期追肥又分为花前追肥、花后追肥、花芽分化期追肥。花前追肥通常是对春季开花的树木而言，因为早春温度低，微生物活动弱，土壤中可供树木吸收的养分少。而树木在春天萌芽、开花需要大量的养分。为了解决土壤与树木对营养供需之间的矛盾，一般在早春开花前进行追肥。花后追肥的目的是补充开花消耗掉的营养，保证枝条健壮生长，为果实发育和花芽分化奠定基础。这次肥对观果树木尤其重要，因为此时幼果迅速发育，新梢也开始生长，为了解决幼果发育与新梢生长的营养需求矛盾，减少生理落果，一般此时应进行追肥。花芽分化期追肥，又称果实膨大期追肥。花芽的形成是开花和结果的基础，没有花芽的形成，谈不到开花和结果。此次追肥主要解决果实发育与花芽分化之间的矛盾，一方面减少生理落果，另一方面保证花芽的形成。

后期追肥是为了使树体积累大量的营养，保证花芽正常、健康地发育，为翌年树木萌芽、开花打好物质基础。对于果树，为了果实迅速增大，减少后期因营养不良而落果，更应进行后期追肥。

具体追肥时期，则与地区、树种、品种及树龄等有关，要依据各物候期特点进行追肥。如果花后进行了追肥，花芽分化期追肥可以考虑不施；如果秋施基肥，后期追肥也可以考虑不施。如果是观花树种，花芽分化期追肥必施，后期追肥可施可不施；而对观果树木而言，花后追肥与花芽分化期追肥均比较重要。对于牡丹等春季开花较晚的花木，这两次肥可合为一次；同时，花前追肥和后期追肥，有时与春施基肥和秋施基肥相隔较近，条件不允许时则可以省去,但牡丹花前必须保证施一次追肥。对于一般初栽2~3年的花木、庭荫树、行道树及风景树等,每年在生长期进行1~2次追肥实为必要,至于具体时期,则须视情况合理安排,灵活掌握。树木有缺肥症状时可随时进行追施。

1.3.6 施肥量

肥料的用量不是越多越好,而是在一定生产技术措施配合下,有一定的用量范围。施肥量过多或不足,对树木生长发育均有不良影响。因此施肥量既要符合树木要求,又要经济实惠。

树木一般都应施用含有氮、磷、钾三要素的混合肥料,具体施用比例因不同树种、不同年龄时期、不同物候期的需要和土壤的营养状况而定。科学施肥应该是针对树体的营养状态,经济有效地供给植物所需要的营养元素,并且防止在土壤内和地下水内积累有害的残存物质。过量施肥不仅造成经济上和物质上的浪费,还干扰其他营养元素的吸收和利用,而且会恶化土壤条件,污染用水。因施肥受多种因素的影响,很难确定统一的施肥用量,可根据以下因素确定施肥量。

1.3.6.1 不同树种的施肥量

树种不同,对养分的要求不一样,如茉莉花、梧桐、梅花、月季、桂花、牡丹等种类喜肥沃土壤,可适当加大施肥量,沙棘、刺槐、悬铃木、臭椿、山杏等则耐瘠薄的土壤;开花结果多的大树应较开花、结果少的小树多施肥,树势衰弱的树也应多施肥。根据试验,落叶树施肥一般按每厘米胸径180~1400g的化肥施用量,这一用量不会造成伤害,普遍使用的最安全用量是每厘米胸径施350~700g完全肥料。胸径不大于15cm的树木施用量减半,有些对化肥敏感的树种也要减半,大树可按每厘米胸径施用10-8-6的氮、磷、钾混合肥700~900g(10-8-6表示肥料中有10%的N,8%的P_2O_5和6%的K_2O)。

1.3.6.2 不同土壤的施肥量

土壤的性质不同,肥料的用量也不一样。肥料的用量应根据土壤的肥沃程度而定。如山地、盐碱地、瘠薄的砂地为了改良土壤,有机肥如绿肥、泥炭等施用量一般均较高;土壤肥沃、理化性质良好的土壤可以适当少施;理化性质差的土壤施肥必须与土壤改良相结合。土壤酸碱度、地形、地势,土壤温、湿度,气候条件以及土壤管理制度等对施肥量都有影响,因此,确定施肥量应从多方面考虑。

1.3.6.3 树木不同时期的施肥量

1年生苗在生长旺盛的后期,对氮肥需要量最大,同时对磷、钾肥的需要量也大;而2年生的移植苗,是在生长前期需氮肥较多,约占当年总需要量的70%。

1.3.6.4 过去施肥的经验

园林中花农是根据多年施肥的经验而确定施肥量,也就是今年施肥量多了,下一年少施;第一次施肥量不够,第二次可以适当增加,不断地试验摸索。同时由于树木在缺乏某种元素或某种元素过量的情况下,所呈现的各种症状是不同的,花农根据肉眼观察植物症状,不断总结施肥的经验教训,最后摸索出一套施肥用量相对标准。这种凭经验施肥的方法比较古老，是我国目前行之有效的确定施肥用量的方法。

1.3.6.5 叶面分析

四五十年前，在美国，果树施肥也带有很大的盲目性，导致产量低、品质差。在将近半个多世纪的时间内，逐步地把果树矿质营养的基本知识运用到果树生产上，叶面分析已经成为指导果树施肥的主要依据。

叶片所含的营养元素量可反映树体的营养状况，发达国家广泛应用叶面分析法来确定树木的施肥量。用此法不仅能识别肉眼可见的症状，还能分析出多种营养元素的不足或过剩，以及能分辨两种不同元素引起的相似症状，而且在病征出现前及早得知，及时施入适宜的肥料种类和数量，以保证树木的正常生长和发育。

对于大多数的落叶和常绿果树来说，最有代表性和准确性的部分是叶片，但葡萄则叶柄是理想的部分。一般情况下，采样的时间大多数是在7月下旬到8月底之间。落叶果树叶子应从生长势中等的延长新梢上采取，每一个新梢只采一片位于其中部、叶龄为2~5个月的完全展开的叶子。必须强调的是，供分析用的样品应该从一定类型的枝条上、一定部位采取叶龄近似的叶片，才能得到可靠的结果。叶面分析应与果园栽培技术结合起来，如果土壤排水不良，叶面分析的结果是缺素，实际上并不是真正的缺素，而是因排水不良造成的土壤内缺氧。同样，如果发生线虫病，树体的营养状况也不好，因为其影响树体吸收养分的能力。叶面分析法的发展，大大简化了施肥试验，但应与土壤分析结合起来进行，才更为科学和有效。

1.3.7 园林树木施肥方法

依肥料元素被树木吸收的部位，园林树木施肥方法主要有以下两大类。

1.3.7.1 土壤施肥

土壤施肥就是将肥料直接施入土壤中，然后通过树木根系进行吸收的施肥，它是园林树木主要的施肥方法。土壤施肥必须根据根系分布特点，将肥料施在吸收根集中分布区附近，才能被根系吸收利用，充分发挥肥效，并引导根系向外扩展。理论上讲，在正常情况下，树木的多数根集中分布在地下10~60cm深范围内，根系的水平分布范围多数与树木的冠幅大小相一致，即主要分布在树冠外围边缘的圆周内，故可在树冠外围于地面的投影处附近挖掘施肥沟或施肥坑。

由于许多园林树木常常经过造型修剪，树冠冠幅大大缩小，这就给确定施肥范围带来困难。有人建议，在这种情况下，可以将离地面30cm高处的树干直径扩大10倍，以此数据为半径，树干为圆心，在地面做出的圆周即为吸收根的分布区，也即为施肥范围。事实上，具体的施肥深度和范围还与树种、树龄、土壤和肥料种类等有关。深根性树种、砂地、坡地、基肥以及移动性差的肥料等，施肥时，宜深不宜浅，相反，可适当浅施；随着树龄增加，施肥时要逐年加深，并扩大施肥范围，以满足树木根系不断扩大的需要。

目前生产上常见的土壤施肥方法有：

(1) 全面施肥

分撒施与水施两种。前者是将肥料均匀地撒布于园林树木生长的地面，然后再翻入土中。这种施肥方法的优点是方法简单、操作方便、肥效均匀，但因施入较浅，养分流失严重，用肥量大，并诱导根系上浮而降低根系抗性。此法若与其他方法交替使用，则可取长补短，发挥肥料的更大功效。后者主要是与喷灌、滴灌结合进行施肥。水施供肥及时，肥效分布均匀，既不伤根系，又保护耕作层土壤结构，节省劳动力，肥料利用率高，是一种很有发展潜力的施肥方式。

(2) 沟状施肥

沟状施肥包括环状沟施、放射状沟施和条状沟施，其中以环状沟施较为普遍。环状沟施是在树冠外围于地面投影稍远处挖环状沟施肥，一般施肥沟宽30~40cm，深30~60cm。该法具有操作简便、用肥经济的优点，但易伤水平根，多适用于园林孤植树。放射状沟施较环状沟施伤根要少，但施肥部位也有一定局限性。条状沟施是在树木行间或株间开沟施肥，多适合苗圃里的树木或呈行列式布置的树木。

(3) 穴状施肥

穴状施肥与沟状施肥很相似，若将沟状施肥中的施肥沟变为施肥穴或坑，就成了穴状施肥。栽植树木时的基肥施入，实际上就是穴状施肥。生产上，以环状穴施居多。施肥时，施肥穴同样沿树冠在地面投影线附近分布，但施肥穴可为2~4圈，呈同心圆环状，内、外圈中的施肥穴交错排列，因此，该种方法伤根较少，而且肥效较均匀。目前国外穴状施肥已实现了机械化操作，把配制好的肥料装入特制容器内，依靠空气压缩机通过钢钻直接将肥料送入土壤中，供树木根系吸收利用。这种方法快速、省工，对地面破坏小，特别适合城市里铺装地面中树木的施肥。

1.3.7.2 根外施肥

(1) 叶面施肥

叶面施肥是用机械的方法，将按一定浓度要求配制好的肥料溶液直接喷雾到树木的叶面上，养分通过叶面气孔和角质层吸收后，被转移运输到树体各个器官。叶面施肥具有用肥量小、吸收见效快、避免了营养元素在土壤中的化学或生物固定等优点，因此，在早春树木根系恢复吸收功能前，在缺水季节或缺水地区，以及不便土壤施肥的地方，均可采用叶面施肥。同时，该方法还特别适合于微量元素的施用以及对树体高大、根系吸收能力衰竭的古树和大树的施肥。

叶面施肥的效果与叶龄、叶面结构、肥料性质、气温、湿度、风速等密切相关。幼叶生理机能旺盛，气孔所占比例较大，较老叶吸收速度快、效率高；叶背较叶面气孔多，且表皮层下具有较疏松的海绵组织，细胞间隙大而多，利于渗透和吸收，因此，应对树叶正、反两面进行喷雾。肥料种类不同，进入叶内的速度有差异。如硝态氮、氯化镁喷后15s进入叶内，而硫酸镁需30s，氯化镁15min，氯化钾30min，硝酸钾1h，铵态氮2h才进入叶内。许多试验表明，叶面施肥最适温度为18~25℃，湿度大些效果好，因而夏季最好在 10:00 以前和 16:00 以后喷雾。

叶面施肥多作追肥施用，生产上常与病虫害的防止结合进行，因而喷雾液的浓度至关重要。在没有足够把握的情况下，应宁淡勿浓。喷布前需做小型试验，确定不能引起药害，方可再大面积喷布。

（2）枝干施肥

枝干施肥就是通过树木枝、茎的韧皮部来吸收肥料营养，其吸肥的机理和效果与叶面施肥基本相似。枝干施肥又大致有枝干涂抹和枝干注射两种方法，前者是先将树木枝干刻伤，然后在刻伤处加上固体药棉；后者是用专门的仪器来注射枝干，目前国内已有专用的树干注射器。枝干施肥主要用于衰老古树、珍稀树种、树桩盆景以及观花树木和大树移栽时的营养供给。例如，有人分别用浓度2%的柠檬酸铁溶液注射和用浓度1%的硫酸亚铁加尿素药棉涂抹栀子花枝干，在短期内就扭转了栀子花的缺绿症，效果十分明显。

生产应用

以下非常实用的顺口溜，可以辅助形态诊断法判断植物缺素症。

缺氮抑制苗生长，老叶先黄新叶薄；根小茎细多木质，花迟果落不正常。
缺磷株小分蘖少，新叶暗绿老叶紫；主根软弱侧根稀，花少果迟种粒小。
缺钾株矮生长慢，老叶尖缘卷枯焦；根系易烂茎纤细，种果畸形不饱满。
缺锌节短株矮小，新叶黄白肉变薄；棉花叶缘上翘起，桃梨小叶或簇叶。
缺硼顶叶皱缩卷，腋芽丛生花蕾落；块根空心根尖死，花而不实最典型。
缺钼株矮幼叶黄，老叶肉厚卷下方；豆类枝稀根瘤少，小麦迟迟不灌浆。
缺锰失绿株变形，幼叶黄白褐斑生；茎弱黄老多木质，花果稀少重量轻。
缺钙未老株先衰，幼叶边黄卷枯黏；根尖细脆腐烂死，茄果烂脐株萎蔫。
缺镁后期植株黄，老叶脉间变褐亡；花色苍白受抑制，根茎生长不正常。
缺硫幼叶先变黄，叶尖焦枯茎基红；根系暗褐白根少，成熟迟缓结实稀。
缺铁失绿先顶端，果树林木最严重；幼叶脉间先黄化，全叶变白难矫正。
缺铜变形株发黄，禾谷叶黄幼尖蔫；根茎不良树冒胶，抽穗困难芒不全。

课后习题

1. 树木施肥的最佳时期是什么时期？
2. 土壤施肥的方法有哪些？
3. 肥料的种类有哪些？
4. 有机肥和化肥的区别是什么？

任务 1.4 园林树木水分管理

任务指导书

>> 任务目标

了解各类绿化树木灌溉时期；掌握各类绿化树木灌溉的原则，掌握各类绿化树木灌溉的方法，掌握树木排水管理。

>> 任务描述

1. 根据养护需要，进行树木持水量调查、灌溉或排水方案制订。
2. 灌溉和排水工作任务的实施。

>> 材料及工具

计算机、手机、铁锹、水桶、喷壶、水管、水源等。

>> 任务实施指导

1. 树木灌水前的准备：灌水时期的确定→灌水量的确定→灌溉水源的准备。
2. 树木灌溉技术：树木灌溉方式的确定→针对不同树木进行灌溉。
3. 树木城市排水管理：排水。

相关知识

园林树木一般生长在人工的环境条件下，因此其水分的获得均有别于自然条件中的树木。多数树木生长在干旱的土壤中，受到人为干扰的影响。为了促使园林树木的正常生长，在日常的管理与养护中，树木的水分管理是一项重要的工作。

1.4.1 水分管理的意义

园林树木的水分管理，就是根据各类园林树木对水分要求不同的生态学特性，通过多种技术措施和管理手段，来满足树木对水分的合理需求，保障水分的有效供给，达到园林树木健康生长和节约水资源的目的。它包括园林树木的灌溉与排水两个方面的内容。园林树木水分科学管理的意义体现在以下 3 个方面。

（1）确保园林树木的健康生长及其园林功能的正常发挥

水分是园林树木生存不可缺少的，水分缺乏会使树木处于萎蔫状态，受旱植株轻者叶色暗浅、无光泽，叶面出现枯焦斑点，新芽、幼蕾、幼花干尖、干瓣并早期脱落，重者新梢停止生长，往往自下而上发黄变枯、落叶，甚至整株干枯死亡。但水分过多会造成植株徒长，引起倒伏，抑制花芽分化，延迟开花期，易出现烂花、落蕾、落果现象。此外，当土壤水分过多时，土壤缺氧而引起厌氧细菌活动，由此产生大量有毒物质的积累，导致根系发霉腐烂，窒息死亡。

（2）对城市园林绿地的土壤和气候环境有良好的调节作用

例如，在高温季节进行喷灌可降低土温，同时树木还可借助蒸腾作用来调节温度，提高空气湿度，使叶片和花果不致因强光的照射而引起"日灼"，避免了强光、高温对树木的伤害；在干旱的土壤上灌水，可以改善微生物的生活状况，促进土壤有机质的分解。生产中不合理的灌溉，有可能给园林绿地带来地面侵蚀，使土壤结构遭到破坏，营养物质淋失，土壤盐渍化加剧等，不利于园林树木的生长。

（3）节约水资源，降低养护成本

我国是乏水国家，水资源十分有限，应节约并合理利用每一滴水。而目前我国城市园林绿地中树木的灌溉用水大多为自来水，与生产生活用水的矛盾十分突出。因此，制订科学合理的园林树木水分管理方案，实施先进的灌排技术，来确保园林树木的水分需求，减少水资源的损失和浪费，降低园林的养护管理费用，是我国城市园林现阶段的客观需要和必然选择。

1.4.2 园林树木的需水特性

正确全面认识园林树木的需水特性，是制订科学的水分管理方案，合理安排灌排工作，适时、适量满足树木水分需求，确保园林树木健康生长，充分有效利用水资源的重要依据。园林树木需水特性主要与以下因素有关。

1.4.2.1 园林树木种类与需水

不同的园林树木种类、品种在水分需求上有较大差异。一般来说，生长速度快，生长期长，以及花、果、叶量大的种类需水量较大；相反，需水量较小。因此，通常乔木比灌木，常绿树种比落叶树种，喜光树种比耐阴树种，浅根性树种比深根性树种，中生、湿生树种比旱生树种需要较多的水分。有些树木很耐旱，需水较少，如槐、刺槐、侧柏、柽柳等。有些则耐水淹，需水较多，如杨、柳。观花树种，特别是花灌木的灌水量和灌水次数均比一般的树种要多。但值得注意的是，需水量大的种类不一定需常湿，需水量小的也不一定可常干，而且园林树木的耐旱力与耐湿力并不完全呈负相关。应根据树种的习性、四季气候不同适时浇灌。

1.4.2.2 不同生长发育阶段和不同时期与需水

就生命周期而言，种子萌发时，必须吸足水分，以便种皮膨胀软化，需水量较大；在幼苗时期，树木的根系弱小，于土层中分布较浅，抗旱力差，虽然植株个体较小，总需水量不大，但也必须经常保持表土适度湿润；随着植株体量的增大，总需水量应有所增加，个体对水分的适应能力也有所增强。在年生长周期中，生长季的需水量大于休眠期。秋、冬季气温降低，大多数园林树木处于休眠或半休眠状态，即使是常绿树种，其生长也极为缓慢，这时应少浇或不浇水，以防烂根；春季开始，气温上升，随着树木大量的抽枝展叶，需水量也逐渐增大，即在早春由于气温回升快于土温，根系尚处于休眠状态，此时吸收功能弱，树木地上部分已开始蒸腾耗水，因此，对于一些常绿树种应进行适当的叶面喷雾。

在生长过程中，许多树木都有一个对水分需求特别敏感的时期，即需水临界期，此时如果缺水，将严重影响树木枝梢生长和花的发育，以后即使更多的水分供给也难以补偿。需水临界期因各地气候及树木种类而不同，就目前研究的结果来看，呼吸、蒸腾作用最旺盛时期，以及观果类树种果实迅速生长期，都要求充足的水分。由于相对干旱会促使树木枝条停止加长生长，使营养物质向花芽转移，因而在栽培上常采用减水、断水等措施来促进花芽分化。如对梅花、桃花、榆叶梅、紫薇、紫荆等花灌木，在营养生长期即将结束时适当扣水，少浇或停浇几次水，能提早并促进花芽的形成和发育，从而达到开花繁茂的观赏效果。

1.4.2.3 栽植年限与需水

显然，树木栽植的年限越短，需水量越大。刚刚栽植的树木，根系损伤大，吸收功能弱，在短期内难与土壤密切接触，常常需要连续多次反复灌水（灌3次水），方能保证成活。如果是常绿树种尤其是常绿阔叶树，还有必要在早晨对枝叶进行喷雾。新植乔木需要连续灌水3~5年，新植灌木最少5年。树木定植经过一定年限后，进入正常生长阶段，地上部分与地下部分间建立起了新的平衡，需水的迫切性会逐渐下降，不必经常灌水。定植多年且正常生长开花的树木，除非遇上大旱，树木表现迫切需水时才灌水，一般情况则根据条件而定。

1.4.2.4 园林树木用途与需水

生产上，因受水源、灌溉设施、人力、财力等因素限制，常常难以对全部树木进行同等的灌溉，而要根据园林树木的用途来确定灌溉的重点。一般需水的优先对象是观花灌木、珍贵树种、孤植树、古树等观赏价值高的树木以及新栽树木。

1.4.2.5 立地条件与需水

生长在不同地区的园林树木，受当地气候、地形、土壤等影响，其需水状况有差异。在气温高、日照强、空气干燥、风大的地区，叶面蒸腾和株间蒸发均会加强，树木的需水量就大，反之则小。由于上述因素直接影响水面蒸发量的大小，因此在许多灌溉试验中，大多以水面蒸发量作为反映各气候因素的综合指标，而以树木需水量和同期水面蒸发量比值反映需水量与气候间的关系。

1.4.2.6 管理技术措施与需水

管理技术措施对园林树木的需水情况有较大影响。一般来说，经过合理的深翻、中耕、客土及施用丰富有机肥料的土壤，其结构性能好，可以减少土壤水分的消耗，土壤水分的有效性高，能及时满足树木对水分的需求，因而需水量较小。

1.4.3 灌水的时期

灌水时期由树木在一年中各个物候期对水分的要求、气候特点和土壤水分的变化规律等决定。利用测定土壤含水量确定具体的灌水时期，是较可靠的方法。土壤能保持的最大水量称为土壤持水量。一般认为当土壤含水量达到最大田间持水量的60%~80%时，土壤中的水分与空气状况最符合树木生长、结实的需要。在一般情况下，当土壤含水量低至最大田间持水量的50%时，就需要补充水分。

在某一地段，如果已经熟悉其土质并经多次含水量的测定，也可以凭经验进行触摸和目测，判断其大体含水量，以确定其是否需要灌溉。如壤土和砂壤土，手握成团、挤压时土团不易碎裂，说明土壤含水量为最大持水量的60%以上，一般可不必进行灌溉。如果手指松开，轻轻挤压容易裂缝，则证明水分含量少，需要进行灌溉。

随着科学技术和工业生产的发展，用仪器指示灌水时间和灌水量，早已在生产上应用。目前国外用于指导灌水最普遍采用的仪器是张力计（又称土壤水分张力计，图1-4-1）。

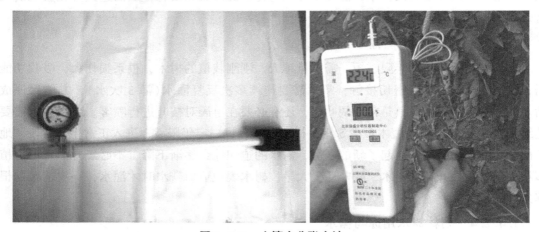

图1-4-1　土壤水分张力计

安装张力计可省去对土壤含水量进行测定，并可随时迅速了解树木根部不同土层的水分状况，进行合理的灌溉，以防止过量灌溉所引起的水分和养分的损失。

确定树木是否需要灌水，还可以通过灌水时期的生物学指标测定，如直接测定树木地上部分生长的状况，包括测定果实的生长率、气孔的开张度、树干和枝条的生长、叶片的色泽和萎蔫系数等。此外，也可以用叶片的细胞浓度、水势等作为灌水时间的生理指标。目前在生产上，除栽植时要连灌3遍水外，大体上还是按照物候期进行灌水，基本上分为休眠期灌水和生长期灌水。

1.4.3.1　休眠期灌水

休眠期灌水是在秋、冬和早春进行灌水。在我国的东北、西北、华北等地降水量较少，冬、春严寒干旱，因而此期灌水非常必要。秋末或冬初的灌水（北京为1月上、中旬）一般称为灌冻水或封冻水。冬季土壤结冻，放出潜热，有提高树木越冬能力和防止早春干旱的作用，故在北方地区，这次灌水是不可缺少的。在我国的南方有很多地方，在初冬给树木也灌冻水，并在水中加入粪稀，做得非常细致。对于边缘的和越冬困难的树种，以及幼树等，初冬灌冻水更为必要。我国的北方，在漫长的冬季，雨水很少，加之春季风多，土壤非常干旱，特别是倒春寒比较长的年份，早春灌水非常重要，不但有利于树木顺利通过被迫休眠期，为新梢和叶片的生长做好充分的准备，并且有利于开花与坐果。早春灌水促使树木健壮生长，是花繁果茂的一个关键措施。

1.4.3.2 生长期灌水

生长期灌水分为花前灌水、花后灌水、花芽分化期灌水。

(1) 花前灌水

在北方早春经常出现风多雨少的干旱现象。及时灌水补充土壤水分的不足，是促进树木萌芽、开花、新梢生长和提高坐果率的有效措施。同时还可以防止倒春寒和晚霜的危害。盐碱地早春灌水后进行中耕，可起到压盐碱的作用。花前水的具体时间要因地、因树种而异，可在萌芽后结合花前追肥进行。

(2) 花后灌水

大多数树木在花谢后半个月左右是新梢迅速生长期和幼果发育的时期，此时如果水分不足，则抑制新梢生长，对于果树则会引起大量落果。尤其北方各地春天风多，地面蒸发量大，适当灌水可以保持土壤适宜的湿度。前期可促进新梢和叶片生长，扩大同化面积，增强光合作用，提高坐果率和增大果实。同时，对后期的花芽分化也有一定的良好作用。没有灌水条件的地区，应积极做好保墒措施，如盖草、盖沙等。

(3) 花芽分化期灌水

此次水对观花、观果树木非常重要，因为树木一般是在新梢生长缓慢或停止生长时，花芽开始分化。此时也是果实迅速生长期，需要较多的水分和养分，若水分不足，则影响果实生长和花芽分化。因此，在新梢停止生长前及时而适量地灌水，可促进春梢生长而抑制秋梢生长，有利于花芽分化及果实发育。在北京一般年份，全年灌水6次左右。一般安排在3月、4月、5月、6月、9月、11月每月一次。干旱年份和土质不好的或因缺水生长不良者应增加灌水次数。在西北干旱地区，灌水次数还应适当增加。

1.4.4 灌水量

灌水量同样受多方面因素的影响。不同的气候条件，不同树种、品种、规格、砧木，不同的生长状况，以及不同的土质等，都会影响灌水量。在灌水时一定要灌足水分，切忌表土打湿而底土仍然干燥。耐旱树种灌水量要少些，不耐旱的树种灌水量要多。盐碱土地区，灌水量每次不宜过多，灌水浸润土壤深度不要与地下水位相接，以防返碱和返盐。土壤质地轻、保水保肥力差的地块，也不宜大水灌溉，否则会造成土壤中的营养物质随重力水淋失，使土壤逐渐贫瘠。

一般已达花龄的乔木，大多应浇水令其渗透到80~100cm深处。适宜的灌水量一般以达到土壤最大持水量的60%~80%为标准。目前果园根据不同土壤的持水量、灌溉前的土壤湿度、土壤容重、要求土壤浸湿的深度，计算一定面积灌水量，即：

灌水量=灌溉面积×土壤浸湿深度×土壤容重×(田间持水量−灌溉前土壤湿度)

灌溉前土壤湿度，每次灌水前均需测定，田间持水量、土壤容重、土壤浸湿深度等，可数年测定一次。应用此公式计算出的灌水量，还可根据树种、品种、不同生命周期、物候期以及日照、温度、干旱持续的长短等因素进行调整，酌增酌减，以更符合实际需要。这一方法在园林中可以借鉴。如果在树木生长地安置水分张力计，则不必计算灌水量，灌水量和灌水时间均可由水分张力计的读数表示出来。

1.4.5 灌溉水源的选择

园林灌溉系统可用的水源类型很多，常用水源有地下水（自来水、井水）、地表水（河、湖、池塘）以及中水（工业及生活废水处理后）。河水、井水和池塘水含有一定数量的有机物质，是较好的灌溉用水。为了节约用水可用工业生产和人民生活中排放的污水作灌溉用，但是，用前必须经过化验，确实不含有害有毒物质的水才能用，否则不能作灌溉用水。

1.4.6 灌溉方式的选择

灌水方法正确与否，不但关系到灌水效果好坏，而且还影响土壤的结构。正确的灌水方法，要有利水分在土壤中均匀分布，充分发挥水效，节约用水量，降低灌水成本，减少土壤冲刷，保持土壤的良好结构。随着科学技术的发展，灌水方法也在不断改进，正朝机械化、自动化方向发展，使灌水效率和灌水效果均大幅度提高。

根据供水方式的不同，将园林树木的灌水方法分为以下3种：

1.4.6.1 地上灌水

（1）机械喷灌

采用固定或拆卸式的管道输送和喷灌系统，一般由水源、动力、水泵、输水管道及喷头等部分组成。机械喷灌是一种比较先进的灌水技术，目前已广泛用于园林苗圃、园林草坪以及重要的绿地系统。

机械喷灌的优点是：灌溉水首先是以雾化状洒落在树体上，然后再通过树木枝叶逐渐下渗至地表，避免了对土壤的直接打击、冲刷，基本不产生深层渗漏和地表径流，既节约用水量，又减少了对土壤结构的破坏，可保持原有土壤的疏松状态。同时，机械喷灌还能迅速提高树木周围的空气湿度，控制局部环境温度的急剧变化，为树木生长创造良好条件。此外，机械喷灌对土地的平整度要求不高，可以节约劳动力，提高工作效率。

机械喷灌的缺点主要有：可能加重某些园林树木感染真菌病害；灌水的均匀性受风影响很大，风力过大，会增加水量损失；同时，喷灌设备价格和管理维护费用较高，使其应用范围受到一定限制。但总体上讲，机械喷灌是一种发展潜力巨大的灌溉技术，值得大力推广应用。

（2）移动式喷灌

一般由城市洒水车改建而成，在汽车上安装贮水箱、水泵、水管及喷头组成一个完整的喷灌系统，灌溉的效果与机械喷灌相似。由于汽车喷灌具有移动灵活的优点，因而常用于城市街道行道树的灌水。

（3）人工浇灌

虽然人工浇灌费工多、效率低，但在交通不便、水源较远、设施条件较差的情况下，仍不失为一种有效的灌水方法。人工浇灌大多采用树盘灌水形式，灌溉时以树干为圆心，在树冠边缘投影处用土壤围成圆形树堰，水在树堰中缓慢渗入地下。人工浇灌属于局部灌溉，灌水前最好疏松树堰内土壤，使水容易渗透，灌溉后耙松表土以减少水分蒸发。

1.4.6.2 地面灌水

地面灌水可分为漫灌与滴灌两种形式。前者是一种大面积的表面灌水方式，因用水既不经济也不科学，生产上已很少采用；后者是近年来发展起来的机械化与自动化的先进灌溉技术，它是将灌溉用水以水滴或细小水流形式缓慢地施于植物根域的灌水方法。滴灌的效果与机械喷灌相似，但比机械喷灌更节约用水。不过滴灌对小气候的调节作用较差，而且耗管材多，对用水要求严格，容易堵塞管道和滴头。目前国内外已发展为自动化滴灌装置，其自动控制方法可分时间控制法、电力抵抗法和土壤水分张力计自动控制法等，广泛用于蔬菜、花卉的设施栽培中，以及庭院观赏树木的养护中。滴灌系统的主要组成部分包括水泵、化肥罐、过滤器、输水管、灌水管和滴水管等。

1.4.6.3 地下灌水

地下灌水是借助地下的管道系统，使灌溉水在土壤毛细管作用下，向周围扩散浸润植物根区土壤的灌溉方法。地下灌水具有地表蒸发小、节省灌溉用水、不破坏土壤结构、地下管道系统在雨季还可用于排水等优点。地下灌水分为沟灌与渗灌两种。沟灌是用高畦低沟方法，引水沿沟底流动来浸润周围土壤。灌溉沟有明沟与暗沟、土沟与石沟之分，石沟的沟壁设有小型渗漏孔。渗灌是采用地下管道系统的一种地下灌水方式，整个系统包括输水管道和渗水管道两大部分，通过输水管道将灌溉水输送至灌溉地的渗水管道，它做成暗渠和明渠均可，但应有一定比降。渗水管道的作用在于通过管道上的小孔，使水分渗入土壤中。目前常用的渗水管道有专门烧制的多孔瓦管、多孔水泥管、竹管以及波纹塑料管等，生产上应用较多的是多孔瓦管。

1.4.7 城市绿地排水

1.4.7.1 排水的必要性

排水是为了减少土壤中多余的水分，以增加土壤空气的含量，促进土壤空气与大气的交流，提高土壤温度，促进好气性微生物活动，加快有机物质的分解，改善树木营养状况，使土壤的理化性状得到全面改善。排水不良的土壤经常发生水分过多而缺乏空气，迫使树木根系进行无氧呼吸并积累乙醇造成蛋白质凝固，引起根系生长衰弱以至死亡；土壤通气不良还会造成厌气微生物活动，促使反硝化作用发生，从而降低土壤肥力；而有些土壤如黏土中，如果大量施用硫酸铵等化肥或未腐熟的有机肥后遇土壤排水不良，这些肥料将进行无氧分解，从而产生大量的一氧化碳、甲烷、硫化氢等还原性物质，严重影响树木地下与地上部分的生长发育。因此，排水与灌水同等重要。

1.4.7.2 排水的条件

在有下列情况之一时，就需要进行排水：

①树木生长在低洼地，当降雨强度大时汇集大量地表径流，且不能及时排泄，而形成季节性涝湿地。

②土壤结构不良，渗水性差，特别是土壤下面有坚实的不透水层，阻止水分下渗，形成过高的假地下水位。

③园林绿地临近江河湖海，地下水位高或雨季易遭淹没，形成周期性的土壤过湿。

④平原与山地城市，在洪水季节有可能因排水不畅形成大量积水。

⑤在一些盐碱地区，土壤下层含盐量高，不及时排水洗盐，盐分会随水的上升而到达表层，造成土壤次生盐渍化，对树木生长很不利。

1.4.7.3 排水方法

园林树木的排水方法通常有以下 4 种：

（1）明沟排水

明沟排水是在地面上挖掘明沟，排除径流。常由小排水沟、支排水沟以及主排水沟等组成一个完整的排水系统，在地势最低处设置总排水沟。这种排水系统的布局多与道路走向一致，各级排水沟的走向最好相互垂直，但在两沟相交处应成锐角相交（45°~60°），且各级排水沟的纵向比降应大小有别，以利于水流畅通，防止相交处沟道淤塞。

（2）暗沟排水

暗沟排水是在地下埋设管道形成地下排水系统，将地下水降到要求的深度。暗沟排水系统与明沟排水系统基本相同，也有干管、支管和排水管之别。暗沟排水的管道多由塑料管、混凝土管或瓦管做成。建设时，各级管道需按水力学要求的指标组合施工，以确保水流畅通，防止淤塞。

（3）滤水层排水

滤水层排水实际就是一种地下排水方法，一般是对低洼积水地以及透水性极差的立地栽种树木，或对一些极不耐水湿的树种在栽植初期采取的排水措施。即在树木生长的土壤下面填埋一定深度的煤渣、碎石等材料，形成滤水层，并在周围设置排水孔，遇积水就能及时排除。这种排水方法只能小范围使用，起到局部排水的作用。

（4）地面排水

这是目前使用较广泛、经济的一种排水方法。它是通过道路、广场等地面汇聚雨水，然后集中到排水沟，从而避免绿地树木遭受水淹。但是，地面排水方法需要设计者经过精心设计安排，才能达到预期效果。

课后习题

1. 如何确定树木灌溉的最佳时间？
2. 土壤含水量估算方法有哪些？
3. 排水的方式有哪些？
4. 灌溉用的水源有哪些？

任务1.5　园林树木整形修剪

任务指导书

>> 任务目标

依据园林树木不同用途进行合理的整形修剪养护管理。

>> 任务描述

园林树木修剪是园林景观维护管理的重要作业项目之一，通过整枝修剪可以使景观面貌有非常大的改变与立即可见的成效。园林树木修剪的时间及修剪方法会因树木品种特性、栽培目的及需求而有所区别。

>> 材料及工具

剪枝剪、大平剪、高枝剪、绿篱修剪机、手锯、梯子、涂抹伤口工具等。

>> 任务实施指导

1. 确定修剪时期。
2. 修剪前的准备工作：选择合适的修剪工具→制订修剪方案→培训修剪人员、规范修剪程序。
3. 不同用途的园林树木修剪：成片树木的修剪→行道树和庭荫树的修剪→花灌木的修剪→绿篱、色块和藤本的修剪。
4. 修剪后的检查工作。
5. 清理现场。

相关知识

1.5.1　园林树木整形修剪的概念、目的和作用

(1) 园林树木整形修剪的概念

修剪是指对植株的某些器官，如芽、干、枝、叶、花、果等进行剪截、疏除或其他处理的具体操作。

整形是指为提高园林植物观赏价值，按其习性或人为意愿而修整成为各种优美的形状与树姿。

整形是目的，修剪是手段，两者紧密相关，常常结合在一起进行，是统一于栽培目的之下的技术措施。一般来说，整形着重于幼树及新植树木，修剪则贯穿于树木一生中。

(2) 园林树木整形修剪目的和作用

整形修剪是园林树木养护管理中的一个重要环节，它的主要作用有以下几点：

①美化树形　园林树木在生长过程中受到环境和人为因素影响，如上有架空线，下有人流、车辆等，这样就需要调整树形，而在操作中又需要结合园林树木美化城市的作用。所以通过整形修剪，能使树木在自然美的基础上，创造出人工与自然相结合的美。

②协调比例　在园林景点中，园林树木有时起衬托作用，不需过于高大，以便与某些景点、建筑物相互烘托，所以就必须通过整形修剪，及时调整树木与环境比例，达到良好效果。对树木本身来说，通过整形修剪，可协调冠高比，确保其观赏需要。

③调整树势　园林树木因环境不同，生长情况各异，通过整形修剪可调整树势的强弱。通过整形修剪可去劣存优，促使局部生长，使过旺部分弱下来，而修剪过重，则对整体又有削弱作用，这就是"修剪的双重作用"。具体是"促"还是"抑"，因树种、修剪方法、时期、树龄、剪口芽状况等而异。

④改善透光条件，减少病虫害　有些园林树木若自然生长或修剪不当，往往枝条密生，树冠郁闭，内膛枝生长势弱且树冠内湿度较大，这样就营造了病虫害的滋生环境。通过正确的整形修剪，保证树冠内通风透光，可减少病虫害的发生。

⑤促进开花结果　正确修剪可使养分集中到留下的枝条，促进大部分短枝和辅养枝成为花果枝，形成较多花芽，增加结果量。

1.5.2　园林树木整形修剪的原则

（1）根据园林树木所处的生态环境进行修剪整形

园林生态环境类型多种多样，如建筑围合的背风向阳处与楼间大风口处的生态环境差异很大；再如土层深厚的园林绿地与屋顶花园或盐碱地，以及地下水位高处的土壤因子差异很大。要根据树木生长地空间大小、光照条件、土层厚薄、风的大小进行整形。

①依据树木生长地的空间大小进行整形　在生长空间较大，又不影响周围其他植物的情况下，可以使枝干角度开张，尽量扩大树冠；如果空间较小，则应控制树木的体量，避免过分拥挤，影响景观效果。如果孤植树光照良好，则形成丰满的树冠，冠高比较大；而密林中，光照主要是来源于上部，因此树冠很窄，冠高比较小。

为控制树体大小，自然式修剪的树木多采取回缩法，而规则式修剪一般多采用短截法。

②特殊地段树木的整形

A. 盐碱地、地下水位高处及其他土层薄的地方　因这些地方可供树木生长的土层薄，根系生长不可能很深，所以这些地方的树体不宜太高，树冠内枝条不宜太密、太大，否则会造成风倒，有安全隐患。

B. 风大的地方树木的整形　若是背风向阳处，因为风小，树形可以高大，树冠可以适当密集；而在风口处，为了防止树木被风刮倒，不宜留过高、过密的树冠。要控制树木体量，适当疏枝，减少风压。

C. 屋顶花园上树木的整形　由于受建筑荷载的影响，屋顶花园上种植土的土层一般较薄，因此树干不宜过高，树冠不宜过大，枝条不宜太密。例如，碧桃在土层深厚、下垫面承重能力强的地方，可以采取自然开心形或圆头形，并尽量开张角度，扩展树形；而在屋顶花园或土层很薄处，则宜采用控制修剪的方式，确保安全和美观。

③不同气候条件下树木的整形　我国南方地区气候温暖湿润，树木生长茂盛，树木体量大，整形修剪时树冠可以大一些，但是在南方台风多的地区，一些浅根性树种不宜过高，枝条也宜稀疏些。在北方地区种植不耐寒的边缘花木，树形不宜高大，因为这样防寒困难，也不利于树木越冬。另外，榆叶梅等在甘肃、包头、哈尔滨等北方干旱地区一般整成灌丛形、圆球形或丛状扁圆形，而在北京等温度稍高、降雨较多的地区则整成有主干的树形。我国北方地区夏天高温、日照强，人们需要遮阴树；冬天干燥寒冷，日照时间短，人们需要晒太阳。所以，在北方庭荫树、行道树首先要满足遮阴功能，树木体量宜大些。而在对遮阴需求不大的地区，美化则是首要任务，树木可以整形修剪成几何形等观赏树形。

(2) 根据园林风格类型进行修剪整形

在传统自然式园林中，树木应整成自然式树形。如北京颐和园是中国传统自然式山水园的代表，树木整形应以自然形为主，绝不能整成规则的几何形。

在传统规则式园林中，如法国巴黎凡尔赛宫，树篱、树墙等采用规则式修剪或几何式整形。

日本枯山水园林中枯山水旁的树木多为圆头形。

混合式园林中，依据配置环境来整形。

(3) 根据树木在园林中的功能进行修剪整形

园林树木按功能分为行道树、庭荫树、园景树、花灌木、风景林、防护林、地被、藤本、绿篱等。同一种树，功能不同，则树形不同。

街道旁的行道树受街道的走向、两旁建筑、架空天线等影响，整形修剪时必须考虑这些因素，尤其是行道树上面的架空天线，要与树枝有一定的距离，以免发生危险。如果架空天线较低，选槐作行道树，可以采用杯状形整枝，令架空线从树冠内通过，一般称为"开弄堂"。槐用作庭荫树则整成自然形。

圆柏用作障景或隔离带，宜整成树墙式；用作规则式绿篱，可以整成长方体；用作孤植的园景树，宜修剪成自然式或特殊的造型。

(4) 根据树木的生物学特性进行修剪整形

①树种　干性较强的树种，如广玉兰、香樟等大型乔木，应该留有主干和中干，整成卵形等自然式树形。对于榆叶梅、黄刺玫等顶端优势不强而发枝能力很强的树种，整成不留中干的自然丛球形或半圆形，而龙爪槐、垂枝梅等枝条下垂的树宜整成伞形。

②品种　同一树种不同品种间整形修剪也有所不同，如桃不同品种树形差异很大，直枝桃整成开心形，寿星桃整成开心状的圆形，垂枝桃整成伞形，帚形桃整成圆柱形。

③树种的分枝形式　不同分枝习性的树种形成单个直干的难易程度不同。对于单轴分枝的树种，如毛白杨、银杏、圆柏等，要注意控制侧枝、防止竞争枝、保留中央主干，形成尖塔形或圆锥形树冠；对于合轴分枝的树种，容易形成几个生长势相当的枝，呈现多杈树干，要培养主干，可采用摘除其他侧枝的顶芽来削弱其顶端优势，或将顶枝短截，剪口留壮芽，同时疏去剪口下3~4个侧枝，促使其加速生长；对于假二叉分枝的树种，可采

用剥除一个芽的方法来培养主干；对于多歧分枝的树种，可用短截主枝结合抹芽的方法重新培养中央主枝。

④花芽着生部位、性质、习性、花期　早春开花的花木，花芽一般是在前一年的夏、秋季进行分化，属于夏秋分化型，修剪应在落叶后到翌年早春萌芽前进行，但在冬、春季干旱及寒冷多风的北方地区，最好是在开花前或花后进行修剪。如玉兰、厚朴为顶生的纯花芽，一般不在休眠期短截，应在花后修剪，但是为更新枝势或扩大树冠，可以短截；对榆叶梅、桃、连翘等具有腋生花芽的树种，视情况进行短截，但是剪口芽（即剪口下第一个芽）一般不能是纯花芽，否则花后留下一段枯桩，影响生长和美观。夏、秋开花的花木，花芽是当年形成当年分化型，在 1 年生枝基部保留 3~4 个饱满芽短截，剪后可萌发出茁壮的枝条，虽然花枝会少，但是开花大；对于一年可以开花 2 次以上的树木，如月季、紫薇等，花后要除残花，加强肥水管理，促使 2 次开花。

⑤萌芽力和成枝力（发枝能力）　整形修剪的强度与频度，不仅取决于栽培目的，更取决于树木的萌芽发枝能力和愈伤能力的强弱。如悬铃木、大叶黄杨、女贞、圆柏等具有很强萌芽发枝能力的树种，耐重剪，可以多次修剪，而对梧桐、桂花、玉兰等发枝能力弱的应少剪或只做轻度疏除。

(5) 根据树木的年龄阶段进行修剪整形

园林树木一生可分为胚胎期、幼年期、青年期、成年期、老年期 5 个阶段，园林树木整形修剪要依据不同年龄阶段来进行。

①幼年期轻剪　因幼树含氮量高，有机物含量少，利于营养生长，而糖类的含量随修剪程度的加重而减少，所以为了使幼树快速形成良好的树体结构，对各级骨干枝的长枝以短截为主，促进营养生长。为了提早开花，对骨干枝以外的枝条应轻剪。如果幼树重剪，不仅开花晚，还会降低越冬抗寒能力。

②成年期平衡修剪　成年树处于开花结实的旺盛阶段，要防止开花结实过多，防止"大小年"现象，要注意调节生长与开花结实的矛盾，还要注意防止提前衰老。

③老年期更新修剪　老年树应重剪，刺激产生更新枝，以恢复树势。为了实现培养目标，形成一个中干优势明显、枝条分布合理的树体结构，形成最好的树形，幼年和中年期树木下部活枝通常要疏除。而成年树上的活枝尽量不疏除，成年树修剪的重要任务是通过疏除干枯枝、回缩过长枝以及结构不牢固的枝条，减少树木对人和物带来的安全隐患。

(6) 根据其他因素进行修剪整形

①要根据树势、现有树形，因枝修剪，随树做形，平衡树势　修剪不应程式化，要根据树木具体情况来进行。要注意根据树势来修剪，不能强求统一。生长旺盛的树修剪量要轻，通过变和甩放，以缓和树势，促进开花结果。如果修剪过重，会造成枝条旺长密闭，反而不开花。衰老枝宜重剪，抬高分枝角度，恢复树势。对于树势上强下弱的树，要抬高下部枝的角度，加大上部枝的修剪量。对于主枝之间的不平衡，要抑强扶弱，即强主枝强剪（加大修剪量），弱主枝弱剪（减少修剪量）。对于侧枝间的不平衡要强侧枝弱截（轻短截），使生长势缓和，利于形成花芽，消耗营养多，缓和树势；弱侧枝强剪（短截到中部饱

满芽处），促使萌发较强的枝条，这种枝形成花芽少，消耗营养少，从而使该侧枝生长势增强。

②整形修剪应坚持生态、经济与园林美学相统一的原则　整形修剪首先要分析树木所处绿地的等级，该树木在景观中的地位，以及以后能投入多少精力，修剪周期是多少，派什么人来修剪。若是一级绿地中的主景树或重要的配景树，可以采取细致修剪；若是三级绿地，而且又处于景观中次要地位，可以采取简化修剪的方式，以求得养护管理的经济性。

1.5.3　园林树木整形修剪的时期

(1) 冬季修剪

冬季修剪又称为休眠期修剪（一般在12月至翌年2月）。耐寒力差的树种最好在早春进行修剪，以免伤口受风寒之害。落叶树一般在冬季落叶到第二年春季芽萌发前进行。冬季修剪对观赏树木树冠的形成、枝梢生长、花果枝形成等有很大影响。

(2) 夏季修剪

夏季修剪又称为长期修剪（一般在4~10月）。从芽萌动后至落叶前进行，也就是说，在新梢停止生长前进行。具体修剪的日期还应根据当地气候条件及树种特性而定。如对花果树修剪，要剪除内膛枝、直立枝、徒长枝、交叉枝、下垂枝及病虫枝等，使营养集中于骨干枝，有利于开花结果。

1.5.4　园林树木整形修剪的技法及注意事项

1.5.4.1　修剪的技法

树木修剪的基本方法可以概括为"截、疏、伤、变、放"五字诀。

(1) 截

截又称短剪，指对1年生枝条的剪截处理。枝条短截后，养分相对集中，可刺激剪口下侧芽的萌发，增加枝条数量，促进营养生长或开花结果。短截程度对产生的修剪效果有显著影响。

①轻短截　剪去枝条全长的1/5~1/4，主要用于观花、观果类树木强壮枝的修剪。枝条经短截后，多数半饱满芽受到刺激而萌发，形成大量中短枝，易分化更多花芽。

②中短截　自枝条长度1/3~1/2的饱满芽处短截，使养分较为集中，促使剪口下发生较多的营养枝，主要用于骨干枝和延长枝的培养及某些弱枝的复壮。

③重短截　自枝条中下部，全长2/3~3/4处短截，刺激作用大，可促使基部隐芽萌发，适用于弱树、老树和老弱枝的复壮更新。

④极重短截　仅在春梢基部留2~3个芽，其余全部剪去，修剪后会萌生1~3个中、短枝，主要应用于竞争枝的处理。

⑤回缩　又称缩剪，指对多年生枝条（枝组）进行短截的修剪方式。在树木生长势减弱、部分枝条开始下垂、树冠中下部出现光秃现象时采用此法，多用于衰老枝的复壮和结

果枝的更新，促使剪口下方的枝条旺盛生长或刺激休眠芽萌发长枝，达到更新复壮的目的。

⑥截干　对主干粗大的主枝、骨干枝等进行的回缩措施称为截干，可有效调节树体水分吸收和蒸腾间的矛盾，提高移栽成活率，在大树移栽时多见。此外，可利用促发隐芽的作用，进行壮树的树冠结构改造和老树的更新复壮。

⑦摘心　是摘除新梢顶端生长部位的措施。摘心可削弱枝条的顶端优势，改变营养物质的输送方向，有利于花芽分化和结果。摘除顶芽可促使侧芽萌发，从而增加分枝，促使树冠早日形成。而适时摘心，可使枝、芽得到足够的营养，充实饱满，提高抗寒力。

(2) 疏

疏又称疏删或疏剪，即从分枝基部把枝条剪掉的修剪方法。疏剪能减少树冠内部的分枝数量，使枝条分布趋向合理与均匀，改善树冠内膛的通风与透光，增强树体的同化功能，减少病虫害的发生，并促进树冠内膛枝条的营养生长或开花结果。疏剪的主要对象是弱枝、病虫害枝、枯枝、交叉枝、干扰枝、萌蘖枝、下垂枝等。特别是树冠内部萌生的直立性徒长枝，芽小、节间长、粗壮、含水分多、组织不充实，宜及早疏剪以免影响树形，但如果有生长空间，可改造成枝组，用于树冠结构的更新、转换和老树复壮。

疏剪对全树的总生长量有削弱作用，但能促进树体局部的生长。疏剪对局部的刺激作用与短截有所不同，它对同侧剪口以下的枝条有增强作用，而对同侧剪口以上的枝条则起削弱作用。应注意的是，疏枝在母树上形成伤口，从而影响养分输送。疏剪的枝条越多，伤口间距越接近，其削弱作用越明显。疏剪多年生的枝条，对树木生长的削弱作用较大，一般宜分期进行。

疏剪强度是指被疏剪枝条占全树枝条的比例，剪去全树10%的枝条者为轻疏，强度达10%~20%时称中疏，疏剪20%以上枝条的则为重疏。实际应用时，疏剪强度依树种、长势和树龄等具体情况而定。一般情况下，萌芽率强、成枝力强的树种，可多疏枝；幼树宜轻疏，以促进树冠迅速扩大；进入生长与开花盛期的成年树应适当中疏，以保持营养生长与生殖生长的平衡，防止开花、结果的"大小年"现象发生；衰老期的树木，为保持有足够的枝条组成树冠，应尽量少疏；花冠木类，轻疏能促进花芽的形成，有利于提早开花。

此外，还包括：

①抹芽　抹除枝条上多余的芽体，可改善留存芽的养分状况，增强其生长势。例如，每年夏季对行道树主干上萌发的隐芽进行抹除，一方面，可使行道树主干通直；另一方面，可以减少不必要的营养消耗，保证树体健康地生长发育。

②去蘖（又称除萌）　榆叶梅、月季等易生根蘖的园林树木，生长季期间要随时去除萌蘖，以免扰乱树性，影响接穗树冠的正常生长。

(3) 伤

用各种方法损伤枝条的韧皮部和木质部，以达到削弱枝条生长势、缓和树势的方法称为伤。伤枝多在生长期内进行，对局部影响较大，而对整个树木的生长影响较小，是整形修剪的辅助措施之一。主要的方法有：

①环状剥皮(环剥)　用刀在枝干或枝条基部的适当部位环状剥去一定宽度的树皮，以在一段时间内阻止枝梢的糖类向下输送，有利于环状剥皮上方枝条的营养物质积累和花芽分化。这适用于发育盛期开花结果量较小的枝条。实施时应注意：

剥皮宽度要根据枝条的粗细和树种的愈伤能力而定，一般以 1 个月内环剥伤口能愈合为限，约为枝直径的 1/10（即 2~10mm），过宽伤口不易愈合，过窄愈合过早而不能达到目的。环剥深度以达到木质部为宜，过深伤到木质部会造成环剥枝梢折断或死亡，过浅则韧皮部残留，环剥效果不明显。实施环剥的枝条上方需留有足够的枝叶量，以供正常光合作用之需。

环剥是在生长季应用的临时性修剪措施，多在花芽分化期、落花落果期和果实膨大期进行，在冬剪时要将环剥处以上的部分逐渐剪除。环剥也可用于主枝，但须根据树体的生长状况慎重决定，一般用于树势强旺、花果稀少的青壮树。伤流过旺、易流胶的树种不宜应用环剥。

②刻伤　用刀在芽(或枝)的上方(或下方)横切(或纵切)深及木质部的方法，常在休眠期结合其他修剪方法施用。主要方法有：

A. 目伤　在芽或枝的上方进行刻伤，伤口形状似眼睛，伤及木质部以阻止水分和矿质养分继续向上输送，以在理想的部位萌芽抽枝；反之，在芽或枝的下方进行刻伤时，可使该芽或该枝生长势减弱，但因有机营养物质的积累，有利于花芽的形成。

B. 纵伤　指在枝干上用刀纵切而深达木质部的方法，目的是减少树皮的机械束缚力，促进枝条的加粗生长。纵伤宜在春季树木开始生长前进行，实施时应选树皮硬化部分，小枝可纵伤一条，粗枝可纵伤数条。

C. 横伤　指对树干或粗大主枝横切数刀的刻伤方法，其作用是阻滞有机养分向下输送，促使枝条充实，有利于花芽分化，达到促进开花、结实的目的。作用机理同环剥，只是强度较低而已。

D. 折裂　即曲折枝条使之形成各种艺术造型，常在早春芽萌动始期进行。先用刀斜向切入，深达枝条直径的 1/2~2/3 处，然后小心地将枝弯折，并利用木质部折裂处的斜面支撑定位。为防止伤口水分损失过多，往往在伤口处进行包裹。

③扭梢和折梢(枝)　多用于生长期内生长过旺的枝条，特别是着生在枝背上的徒长枝，扭转弯曲而未伤折者称扭梢，折伤而未断离者则称折梢。扭梢和折梢均是部分损伤传导组织以阻碍水分、养分向生长点输送，削弱枝条长势以利于短花枝的形成。

(4) 变

变是变更枝条生长的方向和角度，以调节顶端优势并改变树冠结构为目的的整形措施。通常结合生长季修剪进行，对枝梢施行诱引、屈曲等技术措施。直立诱引可增强生长势；水平诱引具有中等强度的抑制作用，使组织充实易形成花芽；向下屈曲诱引则有较强的抑制作用，但枝条背上部易萌发强健新梢，须及时去除，以免适得其反。

(5) 放

营养枝不剪称为放，也称长放或甩放，适宜于长势中等的枝条。长放的枝条留芽多，抽生的枝条也相对增多，可缓和树势，促进花芽分化。丛生灌木也常应用此措施，如连翘，在树冠上方往往甩放3~4根长枝，形成潇洒飘逸的树形，长枝随风飘曳，观赏效果极佳。

(6)其他

①摘叶(打叶)　主要作用是改善树冠内的通风透光条件，提高观果树木的观赏性，防止枝叶过密，减少病虫害，同时起到催花的作用。如丁香、连翘、榆叶梅等花灌木，在8月中旬摘去一半叶片，9月初再将剩下的叶片全部摘除，在加强肥水管理的条件下，则可促其在国庆节期间二次开花。而红枫的夏季摘叶措施，可诱发红叶再生，增强景观效果。

②摘蕾　实质上为早期进行的疏花、疏果措施，可有效调节花果量，提高存留花果的质量。例如，杂种香水月季，通常在花前摘除侧蕾，使主蕾得到充足养分，开出漂亮而肥硕的花朵；聚花月季，往往要摘除侧蕾或过密的小蕾，使花期集中，花朵大而整齐，观赏效果增强。

③摘果　摘除幼果可减少营养消耗、调节激素水平，可使枝条生长充实，有利于花芽分化。对紫薇等花期延续较长的树种，摘除幼果，花期可由25d延长至100d左右；丁香开花后，若不是为了采收种子，也需摘除幼果，以利于翌年依旧繁花。

④断根　在移栽大树或山林实生树时，为提高成活率，往往在移栽前1~2年进行断根，以回缩根系、刺激发生新的须根，有利于提高移植成活率。进入衰老期的树木，结合施肥在一定范围内切断树木根系的断根措施，有促发新根、更新复壮的作用。

1.5.4.2　修剪的注意事项

(1)剪口的类型

枝条短剪时，剪口可采用平剪口或斜剪口。平剪口位于剪口芽顶尖上方，呈水平状，小枝短剪中常用。斜剪口呈45°的斜面，从剪口芽的对侧向上剪，斜面上方与剪口芽齐平或稍高，斜面最低部分与芽基部相平，这样剪口创面较小，易于愈合，芽可得到充足的养分与水分，萌发后生长较快。疏剪的剪口应与枝干齐平或略凸，有利于剪口愈合。

(2)剪口芽的选留

剪口芽的方向、质量，决定新梢生长方向和枝条的生长势。选择剪口芽应慎重，从树冠内枝条分布状况和期望新枝长势的强弱考虑，需向外扩张树冠时，剪口芽应留在枝条外侧；欲填补内膛空虚，剪口芽方向应朝内；对生长过旺的枝条，为抑制其生长，以弱芽当剪口芽；扶弱枝时选留饱满的壮芽。

有些叶序对生的树种，如蜡梅、水曲柳、美国白蜡等，它们的侧芽是两两对生的，为了防止内向枝过多影响树形的完美和良好的通风透光，在短截的同时，还应把剪口处对生芽中朝树冠内膛的芽抹掉。

此外，呈垂直生长的主干或主干枝，由于自然枯梢等原因，每年修剪其延长枝时，选留的剪口芽方向应与上一年留芽方向相反，保证枝条生长不偏离主干。

(3)剪口芽距剪口距离

一般在0.5cm左右，过长则水分、养分不易流入，芽上段枝条易干枯形成残桩，雨淋日晒后易引起腐烂。剪口距芽太近，因剪口的蒸腾易使剪口芽失水干枯，修剪时机械挤压也容易造成剪口芽受伤。剪口芽距剪口的距离可根据空气湿度决定，干燥地区适当长些，湿润地区适当短些。

(4) 剪口的保护

短截与疏枝的伤口不大时，可以任其自然愈合。但如果用锯锯除大的枝干，造成创面比较大，表面粗糙，常因雨淋、病菌侵入而腐烂。因此，伤口要用锋利的刀削平整，用2%的硫酸铜溶液消毒，最后涂保护剂，可起到防腐、防干和促进愈合的作用。效果较好的保护剂有两种：

①保护蜡　用松香2500g、蜡黄1500g，动物油500g配制。先把动物油放入锅中调温火，再将松香粉与蜡黄放入，不断搅拌至全部熔化后熄火冷却即成。使用时用火熔化，蘸涂锯口。熬制过程中防止着火。

②豆油铜素剂　用豆油1000g、硫酸铜1000g和熟石灰1000g制成。将硫酸铜与熟石灰加入豆油中搅拌，冷却后即可使用。此外，调和漆、黏土浆也有一定的效果。

(5) 大枝的修剪

若从上方起锯，锯到一半的时候，往往因为枝干本身重量的压力造成劈裂。从枝干下方起锯，可防枝干劈裂，但是因枝条的重力作用夹锯，操作困难。故在锯除大枝时，可采用分步作业法。首先从枝干基部下方向上锯入深达枝粗的1/3左右，再从上方锯下，则可避免劈裂与夹锯。大枝锯除后，留下的剪口较大而且表面粗糙，因此应用利刀修削平整光滑，以利于愈合。同时涂抹防腐剂等，保护伤口，防止腐烂。

疏剪大枝必须在分枝点处剪去，仅留分枝点处凸起的部位，这样伤口小。修剪时防止留残桩，否则不易愈合并易腐烂。

1.5.5　常用修剪工具

(1) 剪

适用于较细枝条的剪截。

①圆口弹簧剪　即普通修枝剪，适用于剪截3cm以下的枝条。操作时，用右手握剪，左手压枝向剪刀小片方向猛推，要求动作干净、利落，不产生劈裂。

②小型直口弹簧剪　适用于夏季摘心、折枝及树桩盆景小枝的修剪。

③高枝剪　装有一根能够伸缩的铝合金长柄，可用于手不能及的高空小枝的修剪。

④大平剪　又称绿篱剪、长刃剪，适用于绿篱、球形树和造型树木的修剪，它的条形刀片很长、刀面较薄，易形成平整的修剪面，但只能用来平剪嫩梢。

⑤长把修枝剪　其剪刃呈月牙形，没有弹簧，手柄很长，能轻快修剪直径1cm以内的树枝，适用于高灌木丛的修剪。

(2) 锯

对较粗大的枝干，回缩或疏枝时常用锯操作。

①手锯　适用于花、果木及幼树枝条的修剪。

②单面修枝锯　适用于截断树冠内中等粗度的枝条。弓形的单面细齿手锯锯片很窄，可以伸入到树丛当中锯截，使用起来非常灵活。

③双面修枝锯　适用于锯除粗大的枝干，其锯片两侧都有锯齿，一边是细齿，另一边是由深、浅两层锯齿组成的粗齿。在锯除枯死的大枝时用粗齿，锯截活枝时用细齿。另外，锯把上有一个很大的椭圆形孔洞，可以用双手抓握来增加锯的拉力。

④高枝锯　适用于修剪树冠上部较大枝。

⑤油锯　适用于特大枝的快速、安全锯截。

应用传统的工具来修剪高大树木，费工、费时且常常无法完成作业任务，国外在城市树木管护中已大量采用移动式升降机辅助作业，能极有效地提高工作效率。

1.5.6　修剪的程序

修剪的程序概括地说就是"一知、二看、三剪、四检查、五处理"。

"一知"　修剪人员必须掌握操作规程、技术及其他特别要求。修剪人员只有了解操作要求，才可以避免错误。

"二看"　实施修剪前应对植物进行仔细观察，因树制宜，合理修剪。具体是要了解植物的生长习性、枝芽的发育特点、植株的生长情况、冠形特点及周围环境与园林功能。修剪观赏花木时，要观察、分析树势是否平衡。如果不平衡，要分析造成的原因，结合实际进行修剪。

"三剪"　对植物按要求或规定进行修剪。修剪时最忌无次序，在疏枝前先要决定选留的大枝数及其在骨干枝上的位置，将无用的大枝先剪掉，待大枝条整好以后再修剪小枝，宜从各主枝或各侧枝的上部起，依次向下进行。对普通的一株树应先剪上部，后剪下部；先剪内膛枝，后剪外围枝。几个人同剪一株树时，应先研究好修剪方案，再动手去做。

"四检查"　检查修剪是否合理，有无漏剪与错剪，以便修正或重剪。

"五处理"　包括对剪口的处理和对剪下的枝叶、花果进行集中处理等。

1.5.7　园林树木整形修剪技术

园林树木整形修剪主要是为了保持合理的树冠结构，维持树冠上各级枝条之间的从属关系，促进整体树势的平衡，达到观花、观果、观叶和赏形等目的。整形的方式依据园林树木在园林中的不同用途分别采用自然式整形、人工式整形和自然与人工混合式整形。

（1）自然式整形

一株树木整体形成的姿态称为株形，由树干发生的枝条集中形成部分称为树冠。各种树种在自然状态有大致固定的株形，称为自然式株形。各个树种因分枝习性、生长状况不同，形成了各式各样的树冠形式，以自然生长形成的树冠为基础，保持树木原有的自然冠形基础上适当修剪，仅对树冠生长作辅助性的调节和整理，使之形态更加优美自然，称自然式整形。自然式整形能体现园林的自然美。自然式的树形可分为如下几种类型：

①针叶乔木类自然树形　如雪松尖塔形、杜松圆柱形。

②有中央主干阔叶类　如加拿大杨圆卵形。

③无中央主干阔叶类　如杏树扁圆形、梨树圆球形。

④棕榈形　棕榈类自然树形。

(2) 人工式整形

依据园林景观配置需要，有时将树木修剪成规则的几何形体，如圆形、方形、多边形等，或修剪成非规则式的各种形体，如鸟、兽等。适用于黄杨、小叶女贞、龙柏等枝密、叶小的树种。原在西方园林中应用较多，但近年来在我国也有逐渐流行的趋势。

①几何形体　圆球形、长方体等。

②动物造型　孔雀、乌龟、狮子、鸟的形状等。

③建筑造型　亭、廊、屏风的形状等。

④垣壁式　扇形、"U"形、树篱等。

(3) 自然与人工混合式整形

在自然树形的基础上，结合观赏和树木生长发育要求而进行的整形方式。

①杯状形　树木仅有一段较低的主干，主干上部分生3个主枝，均匀向四周分布；每个主枝各自分生2个侧枝，每侧枝再各自分生2枝，而成12枝，形成称为"三股、六杈、十二枝"的树形。杯状形树冠内不允许有直立枝、内向枝的存在，一经出现必须剪除。此种树形适用于干性较弱的树种。

②自然开心形　是上述杯状形的改造形式，不同处仅是分枝较低，内膛不空，3个主枝分布有一定间隔，适用于干性弱、枝条开展的观花、观果树种，如碧桃、石榴等。

③中央主干形　在强大的中央主干上配列疏散的主枝。适用于干性强、能形成高大树冠的树种，如白玉兰、松柏类乔木等，在庭荫树、景观树栽植应用中常见。

④多主干形　在2~4个主干上分层配列侧生主枝，形成规则优美的树冠，能缩短开花年龄，延长小枝寿命。多适用于观花乔木和庭荫树，如紫薇、蜡梅、桂花等。

⑤冠丛形　适用于迎春花、连翘等小型灌木，每灌丛自基部留主枝10余个。每年新增主枝3~4个，剪掉老主枝3~4个，促进灌丛的更新复壮。

⑥架形　属于垂直绿化栽植的一种形式，常见于葡萄、紫藤、凌霄、木通等藤本树种。

⑦绿篱　适用于杜鹃花、冬青、女贞、黄杨、珊瑚树等小型的枝叶繁茂、常绿、耐修剪的乔、灌木。利用植物本身的自然特性，经过人工的整形修剪形成不同的绿篱形式。

⑧矮绿篱、并生绿篱　把列植灌木修剪整形而成的绿篱。高度在1m以下的称为矮绿篱，高度1~2m的称为并生绿篱。

⑨高绿篱　兼有防风、防潮功能造型，为3~5m高的绿篱。也可与低绿篱组合成两层绿篱。

1.5.8　不同园林用途的树木整形修剪技术要求

1.5.8.1　成片树木的修剪

成片树木的修剪整形，主要是维持树木良好的干性和冠形，改善通风透光条件，修剪比较粗放。

对于杨树、油松等主干明显的树种，要尽量保护中央主枝。当出现竞争枝(双头现象)

时，只选留一个；如果主枝枯死折断，树高尚不足 10m 者，应于中央干上部选一强的侧生嫩枝，扶直，培养成新的中央主枝。

适时修剪主干下部侧生枝，逐步提高分枝点。分枝点的高度应根据不同树种、树龄而定。同一分枝点的高度应大体一致，而林缘分枝点应低留，使其呈现丰满的林冠线。

对于一些主干很短，但已长大，不能再培养成独干的树木，也可以把分生的主枝当作主干培养。逐年提高分枝，呈多干式。

对于松柏类树木的修剪整形，一般是采用自然式的整形。在大面积人工林中，常进行人工打枝，将处在树冠下方生长衰弱的侧枝剪除。

1.5.8.2 行道树和庭荫树的修剪

(1) 行道树的修剪

①修剪应考虑的因素 行道树一般为具有通直主干、树体高大的乔木树种。由于城市道路情况复杂，行道树养护过程中必须考虑的因素较多，除了一般性的营养与水分管理外，还包括诸如对交通、行人的影响，与树冠上方各类线路及地下管道设施的关系等。因此在选择适合的行道树树种的基础上，通过各种修剪措施来控制行道树的生长体量及伸展方向，以使其与生长立地环境协调，就显得十分重要。行道树修剪中应考虑的因素一般包括：

A. 枝下高 为树冠最低分枝点以下的主干高度，以不妨碍车辆及行人通行为度，同时应充分估计所保留的永久性侧枝，在成年后由于直径的增粗距地面的距离会降低，因此必须留有余量。我国枝下高的标准，一般在城市主干道为 2.5~4m，城郊公路以 3~4m 或更高为宜。枝下高在同一条干道上要一致。

B. 树冠开展性 行道树的树冠，一般要求宽阔舒展、枝叶浓密，在有架空线路的人行道上，行道树的修剪作业是城市树木管理中最为重要也最费投入的一项工作。修剪要点为：根据电力部门制定的安全标准，采用各种修剪技术，使树冠枝叶与各类线路保持安全距离，一般电话线为 0.5m、高压线为 1m 以上。

②行道树的主要修剪形式

A. 杯状形修剪 枝下高 2.5~4m，应在苗圃中完成基本造型，定植后 5~6 年内完成整形。离建筑物较近的行道树，为防止枝条扫瓦、堵门、堵窗，影响室内采光和安全，应随时对过长枝条进行短截或疏剪。生长期内要经常进行除萌，冬季修剪时主要疏除交叉枝、并生枝、下垂枝、枯枝、伤残枝及背上直立枝等。

B. 开心形修剪 适用于无中央主干或顶芽自剪、呈自然开展冠形的树种。定植时，将主干留 3m 截干；春季发芽后，选留 3~5 个不同方位、分布均匀的侧枝并进行短截，促使其形成主枝，余枝疏除。在生长季，注意对主枝进行抹芽，培养 3~5 个方向合适、分布均匀的侧枝；翌年萌发后，每个侧枝选留 3~5 枝短截，促发次级侧枝，形成丰满、匀称的冠形。

C. 自然式冠形修剪 在不妨碍交通和其他市政工程设施且有较大生长空间条件时，行道树多采用自然式整形方式，如塔形、伞形、卵球形等。

(2) 庭荫树的修剪

庭荫树的枝下高无固定要求，若以人在树下活动自由为限，以 2.0m 以上较为适宜；

若树势强旺、树冠庞大，则以 3~4m 为好，能更好地发挥遮阴作用。一般认为，以遮阴为目的的庭荫树，冠高比以 2/3 以上为宜。整形方式多采用自然形，培养健康、挺拔的树木姿态。在条件许可的情况下，每 1~2 年将过密枝、伤残枝、病枯枝及扰乱树形的枝条疏除一次，并对老、弱枝进行短截。需特殊整形的庭荫树可根据配置要求或环境条件进行修剪，以显现更佳的使用效果。

1.5.8.3 花灌木的修剪

（1）因树势修剪

幼树生长旺盛，宜轻剪，以整形为主，尽量用轻短截，避免直立枝、徒长枝大量发生，造成树冠密闭，影响通风透光和花芽的形成；斜生枝的上位芽在冬剪时剥除，防止直立枝发生；一切病虫枝、干枯枝、伤残枝、徒长枝等用疏剪除去；丛生花灌木的直立枝，选择生长健壮的加以摘心，促其早开花。壮年树木的修剪以充分利用立体空间、促使花枝形成为目的。宜在休眠期修剪，疏除部分老枝，选留部分根蘖，以保证枝条不断更新，适当短截秋梢，保持树形丰满。老弱树以更新复壮为主，采用重短截的方法，齐地面留桩刈除，焕发新枝。

（2）因时修剪

落叶灌木的休眠期修剪，一般以早春为宜，一些抗寒性弱的树种可适当延迟修剪时间。生长季修剪在落花后进行，以早为宜，有利于控制营养枝的生长，增加全株光照，促进花芽分化。对于直立徒长枝，可根据生长空间的大小，采用摘心的方法培养二次分枝，增加开花枝的数量。

（3）根据树木生长习性和开花习性进行修剪

①春花树种　连翘、榆叶梅、碧桃、迎春花、牡丹等先花后叶树种，其花芽着生在 1 年生枝条上，修剪在花谢后、叶芽开始膨大尚未萌发时进行。修剪方法因花芽类型（纯花芽或混合芽）而异，如连翘、榆叶梅、碧桃、迎春花等可在开花枝条基部留 2~4 个饱满芽进行短截，牡丹则仅将残花剪除即可。

②夏、秋花树种　如紫薇、木槿、珍珠梅等，花芽在当年萌发枝上形成，修剪应在休眠期进行；在冬季寒冷、春季干旱的北方地区，宜推迟到早春气温回升即将萌芽时进行。在 2 年生枝基部留 2~3 个饱满芽重剪，可萌发出茁壮的枝条，虽然花枝会少些，但由于营养集中，会产生较大的花朵。对于一年开两次花的灌木，可在花后将残花及其下方的 2~3 芽剪除，刺激二次枝条的发生，适当增加肥水则可二次开花。

③花芽着生在 2 年生和多年生枝上的树种　如紫荆、贴梗海棠等，花芽大部分着生在 2 年生枝上，但当营养条件适合时，多年生的老干亦可分化出花芽。这类树种修剪量较小，一般在早春将枝条先端枯干部分剪除；在生长季节进行摘心，抑制营养生长，促进花芽分化。

④花芽着生在开花短枝上的树种　如西府海棠等，早期生长势较强，每年自基部发生多数萌芽，主枝上亦有大量直立枝发生，进入开花龄后，多数枝条形成开花短枝，连年开

花。这类灌木修剪量很小，一般在花后剪除残花，夏季修剪对生长旺枝适当摘心、抑制生长，并疏剪过多的直立枝、徒长枝。

⑤一年多次抽梢、多次开花的树种　如月季，可于休眠期短截当年生枝条或回缩强枝，疏除交叉枝、病虫枝、纤弱枝及过密枝；寒冷地区可重短截，必要时进行埋土防寒。生长季修剪，通常在花后于花梗下方第2~3芽处短截，剪口芽萌发抽梢开花，花谢后再剪，如此重复。

1.5.8.4　绿篱、色块和藤本的修剪

(1) 绿篱的修剪

绿篱又称植篱、生篱，由萌枝力强、耐修剪的树种呈密集带状栽植，起防范、界限、分隔和模纹观赏的作用。树种不同、形式不同、高度不同，采用的整形修剪方式也不一样。

绿篱的高度依其防范对象来决定，有绿墙(160cm以上)、高篱(120~160cm)、中篱(50~120cm)和矮篱(50cm以下)。对绿篱进行高度修剪，一是为了整齐美观，二是使篱体生长茂盛，长久保持设计的效果。

①自然式绿篱的修剪　多用在绿墙、高篱、刺篱和花篱上。为遮掩而栽种的绿墙或高篱，以阻挡人们的视线为主，这类绿篱采用自然式修剪，适当控制高度，并剪去病虫枝、干枯枝，使枝条自然生长，枝叶繁茂，以提高遮掩效果。

以防范为主、结合观赏栽植的花篱、刺篱，如黄刺玫、花椒等，也以自然式修剪为主，只略加修剪。冬季修去干枯枝、病虫枝，使绿篱生长茂密、健壮，能起到理想的防范作用即可达到目的。

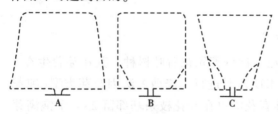

图1-5-1　绿篱修剪整形的侧断面(王瑞辉，2005)
A. 梯形(合理)　B. 一般的修剪形式(长方形)，下方易秃空　C. 倒梯形，错误的形式，下枝极易秃空

②整形式绿篱的修剪　中篱和矮篱常用于绿地的镶边和组织人流的走向。这类绿篱低矮，为了美观和丰富景观，多采用几何图案式的整形修剪，如矩形、梯形、倒梯形、篱面波浪形等(图1-5-1)。修剪平面和侧面枝，使高度、侧面一致，刺激下部侧芽萌生枝条，形成紧密枝叶的绿篱，显示整齐美。绿篱每年应修剪2~4次，每次留茬高度1cm，使新枝不断发生，第一次必须在4月上旬修完，最后一次修剪在8月中旬。至少也应在劳动节、国庆节前各修整一次。

绿篱整形修剪时，要顶面与侧面兼顾，从篱体横面看，以矩形和基大上小的梯形较好，上部和侧面枝叶受光充足，通风良好，生长茂盛，不易产生枯枝和中空现象。修剪时，顶面和侧面同时进行。只修顶面会造成顶部枝条旺长，侧枝斜出生长。

③更新修剪　是指通过强度修剪来更换绿篱大部分树冠的过程，一般需要3年。

第一年　首先疏除过多的老干。因为绿篱经过多年的生长，在内部萌生了许多主枝，加之每年短截而促生许多小枝，从而造成绿篱内部整体通风、透光不良，主枝下部的叶片枯萎脱落。因此，必须根据合理的密度要求，疏除过多的老主枝，改善内部的通风透光条

件。然后，短截主枝上的枝条，并对保留下来的主枝逐一回缩修剪，保留高度一般为 30cm；对主枝下部所保留的侧枝，先行疏除过密枝，再回缩修剪，通常每枝留 10~15cm 长度即可。常绿篱的更新修剪，以 5 月下旬至 6 月底进行为宜，落叶篱宜在休眠期进行，剪后要加强肥水管理和病虫害防治工作。

第二年　对新生枝条进行多次轻短截，促发分枝。

第三年　将顶部剪至略低于所需要的高度，以后每年进行重复修剪。

对于萌芽能力较强的种类，可采用平茬的方法进行更新，仅保留一段很矮的主枝干。平茬后的植株，因根系强大、萌枝健壮，可在 1~2 年中形成绿篱的雏形，3 年左右恢复成形。

(2) 色块修剪

常用于大型模纹花坛、高速公路互通区绿地的修剪。图案式修剪要求边缘棱角分明、图案的各部分植物品种界限清楚、色带宽窄变化过渡流畅、高低层次清晰。为了使图案不致因生长茂盛形成边缘模糊，应采取每年增加修剪次数的措施，使图案界限得以保持。

(3) 藤本修剪

在自然风景中，对藤本植物很少加以修剪管理，但在一般的园林绿地中则有以下几种修剪处理方式：

①棚架式　对于卷须类及缠绕类藤本植物多用此种方式进行修剪与整形。剪时，应在近地面处重剪，使发生数条强壮主蔓，然后垂直诱引主蔓至棚架的顶部，并使侧蔓均匀地分布于架上，则可很快地成为荫棚。除了每隔几年将病、老枝或过密枝疏剪外，一般不必每年修剪整形。

②凉廊式　常用于卷须类及缠绕类植物，偶尔用于吸附类植物。因凉廊有侧方格架，所以主蔓勿过早诱引至廊顶，否则容易形成侧面空虚。

③篱垣式　多用于卷须类及缠绕类植物。将侧蔓进行水平诱引后，每年对侧枝施行短剪，形成整齐的篱垣形式。

④附壁式　多用吸附类植物为材料。方法很简单，只需将藤蔓引于墙面即可自行长出吸盘或吸附根而逐渐布满墙面。如爬墙虎、常春藤等均用此法。修剪时应注意使壁面基部全部覆盖，各蔓枝在壁面上应分布均匀，勿使之互相重叠交错为宜。

⑤直立式　对于一些茎蔓粗壮的种类，如紫藤等，可以修剪整形成直立灌木式。此式如果用于公园道路旁或草坪上，可以收到良好的效果。

课后习题

1. 什么是整形修剪？
2. 整形修剪方法有哪些？
3. 大枝疏剪的切口位置及疏剪的方法是什么？
4. 修剪常用工具有哪些？
5. 行道树、庭荫树的修剪方法是什么？

任务 1.6 树体保护

📖 任务指导书

》》任务目标

了解各类树木树体保护的方法；掌握乔木、灌木、绿篱、藤本树木伤口修补的方法，掌握修补树木树洞的方法，掌握树木伤口修补后的管理。

》》任务描述

1. 根据养护需要，特别是自然灾害之后，进行树木损坏情况调查、修补方案制订。
2. 树体保护工作任务的实施。
3. 伤口修补后的养护工作任务的实施。

》》材料及工具

计算机、手机、水桶、伤口填充材料、仿真树皮、伤口消毒剂、小刀、电钻等。

》》任务实施指导

1. 树木伤口修补前准备：损伤情况调查→修补材料准备→修补方法准备。
2. 树木伤口修补技术：树木进行修补前的修剪→伤口的预处理→伤口填充→伤口修补。
3. 树木伤口修补后管理：防水、防潮、防雷劈。

📖 相关知识

园林植物的主干和骨干枝上，往往因病虫害、冻害、日灼及机械损伤等造成伤口，对这些伤口如果不及时保护、治疗、修补，经过长期雨水侵蚀和病菌寄生，易造成内部腐烂形成空洞。有空洞的植株尤其是高大的树木类，如果遇到大风或其他外力，则枝干非常容易被折断。另外，园林植物还经常受到人为的有意无意的损坏，如种植土被长期践踏得很坚实，在枝干上刻字留念或拉枝、折枝等不文明现象，这些都会对园林植物的生长造成很大的影响。因此，对园林植物的及时保护和修补是非常重要的养护措施。

1.6.1 树体保护和修补措施

1.6.1.1 枝干伤口的处理

对园林植物枝干上的伤口应及时处理，以免伤口扩大。若是因病、虫、冻害、日灼或修剪等造成的伤口，应首先用锋利的刀刮净，削平伤口四周，使皮层边缘呈弧形，然后用药剂(2%~5%硫酸铜液、0.1%的升汞溶液、石硫合剂原液)消毒。对由修剪造成的伤口，应先将伤口削平，然后涂以保护剂。选用的保护剂要求容易涂抹，黏着性好，受热不融化，不透雨水，不腐蚀植物体，同时又有防腐消毒的作用，如铅油等。大量应用时也可用黏土、鲜牛粪和少量石硫合剂的混合物作为涂抹剂，若用含有0.01%~0.1%植物生长调节剂α-萘乙酸的涂剂，会更有利于伤口的愈合（图1-6-1）。

如果是由于大风使枝干断裂，应立即捆绑加固，然后消毒、涂保护剂。如有的地方用两个半弧圈做成铁箍加固断裂的枝干，为了避免损伤树皮，常用柔软物做成垫，用螺栓连接，以便随着干径的增粗而调松；也有的用带螺纹的铁棒或螺栓旋入枝干，起到连接和夹紧的作用（图1-6-2）。对于受雷击而枝干受伤的植株，应及时将烧伤部位锯除并涂保护剂。

图1-6-1　伤口涂保护剂

图1-6-2　折裂树干的处理

1.6.1.2　补树洞

园林树木因各种原因造成的伤口长久不愈合，长期外露的木质部和髓部受雨水浸渍会逐渐腐烂，形成树洞，降低树干和骨干枝的坚固性和负载能力，严重时会导致树木内部中空、树皮破裂，一般称为"破肚子"。由于树干的木质部及髓部腐烂，输导组织遭到破坏，因而还会影响水分和养分的正常运输及储存，严重削弱树势，导致树体寿命缩短。为了防止树洞继续扩大和发展，要及时修补树洞。

（1）开放法

树洞不深或树洞过大都可以采用此法，如果无填充的必要，可按伤口处理的方法处理。如果树洞能给人以奇特之感，可留下来供观赏，此时可将洞内腐烂木质部彻底清除，刮去洞口边缘的死组织直至露出新的组织为止，用药剂消毒并涂防护剂，同时改变洞形，以利于排水，也可以在树洞最下端插入排水管，以后经常检查防水层和排水情况，防护剂每隔半年左右重涂一次。

(2) 封闭法

树洞经处理消毒后,在洞口表面钉上板条,以油灰和麻刀灰封闭(油灰是用生石灰和熟桐油以1:0.35调制,也可以直接用安装玻璃用的油灰,俗称腻子),再涂以白灰乳胶、颜料粉面,以增加美观,还可以在上面压树皮状纹或钉上一层真树皮(图1-6-3)。

(3) 填充法

填充法修补树洞是用水泥和小石砾的混合物进行填充,填充材料必须压实。为便于填充物与植物本质部连接,洞内可钉若干电镀铁钉,并在洞口内两侧分别挖一道深约4cm的凹槽。从底部开始填充,每20~25cm为一层,用油毡隔开,每层表面都向外倾斜,以利于排水。填充物边缘不应超出木质部,以便形成层形成的愈伤组织覆盖其上。外层可用石灰、乳胶、颜色粉涂抹。为了增加美观和富有真实感,可在最外面钉一层真树皮(图1-6-4)。

图1-6-3 封闭法修补树洞

图1-6-4 填充法补树干

目前也有用高分子化合材料环氧树脂、固化剂和无水乙醇等物质的聚合物与耐腐朽的木材(如侧柏木材)等材料填补树洞。

1.6.1.3 吊枝和顶枝

顶枝法在园林植物上应用较为普遍,尤其是在大树的养护管理中应用最多,而吊枝法在果园中应用较多。大树倾斜不稳或大枝下垂时,需设立柱支撑,立柱可用金属、木桩、钢筋混凝土材料等做成。支柱的基础要做稳固,上端与树干连接处应有适当形状的托杆和托碗,并加软垫,以免损害树皮。设立的支柱要考虑美观并与环境协调。有的公园将立柱用漆涂成绿色等各种颜色，画上不同涂鸦，并根据具体情况做成廊架式或篱架式，效果也很好。也可将几个主枝用铁索连接起来，也是一种有效的加固方法。

1.6.1.4 涂白

园林植物枝干涂白，目的是防治病虫害、延迟萌芽，也可避免日灼危害（图1-6-5）。在日照强烈、温度变化剧烈的大陆性气候地区，利用涂白减弱树木地上部分吸收太阳辐射热的原理，可延迟芽的萌动期。据试验，桃树干涂白后较对照树花期推迟5d。涂白可以反射阳光，减少枝干温度局部增高，因而还可预防日灼危害。目前仍采用涂白作为树体保护的措施之一。杨、柳树栽完后马上涂白，可防蛀干害虫。在早春容易发生霜冻的地区，可以利用此法延迟芽的萌动期。

涂白剂的配制成分各地不一，一般常用的配方是：水10份，生石灰3份，石硫合剂原液0.5份，食盐0.5份，油脂（动、植物油均可）少许。配制时要先化开石灰，把油脂倒入后充分搅拌，再加水拌成石灰乳，最后放入石硫合剂及盐水，也可加黏着剂，能延长涂白的期限。

图1-6-5 树干涂白

1.6.1.5 人工植皮和桥接

对创面不大的枝干，可于生长季移植新鲜树皮，并涂以10%的萘乙酸，然后用塑料薄膜包扎缚紧。对皮部受创面很大的枝干，可于春季萌芽前进行桥接以沟通输导系统，恢复树势。方法是剪取较粗壮的1年生枝条，将其嵌接入创面两端切出的接口，或利用伤口下方的徒长枝或萌蘖，将其接于创面上端；然后用细绳或小钉固定，再用接蜡、稀黏土或塑料薄膜包扎。桥接方法多用于受损庭院大树及古树名木的修复与复壮。

补根也是桥接的一种方式，就是将与老树同种的幼树栽植在老树附近，幼树成活后去头，将幼树的主干接在老树的枝干上，以幼树的根系为老树提供营养，达到老树复壮的目的。

1.6.1.6 支撑加固

树木发生倾斜或轻度伤折时，常进行支撑加固（图1-6-6），称为刚性垂直支撑。对劈裂枝，应先清除裂口夹杂物，然后将劈裂枝条支撑加固。此外，还有为保持两株倾斜树木的固定距离而采用的刚性水平支撑。对果树常以主干壮枝的一头桥接在劈枝的中部，以增加大枝的负载量。

有些大树被大风吹刮后枝干扭裂，发生此情况时，应立即给扭裂的枝干打箍，以防枝干断裂（图1-6-7）。

图 1-6-6 支 撑

图 1-6-7 打 箍

1.6.1.7 刮树皮

刮树皮的目的在于减少老皮对树干加粗生长的影响，防止早衰，并清除潜藏于皮缝中越冬的病虫，但对刮后易流胶的树木不宜采用。温暖地区多于休眠期进行，冬季寒冷地区可于严寒过后至萌芽前进行，以将粗裂的老皮层刮掉为度，切忌过深而伤及绿皮和木质部。刮后立即涂以保护剂。

1.6.1.8 围栏杆

为了防止人为破坏与践踏，在古树周围可加保护性栅栏。市区里面积较小的公园，游人密度经常很大，凡不宜践踏的地方都应设置栏杆等障碍物加以防范，栏杆内可铺上草坪或种上地被植物。在树木周围搭设围护设施，还可以防止树木被其他物体碰撞，发生断裂、死亡等。围护设施可采用钢管按照图 1-6-8 要求进行搭设。

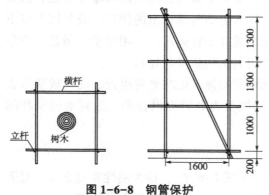
图 1-6-8 钢管保护

1.6.1.9 设避雷针

有些高大树木易受雷击，严重影响树势，还有的因受雷击未得到及时的治疗与抢救，甚至很快死亡，所以高大的树木必须安装避雷针。如果树木已遭受雷击，应立即将烧伤部位锯除，刮平伤口，涂上保护剂；如果有劈裂枝，可打箍或支撑；如果有树洞，及时补好，并加强养护管理。

1.6.1.10 树体喷水

由于城市空气中有许多污染的浮尘,树叶上截留的灰尘有很多,尤其是常绿树种,如侧柏、圆柏、油松、白皮松等枝叶部位积尘量大,既影响光合作用,也影响观赏效果。可采用高架喷灌的方法进行清洗,这种方法成本高,一般在风景区使用。一般绿化大树定期进行树体清洁,特别是久旱少雨的季节,应定期喷水清洗,必要时可刷洗叶片。注意,喷水时不要用高压水龙头,以免因冲水力度过大损伤树体。夏季要避开酷热天气进行清洗。

1.6.1.11 绕绳处理

在对树木进行截干及修剪后,树木的抗虫害能力及自身抵抗力下降,需要对树木进行保护处理。绕绳处理既可以在夏季减少树木的水分流失,还可以在冬天起到一定的保温作用,同时可以防止部分害虫在树干上直接产卵,减少树木的病虫害,并且抑制了新芽的萌发,避免不必要的养分供给,保证被修剪树木的营养供给。具体方法是采用直径1~1.5cm的草绳自树木底部开始无间隔对树木进行缠绕,直至树木分杈处或者树干1.5~2m处。绕绳不得重叠,不得留有间隙(图1-6-9)。

1.6.1.12 平衡修剪

因施工区域内有塔吊进行施工运转,为防止树木与塔吊进行碰撞,并保持树木地下部分与地上部分的水分代谢平衡,减少树冠蒸腾,应对现场树木进行树冠修剪以及截干,截口涂抹防腐剂(沥青、白调和漆、石灰乳),去叶1/3~1/2,适当留些小枝,易于发芽展叶。

图1-6-9 绕绳处理

总的来说,园林树木的保护应坚持"防重于治"的原则。平时做好各方面的预防工作,尽量防止各种灾害的发生,同时做好宣传教育工作,避免游客不文明现象的发生。对树体上已经造成的伤口,应及早治愈,防止伤口扩大。

1.6.2 园林树木自然灾害防治

1.6.2.1 涝害

在雨季,低洼地或地下水位高的地段排水不良,遇大雨极易积水成灾,对树木生长极为不利。树木被淹后早期出现黄叶、落叶、落果、裂果,有的发生二次枝、二次花,细根因窒息而死亡,并逐渐涉及大根,出现朽根现象。水淹时间过长,则皮层易脱落,木质变色,树冠出现枯枝或叶片失绿等现象,严重时树势下降,甚至全株枯死。

(1)涝害的防治措施

在规划设计时,尽量利用地形,地势低的地方挖湖或建水池,或者填平、耙平,或者做微地形。如果不能应用土方工程解决,应该选用抗涝性强和耐水湿的树种、品种和砧木。一般来说，常绿树不如落叶树抗涝，所以在低洼地或地下水位过高的地段适当少种常绿树。

在低洼易积水和地下水位高的地段，栽植树木前必须修好排水设施，同时注意选择排水的砂性土壤。树穴下面有不透水层时，栽植前一定要打破。

(2) 涝害发生后的养护管理

①排水　应及时、及早地排除积水，同时应疏通水道，人工清扫排水，扶正被冲倒树木，设立支柱防止摇动，铲除根际周围的压沙淤泥，对于裸露根系要培土，及早使树木恢复原状，将涝害损失减少到最低程度。

②翻土晾晒　以利于土壤中的水分很快散发，加强通气，促进新根生长。

③遮阴　积水危害严重的树木，特别是新栽的树木，有条件采取遮阴处理措施的，应当立即进行遮阴处理，目的是在树木根系受积水危害的情况下，减少地上部分水分蒸腾作用，防止树木地上部分因缺水而枝叶黄化枯萎，使之安全地度过积水危害期。

④修剪　树木受涝后大量须根受损伤，吸收水分的能力降低，会发生根系供水不足的现象，这时对其地上部分可以根据受害程度和树木本身生长状况进行修剪，可用短剪或疏剪的方法，目的是减少地上部分水分和养分的消耗，以维持地上部分和地下部分代谢的平衡。对抗涝能力弱的树种，可以进行重回缩；对发生的干枯枝，可以随时剔除。保护好剪口和锯口，促进根系的恢复，以尽快促进树木的复壮生长。

⑤药剂防治　加强树体保护，按时喷药，防治病虫害的滋生和蔓延。对病疤伤口要刮治消毒。做好越冬防寒工作，在入冬前进行树干涂白，保护皮层，防止冻裂；幼树可采用埋土防寒。

在采用上述措施的同时，还应加强对受过水淹的树木的综合养护，如根部培土、施肥、除草松土，早春灌足"春水"，秋冬一定要灌"冻水"，发现干旱及时浇水，还应注意防止人为损坏树木。

1.6.2.2　冻害

冻害是树木在休眠期因受0℃以下的低温，树体组织内部结冰所引起的伤害。不论是生长期还是休眠期，低温都可能对树木造成伤害。在季节性温度变化大的地区，这种伤害更为普遍。一年里，根据低温伤害发生的季节和树木的物候状况，可分为冬害、春害和秋害。冬害是树木在冬季休眠中所受到的伤害，而春害和秋害实际上就是树木在生长初期和末期，因寒潮突然入侵和夜间地面辐射冷却所引起的低温伤害。幼树在秋季因雨水过多贪青，徒长枝条，生长不充实，易加重冻害，特别是成熟度不良的先端对严寒敏感，常首先发生冻害。有时气温急剧下降，树木下部受害较上部严重，也易发生霜冻。我国幅员辽阔，各地发生冻害的时间不同，为防止上述灾害，应积极采取预防措施。

(1) 树木冻害的影响因素

①树种　不同的树种以及同一树种的不同品种其抗冻能力是不一样的，例如，分布在华北地区的樟子松比分布在华北地区的油松抗冻性强。同是梅花，原产长江流域的梅品种

比广东黄梅抗冻。

②温度　受害的程度与低温到来的时间、低温的程度以及低温持续的时间有关。当低温到来的时间早且突然，树木本身还没经过抗寒锻炼，没采取防寒措施时，很容易发生冻害。温度降得越低，持续的时间越长，树木受冻越严重。此外，冻害与降温速度和气温回升速度也有关系，降温越快，受冻越严重；气温回升越快，冻害也越重。

③枝条进入休眠的早晚　一般处在休眠期的植株，抗寒能力强。植株休眠越深，抗寒能力越强。枝条及时停止生长，进入休眠，不容易受过早来临的低温的危害。有的树种进入休眠期晚，而解除休眠期早，这类树木在北方的冬、春季气温低时容易发生冻害。

④枝条的成熟度　枝条越成熟，抗冻能力越强；反之，枝条不够成熟，在降温之前还未停止生长便进行抗寒锻炼，就容易受冻害。

⑤地势与坡向　地势与坡向不同，小气候差异就大。同一座山，山北的树比山南的树受冻害的程度大。

⑥水体　水的热容量大，水在白天吸收太阳的热量，到晚上周围空气的温度比水温低时，水体可以向外放出热量，使周围气温升高。因此，离水源近的地方，树木受冻害程度轻。

⑦种植时间以及养护管理水平　不耐寒的树种如果在秋季种植，冬季很容易受冻害。平时对树木的水、肥管理以及病虫害防治工作做得是否及时到位，也影响树木的抗冻能力。

(2) 冻害的防治措施

①科学合理的种植设计　设计人员在设计时要坚持适地适树的原则，尽可能地栽植在当地抗寒力强的与较强的树种和品种，在小气候条件好的地方设计种植边缘树种，这是防止冻害最基本、最有效的途径。

②加强养护管理水平，提高树木的抗寒性　加强养护管理，尤其是后期管理，有助于树体内营养物质的贮备。树木前期的管理主要为增加树体有机物质的积累，保证树木健壮。后期控制肥、水，以免枝条贪青徒长，这时施加适量磷、钾肥，勤锄深耕，可以促使枝条及时成熟，使组织结构充实，适时停止生长并按时进行抗寒锻炼，非常有助于树木的抗寒越冬。

③提前做好树木的防寒工作　防寒措施有多种，如灌冻水、浇返青水、覆土、根部培土、扣筐、扣盆、喷白、涂白、春灌、培月牙形土堆、在树干基部堆积雪、架风障、选用抗寒品种等，以保护根颈部和根系。特别是大雪之后，在树干周围堆雪防寒，或用稻草、稻草帘子将树干包卷起来。

树木进入休眠期到土地封冻前，一次灌足冻水，到了封冻后，根部周围会形成冻层，使根部保持恒温，以防外界气温骤然变化所带来的影响。栽植前必须了解不同树种在当地的抗寒性，有选择地选用耐寒性强的树种，这是避免低温危害最根本的措施。低温不仅伤害树木地上和地下组织与器官，还会改变树木与土壤的关系，影响到树木的生长与生存。

1.6.2.3 旱害

植物旱害是指植物体内水分亏缺而受害的现象。

(1) 旱害发生的原因

土壤干旱（即土壤中缺乏有效水分），或大气干旱（即空气过度干燥，相对湿度低于20%），或大气干旱伴随高温，均会引起植物强烈蒸腾失水，导致植物体内水分收支不平衡，缺水受害（图1-6-10）。

图1-6-10　土壤干旱

(2) 植物对干旱的反应

①暂时性萎蔫　指短时间内，由于植物叶片蒸腾大于根系吸水而使叶片缺水萎蔫的现象。当蒸腾降低时，植物很快恢复正常。例如，在夏季中午前后，植物叶片由于高温而引起的暂时萎蔫。

②永久性萎蔫　指植物较长时间处于水分收支不平衡状态或土壤缺乏有效水分，植物难以吸收到足够的水分而引起萎蔫的现象。这种萎蔫经过夜晚仍不能恢复正常，只有及时灌水或降雨，经数天后长出新根，植物才能逐渐恢复正常。永久性萎蔫与暂时性萎蔫的根本区别是：永久性萎蔫已造成植物细胞原生质脱水，茎尖或根尖生长点已不同程度地受到伤害。如果永久性萎蔫保持过久，植物的生理机能和结构就会受到严重伤害，甚至死亡。

(3) 防旱措施

对重点区域、重点树木，利用一切可以利用的手段和措施，确保浇足水、浇透水。结合采取滴灌、微喷灌等多种方式浇灌，防止水源浪费。充分利用水资源，进一步强化灌溉效果，适时做好培土保墒，施用抗蒸腾剂，适当配合修剪、施肥等养护工作。

对新栽植及不耐旱的树木采用开沟灌水、搭遮阳网等方法进行有效防护，保证水分充分吸收。

科学安排灌水时间和灌水方式，避免白天高温时段灌水对树木的不利影响，做到抗旱与防日灼相结合。

1.6.2.4 风害

多风地区，树木易发生风害，出现偏冠和偏心现象。偏冠会给树木整形修剪带来困难，影响树木观赏作用的发挥；偏心的树易遭受冻害和日灼，影响树木正常发育。北方冬季和早春的大风，易使树木干梢干枯死亡。春季的旱风，常将新梢嫩叶吹焦，缩短花期，不利于授粉和受精。夏、秋季沿海地区的树木又常遭受台风危害，使枝叶折损、果实脱落，大枝折断，甚至是整株被吹倒。

(1) 风害发生的原因

通常情况下，浅根、高干、冠大、叶密的树种如刺槐、加拿大杨等抗风力弱；髓心大、机械组织不发达、生长很迅速而枝叶茂密的树种，风害较重。

苗木移植时，特别是大树，如果根盘小，则因树身大，易受风害。树木栽植过程中，如果株行距过密，根系发育不好，再加上养护管理跟不上，风害会显著增强；树坑过小，树木会因根系不能舒展，重心不稳，导致风害加强。对于行道树，如果风向与街道平行，风力聚集成风口，风压增强，风害会加大。

风害受土壤质地的影响：如果土质偏砂，或为石砾土等，则因土壤结构性差，土层薄，导致抗风性差。

阵发性的大风，对高大树木破坏性更大，在很多地区常造成几十年的大树折倒。

（2）风害的防治措施

风害的发生与树种的抗风力有关，有的抗风力强，有的抗风力弱。此外，与环境也有很大关系。

在管理措施上，应根据当地实际情况采取相应防风措施，如排除积水、改良栽植地点的土壤质地、培育壮根良苗、采取大穴换土、适当深植、合理修枝控制树形、定植后及时立支柱、对结果多的树要及早吊枝或顶枝、对幼树和名贵树种设置风障等。

（3）风害发生后的养护管理

对于遭受大风危害，折枝、树冠损伤或被刮倒的树木，要根据受害情况及时维护。要对风倒树及时顺势扶正，培土为馒头形，修去部分或大部分枝条，并立支柱。对裂枝要顶起吊枝，捆紧基部创面，或涂激素药膏促其愈合，并加强肥水管理，促进树势的恢复。

1.6.2.5　抽条

在北方寒冷、干旱地区，幼树因越冬性不强，受低温、干旱的影响而发生枝条脱水、干缩、干枯的现象，称为抽条。抽条是冻旱造成的，严重时整个枝条枯死；轻者虽然能够发枝，但容易造成树形紊乱，不能很好地扩大树冠，观赏作用也随之降低。

（1）抽条发生的原因

抽条的发生与树种、品种有关，南方树种或是边缘树种移植到北方，由于不适应北方冬季寒冷干旱的气候，往往会发生抽条。抽条与枝的成熟度和人为的养护管理有关，枝条组织生长得充实则抗性强，反之则易发生抽条。幼树在秋季因肥水过多，枝条会贪青徒长，组织不充实、成熟度低，当低温出现时，枝条受冻后表现自上而下脱水、干缩，即发生抽条。

（2）抽条的防治措施

①前期科学合理的养护措施，充实枝条组织　通过合理的肥水管理，促进枝条前期生长，防止后期徒长；促使枝条成熟，增强其抗性，也就是常说的"促前控后"，同时还要注意病虫害的防治。

②加强秋、冬季的养护管理，消除冻旱影响　秋季定植的不耐寒树种，尤其是幼树，为了预防冬季发生抽条，采用埋土防寒，即把苗木地上部分向北卧倒培土防寒，这样既可减少蒸发，又可以防止冻伤。在树干西北面培一个半月形土埝，可使南面充分接受阳光，

改变微域小气候条件，提高地温。另外，在树干的周围撒马粪，也可增加土温，提早解冻。此外，早春灌水，可适时增加土壤温度和水分，均有利于防止和减轻抽条。

1.6.2.6　雪害

(1) 雪害的影响

雪害是指由于树冠积雪过多，导致压断枝条或树干的现象。常绿树种更易遭受雪害。落叶树种如果叶片尚未落完，突遭大雪，也容易遭受雪害。

北方的冬季往往产生雪压，北方的早春及南方的秋、冬雨雪往往会产生冰凌，均会造成树枝弯垂甚至折断或劈裂。

(2) 雪害的防治措施

①加强肥水管理　可促进枝条的前期生长，充实枝条组织，增加树木的承载力，但要注意后期适当控肥防止枝条徒长。

②合理修剪　修剪时要注意侧枝的着力点，使其均匀地分布在树干上，不能过分追求造型而不顾树木安全。应采用乔木与灌木、高与矮、常绿与阔叶的合理搭配，使树木之间能相互依托，增强树木群的承重力。

③预防病虫害　雪害发生季节伴随低温，树木遭受低温危害后，树势较弱，树体上常常有创伤，极易引发病虫害。病虫害特别是蛀干害虫的发生，往往会造成树干、树枝的中空，一旦发生雪害，很容易折断树枝。因此，应预防病虫害，并结合修剪去掉中空的树枝以提高树木的承重力。

④支撑树木　雪害的发生与树木枝条的承重力有关，要让树木枝条有个固定的支撑点，这样可以有效地预防雪害。

1.6.3　园林树木人为灾害防治

1.6.3.1　酸雨

(1) 酸雨的危害

人类大量使用煤、石油、天然气等化石燃料，燃烧后产生的硫氧化物或氮氧化物，在大气中经过复杂的化学反应后，形成硫酸或硝酸气溶胶，为云、雨、雪、雾捕捉吸收，降到地面成为酸雨。酸雨直接危害植物的芽和叶，严重时使成片的植物枯萎和死亡，还会腐蚀建筑物及其他物品。酸雨危害水生生物，它使许多河、湖水质酸化，导致许多对酸敏感的水生生物种群灭绝，湖泊失去生态机能，最后变成死湖。酸雨还杀死水中的浮游生物，破坏水生生态系统。此外，酸化的水源威胁人们的健康，酸雨对生物有极大的危害，因此被称为"空中死神"。酸雨对植物的影响主要体现在以下两个方面。

①直接影响　许多试验表明：水的 pH 在 3 以下时，松树、水稻等许多植物的叶子表面会出现坏死的斑点。叶子表面的毛孔和气孔受到损伤，其光合作用和分泌作用就会受到损伤。而且，植物所必需的钙、镁等体内成分都被酸水从叶子和茎中夺取，植物会逐渐变得衰弱，直至死亡。

②间接影响 溶解在酸雨中或以粉尘形成干性沉降的污染物，同土壤的钙、镁、钠等金属离子结合而被中和。通常这些金属离子可由地表下层的基质得到补给，然而，当这种补给耗尽后，土壤的酸化将使这些对植物生长起重要作用的金属离子严重减少，土质恶化，导致树木营养不足，树的长势减弱，生长停止。有些树木的树叶变成黄色，就是因为作为叶绿素核心的镁补给不足，致使叶绿素不能形成的缘故。

酸化加重时，对植物有害的铝等金属就会从土壤中溶出。通常，铝同其他元素结合或以不溶解的稳定化合物存在于土壤中。但是，由于酸雨土壤的 pH 下降，这种结合因此被减弱，铝离子就从土壤中溶出，土壤中铝离子的增加致使植物根的尖端部位对磷和钙的吸收受到阻碍，从而导致植物无法获取养分。另外，铝离子也会对土壤中的动物和微生物群产生恶劣影响，导致有机物不能降解，植物的营养补给也被切断了。

(2) 预防酸雨危害的措施

①减少二氧化硫的排放量 主要是减少石油、煤的使用，开发新的可持续能源，如光能、潮汐能、风能、热能等；少用汽车，节约能源；树立真正的环保观念等。

②园林栽植及养护 主要是减少砍伐树林、多种植树木、保护好森林植被，有利于酸雨生成的气体被吸收掉。可选择对酸沉降不敏感的树木进行栽植，适当施用石灰、草木灰、有机肥等改善土壤。

1.6.3.2 融雪剂危害

(1) 融雪剂对植物的影响

冬天，很多地方会下大雪。为了尽快融化道路积雪，不少城市频频使用融雪剂。与融雪钠盐相比，虽然融雪剂进行了技术改进，也加入了防止化学危害的配方，但其终究是一种化学试剂，会对城市生态环境尤其是城市园林植被产生很多不利影响。由于融雪剂使用较多，容易形成氯、钠等盐离子在土壤表层聚集。融化后的雪水一旦渗入到土壤中，将会把大量的可溶性盐离子带到植物根系周围，从而导致园林植物浅层的根系死亡。融雪剂的盐害导致植物毛细根系的死亡，是造成园林植物枯萎死亡的重要原因。

在一定程度上，恶劣的城市土壤条件影响园林植物的正常生长，降低了园林植物的生长势和抵抗力，相应地也降低了园林植物对融雪剂的耐害性。在恶劣的土壤环境条件下，融雪剂的危害作用会被加大，即使很低的融雪剂含量，也可能会使园林植物枯萎死亡。

(2) 减少融雪剂对树木影响的措施

①利用人工或机械除雪 天然积雪对植物是有好处的，天气一热，就会自然化解掉，还可以滋润土壤。所以，应尽量利用人工或机械方式除雪，动员全社会力量参与人工除雪，采用铲子、锤子、铁锹、扫把消除道路结冰积雪。在进行人力或机械除雪后，在道路上撒炭渣、粗沙、树枝渣类物质来防滑，同时利用这些深色渣类物质来吸收太阳的热量，以帮助增加地面温度来融雪。

②先扫除掉大部分积雪再撒少量融雪剂 对实在需要撒融雪剂的路面，要先扫除掉大部分积雪，然后撒少量融雪剂来防止道路冻结。严格监控氯盐融雪剂的使用情况，建议多使用

环保型融雪剂，逐渐淘汰常规氯盐型融雪剂。在使用融雪剂时，严格控制单位面积使用量，加大喷洒车与道路绿化植物之间的距离，尽量避免把融雪剂直接撒入绿化池中或树坑内。

③更换土壤　融雪剂中的盐分在土壤中降解的最长时间可达 15 年，不但现有的园林植物可能枯死，补种的植物存活也依然艰难，必须进行大规模的深层换土。针对大量喷洒了融雪剂的路段，在不伤害植物根系的情况下，将道路两侧绿化带和分车带中的土壤进行更换，以防止淋溶后盐分下移对植物造成更大的危害。基于乔木根系的分布特点和不同土壤层面的化验结果，换土深度应不小于 40cm。清除道路绿地中死亡绿篱和花灌木植株并重新补植，同时对绿地表层的土壤进行更换，换土深度应不小于 20cm。

④埋设渗透管和打气孔　可通过在土壤中埋设渗透管和打气孔等方式，来增加园林植物根系周边土壤的透气性和透水性，从而减轻含有融雪剂的雪水对园林植物的危害。

⑤设置绿化带挡盐板　目前有些北方地区为了减少融雪剂对路边树木的影响，在主干路边缘安装了绿化带挡盐板，收到了良好的效果。

⑥加强与环卫等部门的沟通协调，督促相关单位按照相关规定规范使用融雪剂。加大巡视力度，重点地区安排专人看护，防止将融雪剂直接撒到绿地、绿化隔离带或树池内，防止将含有融雪剂的积雪堆放到绿地或树池内，一旦发现及时制止和清理，确保城市园林植物安全过冬。

1.6.3.3　地面铺装危害

地面铺装是市政工程经常进行的项目，使用的材料主要是水泥、沥青和砖石等。

(1) 地面铺装对园林树木的危害

为了美观，有时候在不该铺砖的地面也用各种材料进行铺装，或是在有景观树木的地方铺装，却不留树池，这些都对植物的生长发育造成不利影响。

①影响自然降水的渗入，导致景观植物的水分代谢失衡　地面铺装使自然降水很难深入土壤中，大部分排入下水道，导致自然降水量无法充分供给景观植物以满足其生长需要。而地下建筑因渗入地下较深的地层，从而使景观植物根系很难接近和吸收地下水，也造成土壤含水量不足。总体使景观植物的水分代谢失衡，表现出生长不良、提早落叶甚至死亡。

②使土壤密实，影响景观植物根系生长　地面铺装阻碍土壤与大气的气体交换，使土壤密实，贮气的非毛管孔隙减少，土壤含氧量少，使植物根系呼吸作用减弱，同时土壤内微生物繁殖受到抑制，降低了土壤有效养分含量和植物对养分的利用，直接影响植物生长。

③改变下垫面的性质，伤害植物表层根系和根颈形成层　地面铺装加大了土壤底层的温度变幅，使景观植物的表层根系和根颈附近的形成层极易遭受高温或低温的伤害。铺装材料越密实、比热容越小，颜色越浅、热导率越高，对景观植物的危害越严重，甚至导致植物死亡。

④干基环割　如果地面铺装靠近树干基部，随着干径的生长增粗，干基会逐渐逼近铺装。

(2) 减少地面铺装对树木影响的措施

要进行合理设计，不该铺装的地段绝不能铺装；如果铺装，在种植树木的地方，一定给树木留出一定大小的树池。

选用各种透气性能好的优质铺装材料，并改进铺装技术，不用水泥整体浇注，而采用混合石料或块料，如各类型灰砖、倒梯形砖、彩色异形砖、图案式铸铁或带孔的水泥预制砖等。在其砖的下面用1∶1∶0.5的锯末、白灰和细沙混合作垫层，以防砖下沉。

对于用水泥新铺装的地段，在铺装前，应按一定距离留出通气孔洞，其上加带孔的铸铁盖，洞中装填有机质或粗砂、砾石、炭末、锯末等混合物，不但有利于渗水通气，而且可以作为施肥、灌水的孔道。

典型案例

20世纪80年代初，北京园林科学研究所为北海团城上的古油松和古白皮松复壮时，铺装砖为上大下小的倒梯形，砖的上面为43.6cm×21.5cm，下面为41.5cm×18.5cm，厚为10cm；砖缝未黏合，砖与砖之间形成了纵横交错的楔形气室，以利于气体进行交换和雨水渗透；砖的下面结构是采用孔多、透水好、透气好的轻灰土，以承载和稳定上面的砖，经测定其中含有机质为2.16%，容重为$1.047g/cm^3$，孔隙度为56%；在轻灰土下面为黑色的沃土，内有兽骨头、螺壳等物，有机质含量为3.32%，容重为$1.24g/cm^3$，孔隙度48.9%；再下面为很厚的砂土，有机质含量为0.317%，容重为$1.695g/cm^3$，孔隙度为31.1%，能保肥、保水而不积水。这种方法解决了因地面铺装而影响土壤通气和水分流失的问题，而且既保水、保肥，又能承受踩压，使树木生长不受影响。一旦需要进行养护，可以把砖撬开，操作后复原地面不留痕迹，从而救治了大量的古沙松和古白皮松。

生产应用

园林树木树体的保护和修补原则

树体保护首先应遵循"防重于治"的原则，做好各方面预防工作，尽量防止各种灾害的发生，同时还要做好宣传教育工作，使人们认识到保护树木人人有责。对树体上已经造成的伤口，应该早治，防止扩大。应根据树干上伤口的部位、轻重和特点，采用不同的治疗和修补方法。

课后习题

1. 简述修补树洞的操作流程。
2. 修补树洞的材料有哪些？
3. 如何预防树木冻害？
4. 如何减少融雪剂对树木生长的影响？

任务1.7 古树名木养护管理

任务指导书

》》任务目标

了解古树名木的生长特点；掌握保护古树名木的意义；掌握古树名木的特殊的养护管理措施。

》》任务描述

1. 根据古树名木养护需要，进行古树名木调查与登记、养护方案制订。
2. 古树名木管理工作任务的实施。

》》材料及工具

计算机、手机、铁锹、水桶、喷壶、草绳、木棍、树木营养液、电钻、伤口保护剂、涂白剂、铁丝等。

》》任务实施指导

1. 古树名木养护前准备：古树生长情况调查→工具准备→药剂准备。
2. 古树名木养护技术：古树名木的防护→古树名木的养护→古树名木的复壮。

相关知识

所谓古树，一般指树龄在100年以上（含100年）的树木（图1-7-1）。国内外珍贵、稀有的树木或具有重要历史价值、纪念意义及重要科研价值的树木，称为名木。实际上，古树或名木并没有一个绝对的标准。古树名木是大自然给予人类的财富，是植物王国中历经风雨的幸存者，是有生命的国宝。古树名木负载着大量的历史信息，但由各种原因造成的古树名木衰老死亡问题发生比较频繁，加上古树名木不可再生的特点，给古树名木复壮工作带来巨大挑战。因此，必须将古树名木的衰老死亡原因分析透彻，采取有针对性的措施，才能挽救更多的古树名木。

1.7.1 保护古树名木的意义

在我国，各地有许多古树，如山东省黄县的周代的银杏树，至今2500多年，陕西省黄陵县的轩辕侧柏的树龄为2700多年。

图1-7-1 山西晋祠卧龙柏

至于名木，更是遍及神州，一般为名人所植。所有古树或名木，在园林中往往是独成一景的，甚至是全园的主景，具有很高的观赏价值和纪念意义，称得上是园林行业的宝贵财富。因此，对古树名木实行科学的管理是园林工作者义不容辞的责任。

1.7.2 古树名木普查

1.7.2.1 普查前技术培训

古树名木普查领导小组应统一组织普查技术培训，普查人员必须持园林主管部门颁发的上岗证方可上岗。

1.7.2.2 普查

以县(市、区)为单位，逐街(村)逐单位，实行每株树木调查并拍照，按古树名木普查表(表1-7-1)中的要求对树种、树龄、胸围、树高、生长位置、地理坐标等逐项登记。

表1-7-1 古树名木普查

省(自治区、直辖市)编号：	树种	中文名：	别名：		
		学名：			
		科		属	
位置		县　　　乡镇(街道)　　　村(居委会)　　　社(组、号)			
		小地名：			
地理坐标		经度：		纬度：	
树龄		真实树龄　　年	传说树龄　　年		估测树龄　　年
树高		m	胸围(地围)		m
冠幅		平均　　m	东西　　m		南北　　m
立地条件		海拔　　m；坡向　　度；坡位　　部			
		土壤名称：　　　；紧密度：			
生长势		(1)旺盛　(2)一般　(3)较差　(4)濒死　(5)死亡			
树木特殊状况描述					
权属		(1)国有　(2)集体　(3)个人　(4)其他		原挂牌号：第　号	
责任单位或个人					
保护现状及建议					
古树历史传说或名木来历					
树种鉴定记录					

1.7.2.3 普查材料整理

普查材料整理后作为存档材料，所有存档材料经市、县园林主管部门审查盖章。

1.7.3 古树名木的修复

1.7.3.1 支撑

古树由于树龄较长，常会出现部分主干中空、主枝死亡的现象，从而导致树冠失衡、树体倾斜，加上树体衰老严重，禁不住枝条下垂的重量，易遭风折，因而古树树体需用支架等进行支撑加固。支撑柱的造型和材质设计应考虑古树的景观需求，符合古树名木的整体造景需要。支撑木须经防腐处理，先将柏木杆用刮皮刀刮掉树皮，再用混合剂涂抹表面，然后用桐油粉刷。在不影响树体正常生长和景观效果的前提下，选取合适的吊拉点，对古树名木的失衡树冠、枝条进行吊拉支撑。

支撑措施有硬支撑、螺纹杆加固支撑和拉纤等。

(1) 硬支撑

在树干或树枝的重心上方，选择受力稳固的点作为支撑点，支柱顶端的托板与树体支撑点接触面要大，托板和树皮间垫有弹性的橡胶垫，支柱下端应埋入水泥浇筑的基座里，基座应埋入地下。

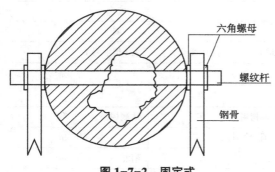

图 1-7-2　固定式

(2) 螺纹杆加固支撑

螺纹杆加固支撑点一般在树干或树枝的重心上方，具体应根据树干、树龄、材质、结构(空穴)和摇动幅度等确定。支撑杆的粗细要依其所要支撑的重量并参考本地最大的风压和雨荷值来确定。螺纹杆加固支撑有3种形式。

①固定式　适于已有空穴或不会再动摇的主枝干，具体做法如图 1-7-2 所示。

②伸缩式　适于较小分枝，能抵消部分因为摇动而引起的支撑管对树木的挤压和摩擦，具体做法如图 1-7-3 所示。

③套管式　适于中小枝干，作用介于上述两种形式之间，具体做法如图 1-7-4 所示。

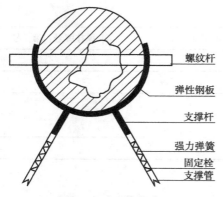

图 1-7-3　伸缩式

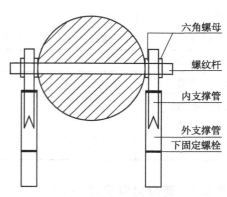

图 1-7-4　套管式

(3) 拉纤

拉纤分为硬拉纤和软拉纤。

①硬拉纤 常使用直径约6cm,壁厚约3cm的钢管,两端压扁后打孔。铁箍常用宽约12cm,厚0.5~1cm的扁钢制作,对接处打孔。钢管和铁箍外涂防锈漆,再涂与树木颜色相似的色漆。安装时将钢管的两端与铁箍对接处插在一起,拧上螺栓固定,铁箍与树皮间加橡胶垫,详见图1-7-5。

②软拉纤 采用直径8~12mm的钢丝,在树枝或主干的重心以上选牵引点,钢丝通过铁箍或者螺纹杆与被拉树枝连接,并加橡胶垫固定,系上钢丝绳,安装紧线器于另一端附着体套上。通过紧线器调节钢丝绳松紧度,使被拉树枝(干)可在一定范围内摇动。随着古树名木的生长,要适当调节铁箍大小和钢丝松紧度,详见图1-7-6。

图1-7-5 硬拉纤

1.7.3.2 枯腐洞处理

在枯腐洞防腐处理上,要掌握杀菌、灭虫、防腐、密封的原则。首先将枯腐层刮除干净,然后用专用工具涂抹杀菌、灭虫、防腐混合剂(氧化乐果500倍液+硫酸铜300倍液+愈伤剂),再将沙子、水泥混合(比例为3∶1),用

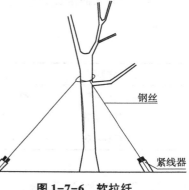

图1-7-6 软拉纤

环氧树脂油调和后填充枯腐洞,对表面进行密封处理,在洞口外涂抹密封胶,晾干后涂抹桐油。制作特制铁皮防水罩,做好防锈处理,并粉刷与树干颜色相近的油漆,罩于洞口。

1.7.3.3 树体残桩、倒立枯枝及其基部凹槽处理

刮除表层、凹槽内枯腐朽木,修整残桩毛茬,并用毛刷将枯腐层刷干净,然后进行杀菌、灭虫,最后涂抹桐油进行防腐处理;凹槽处用油灰和桐油调和后填充,晾干后再用密封胶密封。

1.7.3.4 裸露根系处理

将裸根受伤部分用特制刮刀刮除至韧皮部,然后涂抹愈伤剂,再用密封胶密封,并涂抹桐油,在裸根处客土回填,掩埋裸根,以防人为踏伤根皮,并能扩大根系的营养空间。同时,设置防护栏、砌围墙等进行保护。

1.7.4 古树名木的防护

1.7.4.1 设置标示牌

应在古树名木周围醒目位置设立保护标志(图1-7-7)。保护标志包括标准标示牌、解说性标示牌和提示性标示牌,其应按表1-7-2的规定设立。

(1) 标准标示牌

应标明种名、学名、科属、保护等级、树龄、立牌时间、古树名木编号。其中国家一级保护古树名木为红色标识牌，国家二级保护古树名木为蓝色标识牌，古树名木后续资源为绿色标识牌。

(2) 解说性标示牌

应对古树名木的历史、文化、科研和旅游价值等进行说明。

(3) 提示性标示牌

在古树名木周围设置禁止攀折、采摘等保护提示牌（表1-7-2）。

图1-7-7 标示牌

表1-7-2 标示牌规范

标示牌类型	构造类型	悬挂要求
标准标示牌	轻质环保材料，30cm×21cm	挂于树干离地面1.8m处
解说性标示牌	规格小于120cm×100cm，形状、材料不限	置于古树根盘范围5m外
提示性标示牌	材质不限，规格小于15cm×30cm	挂于适当醒目位置

1.7.4.2 设置保护区域

园林主管部门应当会同当地规划部门划定古树名木保护区域，保护区域应不小于树冠垂直投影外延5m的范围；树冠偏斜的，还应根据树木生长的实际情况设置相应的保护区域。对生长环境特殊且无法满足保护范围要求的，须由专家组论证划定保护范围。

古树名木树冠以外50m范围内为古树名木生境保护范围，在生境保护范围内的新、扩、改建建设工程，必须满足古树名木根系生长和日照要求，并在施工期间采取必要的保护措施。

对古树名木应设置保护围栏，围栏规格由园林主管部门组织专家组论证确定（图1-7-8）。

图1-7-8 保护围栏

古树名木保护区域内，因特殊防护需要，应铺设透气砖、设置透气井（管）。透气砖采用上宽下窄的梯形砖，每块尺寸为40cm×20cm×20cm，长度和宽度尺寸偏差不超过5cm。

在古树名木保护区域内，不得从事挖掘、取土、堆放各种材料（货物）、埋设管线、堆放或焚烧杂物、倾倒废水、新建改建构筑物等任何影响古树名木生长的活动，不得设置排放污水的渗沟。在保护区域内现存的构筑物，危及古树名木正常生长、生存的，经园林主管部门组织专家组论证后,报人民政府批准,由责任单位限期清除。

生长于平地的古树名木,对裸露地表的根系应加以保护,防止践踏。生长于坡地且树根周围出现水土流失的古树名木,须由专家组论证后采取砌石墙(干砌)护坡、填土护根等措施,护坡高度、长度及走向据地势而定。生长于河道、水系边的古树名木,应根据周边环境用石头、木桩等进行护岸加固,保护根系。主干被深埋的古树名木,应进行人工清除堆土,露出根颈部。

1.7.4.3 设置避雷针

为防止高大的古树遭受雷击发生火灾,应对树体加置避雷针。

1.7.5 古树名木的养护

1.7.5.1 日常养护

(1) 水分管理

根据各树种对水分的不同要求,制订每株树的浇水方案。国家一级保护古树名木要求定时测量其土壤含水量,科学确定浇灌方案,国家二级古树名木及古树名木后续资源应根据树体生长状态和天气情况进行合理浇灌。浇灌应做到:干旱季节,浇水面积应不小于树冠投影面积,浇水要浇足、浇透,浇水的深度应在60cm以上,未通过无毒害检验的再生水不得使用。由于人为或自然因素造成缺水时,应及时通过浇灌结合喷雾的方式补充水分。必要时,要设置保护层保湿。对国家一级、二级保护的古树名木,在气温过高、日照强烈、空气湿度小、蒸腾强度大、尘埃严重时,应采用叶面喷雾,有条件的可以安装自动微喷系统。

保护区域内应确保土壤排水透气良好。由于人为或自然因素造成积水时,应设置排水沟,无法沟排的应设置排水井。排水沟宽、深和密度应视排水量和根系分布情况而定,应做到排得走、不伤根。一般沟宽要求在30~50cm,沟深在80~180cm。排水沟、排水井设置方案须由专家组论证确认。

(2) 肥料管理

施肥应根据古树名木实际生长环境和生长状况采用不同的施肥方法,保持土壤养分平衡。以有机肥为主,无机肥为辅,有机肥必须充分腐熟,有条件时可施用生物肥料。国家一级保护古树名木每年进行一次叶片的营养测定,国家二级保护古树名木及古树名木后续资源两年进行一次,依据测定结果,制订科学的施肥方案。

土壤施肥每年进行1~3次,对于生长较差的古树名木,应酌情增加施肥次数。施肥在早春或秋后进行。施肥量应根据树种、树木生长势、土壤状况而定。一般施肥沟尺寸(深×宽×长)为0.3m×0.7m×2m或0.7m×1m×2m。

(3) 树木整形

古树名木应结合通风采光和病虫害防治等需要进行整形,去除枯死枝、断枝、劈裂枝、内膛枝和病虫枝等,严禁对正常生长的古树名木的树冠进行重剪。对能体现古树自然风貌且无安全隐患的枯枝应予以保留，但应进行防腐固化和加固处理。

整形宜避开伤流期。落叶树的整形宜在秋、冬季的休眠期进行，常绿树宜在抽芽前进行。

有纪念意义或特殊观赏价值的枯死古树名木，应采取防腐固化、支撑加固等措施予以保留，并根据造景要求进行合理整形。

经过园林主管部门批准，合理伐除或修整影响古树名木采光通风的草木。

（4）土壤管理

①扩大树池　树池宜与保护区域等同，树坛应全部拆除。

②清理　古树名木保护区域内的土壤有建筑垃圾、生活垃圾和部分废弃构筑物时，应予以清理。

③松土　每年至少进行一次松土，以改善土壤的结构和透气性。松土时采取措施避免伤及根系。

④换土　土壤条件差时，应采取换土处理。在树冠投影范围内，换土深度不少于1m，每次换土面积不大于树冠投影面积的1/3。施工过程中及时将暴露出来的根用浸湿的草袋子覆盖，将原来的旧土与砂土、腐叶土、锯末、少量化肥和生根剂混合均匀之后填埋于其上。对排水不良的古树名木，同时挖深2~3m的排水沟，下层填以大卵石，中层填以碎石和粗砂，再盖上无纺布，上面掺细沙和园土填平，使排水顺畅。

古树名木下配置的植被要优先选择有益于土壤改良和古树名木生长的地被植物，如白车轴草、蔓花生、苜蓿、含羞草、决明等。

1.7.5.2　有害生物防治

古树名木的有害生物防治要遵循"预防为主、综合防治"的植保方针，加强预测预报，适时防治，合理使用农药，保护天敌，减少环境污染。各区（县）园林主管部门应在古树名木所在地设立监测点，根据本区（县）古树名木数量配备经过专业培训的监测员，负责有害生物发生动态监测。监测员应做好每周监测记录，包括观察日期、地点、有害生物名称等内容，详见表1-7-3。每月向园林主管部门汇报1~2次，针对疫情应及时启动防治预案。

表1-7-3　有害生物调查监测记录

日期	地点	寄主植物	有害生物名称及虫态	受害部位	发生严重程度	气候情况	天敌种类及数量

防治方法包括物理防治、生物防治、化学防治等。

（1）物理防治

可采取下列措施：

①应按照古树名木的生长特性，剪除病虫枝，并进行焚烧或掩埋处理。

②通过土壤传播的，应进行土壤消毒，冬耕翻晒。

③应摘除悬挂或附在植物和周围建筑物上的虫茧、虫囊、卵块、虫体等，直接捕杀个体大、危害症状明显、有假死性或飞翔能力不强的成虫。

④应挖除在土壤中的休眠虫体。

⑤摘除病叶、病梢，刮除病斑等。

⑥可利用成虫的趋光性、趋化性等特性进行诱杀，如杀虫灯诱杀、信息素诱杀、饵料诱杀、声波杀灭等。

(2) 生物防治

可采取下列措施：

①保护和发展现有天敌，开发和利用新的天敌，如以微生物治虫、以虫治虫、以鸟治虫、以螨治虫、以激素治虫、以菌治病等。

②宜采用具有高效而无污染的苏云金杆菌(Bt 乳剂等)、灭幼脲类(除虫脲等)、抗生素类(爱福丁、浏阳霉素等)等生物农药。

(3) 化学防治

可采取下列措施：

①预防　古树已呈衰老之势，对病虫害的抗性也随着树龄增长而降低。早春和晚秋应普遍喷石硫合剂等防护剂各一次，秋末用石灰和石硫合剂混合涂白。

②治疗　根据有害生物种类、发生期、虫口密度，采用不同种类、不同浓度的化学药剂在适宜时机进行防治，应综合考虑兼治多种危害期相近的害虫，减少用药次数。由于古树名木树形高大，冠幅大，人工喷药费时、费力。在天牛、吉丁虫等蛀干害虫和蚜虫、介壳虫、螨类等食叶害虫的防治上，为了不污染环境和伤害天敌，一般采用树干钻孔注药的方法(俗称打吊瓶)。这种方法具有简便、省药、省工的特点，注药时间一般在树木芽萌动期至落叶前生长期，可根据害虫的生活史确定最佳注药时间。

蛀干害虫应抓住成虫裸露期防治，在成虫始发期前喷洒低毒触杀性药剂防治，如氟氯氰菊酯、溴氟菊酯、氯氰菊酯等。在幼虫期，宜采用熏蒸剂注药堵孔防治，如毒死蜱、杀虫双、双甲脒等。

食叶害虫应抓住初孵幼虫或群集危害期，喷触杀性或胃毒性药剂防治，如灭幼脲、除虫脲、阿维菌素、烟参碱等。

刺吸式害虫应抓住早期虫口密度较低时，喷洒内吸性或渗透性强的药剂防治，如吡虫啉、啶虫脒、杀虫双等。

地下害虫在幼虫期，宜浇灌触杀性、持效期或残效期长的药剂，如辛硫磷、敌百虫、毒死蜱等。

杀螨剂应根据害螨的发生规律和危害程度，确定用药类型和使用次数，如哒螨灵、双甲脒、阿维菌素等。

杀菌剂应于病害发生初期，喷洒保护性或内吸性药剂防治，根据病害发生程度确定用药次数。

1.7.6 古树名木的复壮

1.7.6.1 古树名木衰老原因

(1) 抵抗能力减弱

由于古树名木树龄大，树形高大，因而再生能力差，树势呈衰老之势，生长量较小，导致其在抗病虫害和抵御风、霜、雨、雪侵蚀方面的能力较弱。

(2) 恶劣天气

由于古树树冠高大，一旦被雷电击中，轻则造成树体被灼伤，重则造成整株被焚毁。水涝多是由连续大雨天气造成的，因为大雨会导致地下水位过高，从而直接影响树木根部，造成树木根部积水腐烂。另外，还要注意防范冬季的冰雹、大雪，以免其对古树名木的生长造成危害。

(3) 城市污染

城市工厂排放的废水、废气、废渣等对空气、河流、土壤等造成污染，也会对古树名木的根系、叶片产生不利影响，最终导致其衰败枯死。

(4) 管理不当

常见的造成古树名木生长不良的不当管理措施包括修剪过重、农药用量过大、肥料过量使用等。处于寺庙、名胜古迹周围的古树名木，由于大量游人长期践踏造成土壤密实度过大，同时树干周围铺装面过大特别是大面积硬化地面，造成土壤透气性差，此外，建筑垃圾、生活污水造成土壤含盐量增高，这些都严重威胁古树名木的生存。还有一些分布在农村的古树名木，由于长期无人管理，处于自生自灭的状态。

(5) 人为伤害

例如，在旅游地古树名木上刻字留念的行为、在公园晨练对古树名木进行攀拉的行为，以及乱采古树名木枝、叶、皮等行为，都会伤害古树名木。

1.7.6.2 古树名木复壮措施

(1) 政策措施

①加大保护古树名木的宣传力度　制定切实可行的保护管理办法，依法打击破坏古树名木的行为，提高人们爱树护树的意识，增强人们爱树护树的责任感。

②落实保护古树名木的责任　保护古树名木只有条例，并没有专门的法律、法规，而且目前在评估损害古树名木违法行为造成的损失方面尚缺乏统一的标准，有待完善。这些需要相关部门厘清古树名木的权属关系，将古树名木的管护责任落实到具体的所有人身上，明确其管理责任。对属于国家、集体的古树名木，可以采用承包或招标的办法将其管护责任落到实处，确保有人进行管理。

③加大保护古树名木的资金投入　为提高古树名木的管理质量，国家和地方都要加大资金投入。

(2)技术措施

对长势衰弱、濒危的古树名木,应进行光照、热量、水分、土壤等状况的调查研究,制订复壮方案,供专家组论证。古树名木的复壮应由具有古树名木保护成功经验且具有城市园林绿化施工资质的单位进行。

当光照条件因建设因素产生突然变化,影响古树正常的光合作用时,应进行遮光和补光处理。当环境变化导致古树局部温度过高造成热伤害时,应采取建防护墙、种植防护树(林带)和树体喷雾等防护措施,并尽量去除热源。应进行土壤含水量的测定。由于人为或自然因素导致地下水位发生变化时,应及时进行排水或浇水处理。对根部受到损伤或蒸腾强烈而导致缺水的,应同时进行叶面喷雾补水。对于生长地的地下水位过高或土壤盐碱化的,可利用埋设盲管的方式降低地下水位或排盐。排水不良的,要设渗水井,雨季可酌情用泵加强排水。应根据土壤检测的结果制订土壤改良方案,并经园林主管部门批准后实施。对于土壤贫瘠、营养面积过小、发生污染的土壤,应通过松土、换土、施用肥料(复合肥、气肥、生物肥料)等措施进行改良。

①培肥地力 由于古树树龄一般在几百年甚至上千年,长期生长在同一个地方,会造成土壤肥分缺乏,导致古树出现缺肥症状。为此,可以采取埋条措施培肥地力,对古树进行复壮。埋条即在树冠投影外侧挖沟埋条,培肥地力。首先挖若干条放射状沟,规格为长约120cm、宽40~70cm、深80cm。然后在沟内埋条,先垫放松土,厚度为10cm,再平铺一层剪好的缚成捆的枝条(枝条可以是苹果、海棠、紫穗槐等的枝条),而后再在枝条上撒少量松土和粉碎的肥料,一般沟施豆饼渣1kg、尿素50g,也可放少量动物骨头和贝壳等物,以补充磷肥。最后在肥料上覆土,厚度为10cm,接着放第二层树枝,再次覆土踏平即可。

②换土 采取主根部换土的方式培肥地力,此法对生长势极弱的古树复壮效果很好。换土时避免损伤根系,随时将暴露出来的根用含有生长素的泥浆蘸根保护,把原来的旧土、客土和肥料混合均匀后重新填埋。两次换土的间隔时间为一个生长季。

③地面打孔 由于人为或机械因素造成土壤板结或土壤孔隙大量被堵塞而导致土壤结构变劣时,可通过打孔和铺梯形砖等方法相结合改良土壤结构,增加土壤的通透性。具体方法是:在树冠垂直投影范围以内根据根系生长情况酌情打通气孔。通气孔密度每平方米一个,深度50~200cm,直径5~12cm。可结合观察孔设置。

④设置复壮沟与通气管、渗水井 可通过复壮沟与通气管、渗水井等,改善地下环境,使古树根系在适宜的条件下生长。复壮沟应与通气管和渗水井相连,以利于透气排水。也可以采用营养坑的方式,满足树木生长所需的营养元素,从而达到复壮的目的。

⑤叶面追肥 每年进行2~5次,要遵守营养均衡原则,根据不同树种和营养诊断结果确定肥料比例。追肥一般在阴天、早晨或傍晚进行。

⑥注干施肥 即采用插瓶、吊袋、加压施肥或用微孔注射的方法进行施肥,肥料配方应根据营养诊断结果制订,可根据需要加入适量生长调节剂,也可使用市面上销售的注干施肥液,但均应经试验后使用。

⑦合理修剪及使用生长调节剂　因开花结果多导致树势衰弱的古树名木，可采用修剪或用生长调节剂如萘乙酸、赤霉素、乙烯剂等处理进行疏花、疏果。

⑧桥接　对树势衰弱或基部中空的古树名木，可采用桥接法恢复生机。在需要桥接的古树名木旁种植2~3株同种幼树，幼树生长旺盛后，将幼树枝条桥接在古树名木树干上，即将树干在一定高度处将韧皮部切开，将幼枝的切面与古树的韧皮部贴紧，用绳子扎紧，定期检查，必要时重新操作直至桥接成功。

课后习题

1. 保护古树名木的意义有哪些？
2. 简述古树复壮的方法。

任务1.8　园林树木病害防治

任务指导书

>> **任务目标**

了解本地区园林树木主要病害的发生规律；掌握本地区园林树木主要病害的症状识别；能对本地区主要园林树木病害进行正确诊断、制订有效的综合治理方案，并组织实施。

>> **任务描述**

园林树木病害的防治是园林树木养护中的重要内容。本任务以校内、外实训基地或某一园区绿地中园林树木养护任务为支撑，以学习小组为单位，首先制订校内、外实训基地或某一园区园林树木病害防治的技术方案，再依据制订的技术方案和园林植物病害防治规程，保质、保量完成病害防治任务。

>> **材料及工具**

标本、显微镜、放大镜、镊子、刀片、农药等。

>> **任务实施指导**

1. 病害症状观察：选取园林树木病害严重的校、内外实训基地→仔细观察病害的典型症状→采集标本、拍摄照片。
2. 病害危害情况调查：根据现场病害的危害情况，结合图片、查阅资料或室内鉴定来确定病害的主要类型。
3. 发病规律的了解：针对主要病害类型查阅资料，了解发病规律。
4. 防治方案的制订与实施：根据病害主要类型在本地区的发病规律，制订综合防治方案→组织实施→防治效果调查。

相关知识

1.8.1 园林树木常见病害种类及防治方法

1.8.1.1 叶部病害

园林树木叶部病害种类繁多。尽管叶部病害很少能引起园林树木的死亡，但叶片的病斑、花朵早落却严重影响园林树木的观赏效果而且叶部病害还常导致园林树木提早落叶，减少光合作用产物的积累，削弱树木的生长势。常见症状类型：白粉、锈粉、叶斑、叶畸形、变色、漆斑等。

(1) 白粉病

【危害】危害柳属、杨属树木叶片。该病害在野生和栽培的树木上均有发生，危害程度中等，是园林树木常见病害。

【症状】发病初期呈灰白色小斑，在叶表面产生一层灰白色粉质霉，逐渐蔓延到整个叶片。后期病斑由灰白色变成暗灰色，严重时病叶卷缩枯萎。最后在病斑上长出黑色的小球点(闭囊壳)。

【发病规律】病原菌以闭囊壳在落地病叶上越冬。翌年春季释放出孢子，萌发进行初侵染，产生分生孢子，6~8月分生孢子反复发生侵染，9~10月闭囊壳逐渐成熟。病害的发生与树势、密度、栽培环境有密切关系。

【防治方法】

栽培管理防治：秋、冬季结合清园扫除枯枝落叶，或结合修剪整枝除去病梢、病叶，并集中烧毁或填埋，以减少侵染来源。提高园林植物的抗病性。适当增施磷、钾肥，合理使用氮肥；种植不要过密；适当修剪，以利于通风透光；及时清除感病植株，摘除病叶，剪去病枝。

化学防治：发芽前喷施石硫合剂；生长季节用25%粉锈宁可湿性粉剂2000倍液、70%甲基托布津可湿性粉剂1000~1200倍液、50%退菌特800倍液进行喷雾。每7~10d喷洒一次，连续3~4次。

(2) 锈病

【危害】是海棠、苹果、梨、山楂等蔷薇科植物上常见的病害。常在春、夏季使海棠叶片形成枯斑，严重时造成早期落叶，在秋、冬季造成柏(杉)类小枝形成木瘤而导致小枝枯死。

【症状】感病初期，叶片正面出现橙黄色、有光泽的小圆斑，病斑边缘有黄绿色的晕圈，其后病斑上产生针头大小的黄褐色小颗粒，即病菌的性孢子器。大约3周后病斑的背面长出黄白色的毛状物，即病菌的锈孢子器。

秋、冬季病菌危害转主寄主圆柏的针叶和小枝，最初出现淡黄色斑点，随后稍隆起，最后产生黄褐色圆锥形角状物或楔形角状物，即病菌的冬孢子角。翌年春天，冬孢子角吸水膨胀为橙黄色的胶状物，犹如针叶树"开花"。

【发病规律】病菌以菌丝体在圆柏上越冬，可存活多年。翌年3月、4月冬孢子成熟，春雨后，冬孢子角吸水膨大萌发产生担孢子，担孢子借风雨传播到海棠上，萌发产生芽管直接由表皮侵入；经6~10d的潜育期，在叶正面产生性孢子器；约3周后在叶背面产生锈孢子器。锈孢子借风雨传播到圆柏上入侵新梢越冬。

该病的发生与气候条件关系密切。春季多雨、气温低或早春干旱少雨时发病轻，春季温暖多雨则发病重。该病发生与园林植物的配置关系十分密切。该病菌需要转主寄主才能完成其生活史，故海棠与圆柏类针叶树混栽发病就重。

【防治方法】

合理配置园林植物：是防止转主寄主的锈病发生的重要措施。为了预防锈病，在园林植物配置上要避免海棠和圆柏类针叶树混栽；若因景观需要必须一起栽植，则应考虑将圆柏类针叶树栽在下风向，或选用抗性品种。

清除侵染来源：结合庭院清理和修剪，及时除去病枝、病叶、病芽并集中烧毁。

化学防治：在休眠期喷洒3波美度石硫合剂可以杀死在芽内及病部越冬的菌丝体；生长季节喷洒25%粉锈宁可湿性粉剂300~500倍液，或65%的代森锌可湿性粉剂500倍液，可起到较好的防治效果。

（3）褐斑病

【危害】是丁香上的一种重要病害。丁香感病后，叶片枯死、早落，使植株生长不良。

【症状】叶片上的病斑常为不规则多角形，褐色，后期病斑中央变成灰褐色，边缘深褐色。病斑背面着生暗灰色霉层，发病严重时病斑上也有少量霉层。

【发病规律】病菌以子座或菌丝体在染病落叶上越冬，由风雨传播。雨水多、露水重、种植密度大、通风不良有利于病害的发生。

【防治方法】

栽培管理防治：在园林植物配置上，选用抗性品种和健壮苗木，避免种植感病品种，可减轻病害的发生。适当控制栽植密度，及时修剪，以利于通风透光；增施有机肥、磷肥、钾肥，适当控制氮肥，提高植株抗病能力。彻底清除病株残体及病死植株，并集中烧毁。

化学防治：休眠期在发病重的地块喷洒3波美度石硫合剂，或在早春展叶前喷洒50%多菌灵可湿性粉剂600倍液。在发病初期及时喷施杀菌剂。如50%托布津可湿性粉剂1000倍液、50%退菌特可湿性粉剂500倍液、65%代森锌可湿性粉剂500倍液。

（4）漆斑病

【危害】主要危害茶条槭、三花槭、花楷槭、五角枫等植物的叶片，致叶片早落。

【症状】初发病时叶上产生点状褪绿斑，边缘紫红色，中央褐色，扩展后病斑呈圆形或近圆形至梭形大斑，后期病叶上现隆起的漆斑，漆斑彼此隔开或融合，形状不规则，有的呈黑色膏药状。

【发病规律】病菌以菌丝和子座内的分生孢子在病残体上越冬，春季开始形成子囊盘和子囊孢子，借雨水或水滴溅射传播进行初侵染，8月中、下旬病叶上现漆斑，产生子座，出现无性态。湿度大、树势差、土壤瘠薄等发病较重。

【防治方法】

清除侵染来源：秋季结合修剪，注意剪除枯枝病叶，增强透风透光。

化学防治：发病初期喷50%多菌灵可湿性粉剂600~800倍液、45%咪鲜胺水乳剂1000倍液或75%百菌清可湿性粉剂800倍液。每隔7~10d用药一次，连续2~3次。

(5) 穿孔病

【危害】危害榆叶梅、毛樱桃、桃、山桃、山杏、东北杏、樱花等植物，引起褐斑、穿孔。该病害在蔷薇科植物上发生普遍，给寄主造成很大的危害，为园林主要病害。

【症状】该病主要危害叶片，也侵染果实。叶片受害初期，叶面出现针尖大小黄褐色斑点，不久扩展为2~5mm的褐色圆斑，边缘淡褐色形成离层；后期病斑上生出许多小黑点（分生孢子器），初期埋生于表皮组织下，后突破表皮；病斑易脱落造成穿孔，当几个病斑重叠或叶缘受害时，常形成不规则穿孔，造成早期落叶。

【发病规律】病菌主要以菌丝和分生孢子器在落地病叶上越冬。翌年5~6月开始发育产生分生孢子，孢子靠风雨传播。6月中旬开始发病，7~8月为发病盛期，10月中旬停止活动。栽植过密、通风透光差、多雨水年份均发病重。

【防治方法】

栽培管理防治：合理密植，及时疏枝，保证通风透光良好，多施有机肥，少施氮肥，增施磷、钾肥。秋季清除枯落叶，集中烧毁处理。

化学防治：发病初期选择75%百菌清可湿性粉剂600倍液，或65%代森锰锌可湿性粉剂500倍液喷洒。每隔7d防治一次，连续3~4次。

1.8.1.2 枝干病害

园林树木枝干病害种类虽不如叶、花、果病害多，但其危害性很大，轻者引起枝枯，重者导致整株枯死。如近年来在我国许多地方扩展蔓延的松材线虫病，导致整片的松林枯死，已成为城市绿化的一大难题。枝干病害的症状类型主要有：腐烂及溃疡、枯枝、肿瘤、萎蔫、立木腐朽等。不同症状类型的枝干病害，发展严重时，最终都能导致枝干的枯萎死亡。

(1) 水疱型溃疡病

【危害】发生在杨、柳、刺槐、核桃等多种阔叶树干部上，引起干部溃疡。该病害发生普遍，危害杨树干部形成溃疡，对树木正常生长发育影响很大，严重发病时亦可导致树木死亡。

【症状】本病多发生在枝干部，一般在皮孔的边缘形成水泡状溃疡，初为圆形，极小，不易识别，其后水泡变大，直径0.5~2cm，泡内充满淡褐色液体，随后水泡破裂，液体流出，遇空气变成黑褐色，并把病斑周围染成黑褐色，最后病斑干缩下陷，中央有一纵裂小缝。严重受害的树木，病斑密集连接，植株逐渐枯死。有的病斑第二年会继续扩大，后期出现黑色针头状分生孢子器。

【发病规律】于4月开始发病，5月底至6月为第一次发病高峰，病菌来源于上年秋季病斑上越冬的分生孢子和子囊孢子。7～8月气温增高时病势减缓。在7～8月雨季时，孢子飞散萌发而侵染寄主。9月出现第二次高峰，病原菌来源于当年春季病斑形成的分生孢子。10月以后停止发生。孢子主要通过树皮表面的机械伤口侵入，也可由皮孔或表皮直接侵入。

【防治措施】

栽培管理防治：减少假植时间，选育抗病树种，白杨派和黑杨派较为抗病。

化学防治：发病期喷洒50%代森铵可湿性粉剂200倍液，或50%多菌灵可湿性粉剂200倍液，或80%抗生素"402"200倍液。每隔7～10d防治一次，连续喷药3次。秋防为主，结合春防。

(2) 烂皮病

【危害】发生在杨、柳等多种阔叶树干枝上，引起干枝烂皮。本病害在园林绿化上发生非常普遍，危害十分严重，经常造成幼林、中幼林大面积死亡。

【症状】发生在树干及枝条上，表现为干腐及枯枝两种类型。干腐型主要发生在主干、大枝及枝干分权处。初期病部呈暗褐色水肿状斑，皮层组织腐烂变软，病斑失水后树皮干缩下陷，有时龟裂，有明显的黑褐色边缘。后期病斑上生出许多针头状黑色小突起，即病菌分生孢子器，潮湿时从中挤出橘红色卷丝状分生孢子角。枯枝型主要发生1～4年生幼树或大树枝条上，初期病部呈暗灰色，症状不明显，当病部迅速扩展绕枝干一周后，其上部枯死。枯枝上散生许多小黑点，即病菌的分生孢子器。

【发病规律】病菌以菌丝、分生孢子器或子囊壳在病组织内越冬。翌年春季，产生分生孢子进行传播，孢子萌发通过各种伤口侵入寄主组织。每年3月中、下旬开始发病，形成新病斑，老病斑继续扩展。4月中旬至5月下旬为发病盛期，10月停止发展。树皮含水量与病害有密切关系，含水量低有利于病害的发生。

【防治方法】

栽培管理防治：及时清除病株或病死的枝条，燃烧处理。适度修剪，剪口要涂药保护。适地适树，选育抗病树种。

化学防治：发病前期用50%多菌灵可湿性粉剂200倍液、70%甲基托布津200倍液、10%大碱水或用50单位内疗素进行喷洒。喷前用刀具将病斑划破，以保证药液充分浸透病斑。早春防治结合秋防，每隔7～10d防治一次，连续3～4次。

(3) 枯枝病

【危害】危害槐、龙爪槐等植物的枝条，一般多引起枯枝病。该病害主要发生在城市园林绿化栽植的槐上，经常引起大部分枝条枯死，甚至导致整株枯死。

【症状】发病初期，在槐死亡的小枝条上出现微微隆起，不久可见小的隆起顶部表皮破裂，露出黑色发亮的小黑点，大小为0.5～2.0mm，小黑点常常2～3个连生在枝条上各个部位密集地出现，后期可见小黑点顶端破裂，出现孔口，严重发病的植株可以导致树冠上部整体死亡。

【发病规律】病原菌以菌丝和少量未成熟的分生孢子器进行越冬。翌年5月开始释放孢子侵染枝条，不久导致枝条死亡，6~8月枝条上陆续出现分生孢子器，8~9月大量释放分生孢子，孢子借雨水飞溅和气流飞散传播。枝条发生冻害的部位极易被病菌侵入，地势低洼、栽培措施差、树势较差的情况下均发病较重。

【防治方法】

栽培管理防治：北方地区栽植槐，冬季必须考虑防寒问题，防止发生冻害。保持适当栽植密度，及时排灌，适当施肥增加抗病的能力。在发病期间剪除发病的枝条，集中烧毁处理。

化学防治：可用10%大碱水喷洒，或用5波美度的石硫合剂喷洒，或用75%的甲基托布津50倍液进行喷洒。每7~10d防治一次，共2~3次。

1.8.1.3 根部病害

（1）根癌病

【危害】又称冠瘿病、根瘤病、黑瘤病、肿根病等，受病菌侵染的植物根颈部或主根部位过度增生而形成瘿瘤。

【症状】该病主要发生在幼苗、幼树干基部和根部，有时也发生在根的其他部位。初期在被害处形成灰白色瘤状物，与愈伤组织相似，比愈伤组织发育快。从初期表面光滑、质地柔软的小瘤，逐渐增大成不规则状、表面由灰白色变成褐色至暗褐色的大瘤（最大可达30cm）。大瘤表面粗糙且龟裂，质地坚硬，表层细胞枯死，并在瘤的周围或表面产生一些细根。最后大瘤的外皮可脱落，露出许多突起状小木瘤，内部组织紊乱。

【发病规律】病菌在病瘤、土壤或土壤中的寄主残体内越冬。存活1年以上，2年内得不到侵染机会即失去生活力。可通过水、地下害虫等自然传播。远距离传播主要是通过带病苗木、插条、接穗或幼树等人为调运进行。病菌由伤口侵入，在寄主皮层组织内繁殖，产生吲哚类化合物刺激细胞增生形成瘤状物。在微碱性、黏重、排水不良的土壤及埋条繁殖苗木、切接苗木和幼苗上发病重。病害在22℃左右发展较快，侵入2~3个月就能显症。

【防治方法】

栽培管理防治：加强产地检疫，发现带病苗木应及时销毁。建立无病圃地，使用无病苗木。在苗木生产过程中少造成各种伤口。

物理机械防治：在寄主植物生长期间，对发病轻的或价值高的植株可切除病瘤，并用石硫合剂或波尔多液涂抹伤口；对发病重、价值低的植株拔除销毁。

（2）根结线虫病

【危害】是发生在植物根系上的一种严重病害，病菌范围极为广泛。由于根系上寄生大量线虫，消耗根系的营养，而致使植物根系的吸收功能下降，生长势降低，严重者凋萎或枯死。

【症状】在植物根系的主根和侧根上，形成圆形、单生或串生、大或小、初期表面光滑而软、后期表面粗糙而硬的瘤状物，生有细根毛。切开小瘤镜检可见白色、线形或梨形的虫体。

【发病规律】东北每年发生2代。以卵和幼虫在根瘤内和土壤中越冬，翌年春卵孵化，土壤中的幼虫开始从植物根部皮层侵入，并分泌激素刺激根系产生根瘤。线虫通过自身蠕动、土壤、灌水及工具等不断进行传播，扩大侵染。5月在根系上能见到密集而膨大的小根瘤，夏、秋季根瘤增多、增大。幼虫常在10~30cm土层内活动，但以10cm上下最多。土壤湿度10%~17%、土温20~27℃时，最适线虫存活。

【防治方法】

植物检疫：勿栽植带线虫的苗木，发现病根及时处理，并用氯化苦等消毒土壤。

栽培管理防治：合理轮作，一般根结线虫在没有活寄主情况下，只存活1年左右。

化学防治：种植前选用二溴氯丙烷、杀线虫烷乳剂、铁灭威等进行土壤处理。如每亩* 2~3kg 80%二溴氯丙烷颗粒剂75~100kg，随水进行土施。2周后播种，若土温低、高湿，则3周后播种。可在苗木周围穴施15%涕灭威颗粒剂，2~6g/m²，掺入30倍细土拌匀，分穴施在植株周围须根最多处，并覆土浇水。

（3）白绢病

【危害】此病分布广，寄主范围有62科200多种植物，由于受害苗木或花卉的根际部皮层腐烂，最终导致整株枯死，影响苗木出圃率及绿化质量。

【症状】病菌主要危害根及根际部分，被害植物茎基部出现水渍状的褐色病斑，潮湿时出现明显的白色羽毛状物，呈放射状向附近土中蔓延，侵染相邻的其他寄主，病部逐渐呈褐色腐烂，使全株枯死。后期病根颈表面或土壤内形成球形或近球形、大小1~3mm、由白色渐变为棕褐色或茶褐色、表面光滑似油菜籽样的菌核。

【发病规律】病菌以菌丝或菌核在病株残体或土中越冬，菌核能在土壤中存活4~5年，通过菌丝生长进行相邻传染，通过水流进行病区间的扩展，通过苗木运输进行远距离传播。病菌从伤口或直接侵入，在29~30℃时生长最适宜，经1周左右潜育期即可发病。发病条件主要是高温和高湿；其次是土地积水、苗木生长衰弱；另外，土壤疏松湿润、植株过密也是发病的条件。

【防治方法】

消灭侵染源：盆栽选用无菌土，对病土需进行消毒后使用；对露地栽植花卉要深耕、深翻，埋压菌核，消灭侵染源；还可用绿色木霉菌制剂与培养土混合后再栽种植物。

栽培管理防治：加强养护，提高生长势。注意排水，清除杂草。创造通风透光条件，促进苗木健康生长。

化学防治：挖除病苗，并用石灰或氯化苦进行土壤消毒；对发病轻的植株可用百菌清、退菌特等药液浇灌。

1.8.2 常用杀菌剂的种类

杀菌剂的种类繁多，园林植物病害的防治应选用高效、低毒、低残留、无异味、无污染的药剂，以免影响观赏。

---

* 1亩≈667m²。

(1) 波尔多液

波尔多液是用硫酸铜、生石灰和水配制成的天蓝色的悬浮液,有效成分为碱式硫酸铜,是良好的保护剂,对防治多种真菌病害有良好效果,但对锈病和白粉病防治效果差。常用剂型有1%等量式(硫酸铜∶生石灰∶水=1∶1∶100)。每隔15d喷一次,共喷1~3次,现配现用。对金属有腐蚀作用,不宜在桃、李、梅、杏、梨、柿上使用。

(2) 石硫合剂

石硫合剂是用生石灰、硫黄粉熬制成的红褐色透明液体,呈强碱性,有强烈的臭鸡蛋气味,杀菌有效成分为多硫化钙,低毒。可防治多种林木病害,尤其对白粉病、锈病最有效,对蚧类、虫卵和一些害虫也有较好的防治效果,不能防治霜霉病。常见剂型为29%水剂、30%固体剂、45%结晶。生长季节用药浓度为0.2~0.5波美度,半个月喷一次,至发病期结束;植物休眠期用药浓度为3~5波美度,南方可用0.8~1波美度喷雾,除去越冬病菌、介壳虫、虫卵等。不宜与其他乳剂混用,气温32℃以上不宜使用。

(3) 代森锌

原药为淡黄色或灰白色粉末,有臭鸡蛋味,难溶于水,吸湿性强,且在日光下不稳定,但挥发性小。遇碱或含铜药剂易分解,对人、畜低毒,为广谱性保护剂,对多种霜霉病菌、炭疽病菌等有较强的触杀作用。对植物安全,残效期为7d。常用剂型有65%和80%可湿性粉剂。常用稀释倍数为65%可湿性粉剂500倍,80%可湿性粉剂800倍。

(4) 代森锰锌

原粉为灰黄色粉末,不溶于水。遇酸、碱均易分解,高温时遇潮湿也易分解,对人、畜低毒,为广谱性保护性杀菌剂。常用剂型为70%可湿性粉剂、25%悬浮剂。用70%可湿性粉剂400~600倍液喷药3~5次可防治炭疽病、霜霉病、灰霉病、叶斑病、锈病等。该药剂常用来与内吸型杀菌剂混配,用于延缓抗性产生。

(5) 福美双

原药为淡黄色粉末,有臭腥味,不溶于水,遇酸多分解,不能与含铜药剂混用。中等毒性,为广谱保护性杀菌剂,主要用来处理种子和土壤。常用剂型为50%可湿性粉剂。使用50%可湿性粉剂按种子量的0.3%~0.5%拌种可以防治苗木立枯病;用50%可湿性粉剂500倍液喷雾,可防治褐斑病、白粉病、炭疽病、细菌性穿孔病。

(6) 退菌特

退菌特是由福美甲胂、福美锌及福美双3种杀菌剂混合配制的保护性杀菌剂,主要是其砷原子与病菌体巯基发生作用破坏代谢。具有腥味,难溶于水,中等毒性。常用剂型为50%可湿性粉剂,外观灰白色。常用稀释倍数为500~800倍。不能与铜制剂混用,与其他药剂混用也要现配现用。

(7) 乙磷铝(疫霜灵)

乙磷铝易溶于水,低毒性,对人、畜安全,具有双向内吸传导作用。施于植物上,经叶部到根部吸收后，自上而下或自下而上输导，具有保护和治疗作用。对霜霉病和疫霉病等有效，有效期3~4周。常用剂型为：40%和80%可湿性粉剂，外观为淡黄色；90%可湿性粉剂，外观为白色粉末。可采用涂抹、喷雾、浸渍等方法施药。90%可湿性粉剂可稀释600~1000倍，40%可湿性粉剂可稀释300~500倍。本药剂不能与酸性、碱性农药混用，可与多菌灵、代森锰锌、福美双等混配。

(8) 甲霜灵（瑞毒霉）

具有保护与治疗作用的内吸型杀菌剂，在植物体内可双向传导，残效期10~14d，是一种高效、安全、低毒的杀菌剂。对霜霉病、疫霉病、腐霉病有特效，对其他真菌和细菌病害无效。常见剂型：25%可湿性粉剂，外观白色至米色；35%粉剂，外观为紫色；5%颗粒剂。常用25%可湿性粉剂500~800倍液防治霜霉病；用5%颗粒剂进行土壤处理，2~4g/m²。本品最好与代森类药剂混用，以免产生抗药性。

(9) 百菌清

广谱性保护剂，低毒，耐雨水冲刷，不溶于水。无内吸作用，残效期7~10d。可防治落叶病、赤枯病、枯梢病等多种病害。常用剂型为：75%可湿性粉剂，外观白色至灰色；2.5%烟剂。可用75%可湿性粉剂500~800倍液喷雾，用10%油剂超低量喷雾。该药剂对人的皮肤和眼睛有刺激作用。

(10) 五氯硝基苯

保护剂，中等毒性。可防治丝核菌引起的立枯病、紫纹羽病、白绢病，对镰刀菌无效，常用于土壤消毒和种子处理，残效期长。常用剂型为40%和70%粉剂。70%粉剂拌种用量为种子量的0.3%~0.5%，40%粉剂用量为5~6g/m²，拌土覆盖在已播种子上。注意药粉不能与幼苗接触。

(11) 甲基托布津（甲基硫菌灵）

为内吸型杀菌剂，具有保护及治疗作用，在植物体内转化为多菌灵而起杀菌作用。低毒，可防治白粉病、炭疽病、褐斑病等多种病害，残效期5~7d。对霜霉病无效。常用剂型为50%和70%可湿性粉剂，外观灰棕色或灰紫色。用1000倍液喷雾。不能与碱性和无机铜制剂混用。

(12) 多菌灵

广谱内吸型杀菌剂，具有保护和治疗作用，耐雨水冲洗，低毒。对某些子囊菌和大多数半知菌引起的病害有效，对锈菌无效，残效期7d。常用剂型为40%悬浮剂，25%和50%可湿性粉剂，外观褐色。可湿性粉剂的常用稀释倍数为400~1000倍。涂刷树木伤口可用25%可湿性粉剂100~500倍液。可与一般杀菌剂混用，但不能与碱性及铜制剂混用，不宜在一种林木的一个生长季节连续使用。

(13) 三唑酮（粉锈宁）

高效低毒、残效期长、内吸性强的杀菌剂，具有保护、治疗等作用，可防治白粉病、锈病等。常用剂型为15%和25%可湿性粉剂，外观白色至浅黄色；20%乳油。可湿性粉剂可稀释700~2000倍喷雾。用于拌种时，应严格掌握用量，防止产生药害。该药剂易燃，应远离火源，用后密封。

(14)苯菌灵

广谱内吸型杀菌剂，兼具保护和治疗作用，还有杀螨卵作用，低毒。可防治多种植物真菌病害，在植物体内转化为多菌灵起杀菌作用。常用剂型有50%可湿性粉剂。用法：用1000~1500倍液喷雾，或用种子重量的0.25%拌种，或1.25~1.5kg/亩撒药于根际周围，或用500~1000倍液灌根。

(15)烯唑醇(速保利)

具有保护、治疗等作用的广谱内吸型杀菌剂，对白粉病、锈病、黑粉病、黑星病等有特效。对人、畜中等毒性。常见剂型为12.5%超微可湿性粉剂。一般使用方法为稀释2000~3000倍喷雾。

1.8.3 杀菌剂施用技术及要求

1.8.3.1 喷雾施药技术及要求

(1)喷雾施药方法

将农药与水按要求的比例配成药液，通过喷雾机械雾化并均匀喷洒在植物上。配制的药液要均匀一致。高大树木通常使用高压机动喷雾机喷雾，矮小花木常用小型机动喷雾机或手压喷雾器喷雾。

(2)喷雾施药要求

喷药时药液必须尽量呈雾状，叶面附药均匀，喷药范围应互相衔接，打一次药，有一次效果。使用高射程喷雾机喷药时，应随时摆动喷枪，尽一切可能击散水柱，使其呈雾状，减少药液流失。喷药前应做好调查，喷药后要做好防治效果检查，记好病害防治日记。配药浓度要准确，应按说明书的要求去做。严格遵守其中的"注意事项"，对于标签失落不明的农药勿用，防止发生药害。

1.8.3.2 涂抹施药技术及要求

(1)涂抹施药方法

涂抹施药指的是将药剂涂抹在树干上防治病害的方法。防治的对象不同，涂抹的具体操作也有区别。防治腐烂病时，可在刮除病斑后涂抹杀菌剂。

(2)涂抹施药要求

选准药剂，涂抹要均匀细致。需要刮树皮时应注意刮除轻重程度，不能刮掉活皮。用药浓度必须准确，不发生药害。

1.8.3.3 安全用药注意事项

(1)操作时注意事项

①配药时，配药人员要戴胶皮手套，必须按照规定的剂量量取(或称取)药液或药粉，

不得任意增加用量，严禁用手拌药。

②拌种要用工具搅拌，用多少则拌多少，拌过药的种子应尽量用机具播种。若手撒或点种，必须戴防护手套，以防皮肤吸收药剂后中毒。

③配药和拌种应远离饮用水源，要有专人看管，严防农药、毒种丢失或被人、畜、家禽误食。

④喷药前应仔细检查药械的开关接头、喷头等处螺栓是否拧紧，药桶有无渗漏，以免漏药污染。

⑤使用手动喷雾器喷药品时应隔行喷。手动和机动药械均不能左右两边同时喷。大风和中午高温时应停止喷药，药桶内药液不能装得过满，以免被晃出桶外，污染施药人员的身体。

⑥施用过高毒农药的地方要竖立标志，在一定时间内禁止放牧、割草、挖野菜，以防人、畜食用中毒。

⑦施药工作结束后，要及时将喷雾器清洗干净，连同剩余药剂一起交回仓库保管，装过农药的空箱、瓶、袋等要集中处理。

(2) 施药人员的选择和个人防护

①施药人员应选工作认真负责、身体健康并应经过一定的技术培训的青壮年。

②施药人员在打药期间不得饮酒。

③施药人员打药时必须戴防毒口罩，穿长袖上衣、长裤和鞋、袜，在操作时禁止吸烟、喝水、吃东西，不能用手擦嘴、脸、眼睛。施药结束后要用肥皂彻底清洗手、脸和漱口，有条件的应洗澡。

④施药人员每天喷药时间一般不得超过 6h。使用背负式机动药械时，要两人轮换操作。

⑤操作人员出现头痛、头昏、恶心、呕吐等症状时，应及时送医院治疗。

1.8.3.4 农药配制计算

农药配制计算常用方法是倍数法。当农药被稀释 100 倍以上时，计算公式为：

$$农药用量 = 水的用量 / 稀释倍数$$

例：配制多菌灵 800 倍液 1600kg，求农药用量。

$$农药用量 = 1600kg / 800 = 2kg$$

课后习题

1. 本地区主要的园林树木叶部病害种类有哪些？如何进行防治？
2. 本地区主要的园林树木枝干病害种类有哪些？如何进行防治？
3. 本地区主要的园林树木根部病害种类有哪些？如何进行防治？
4. 常见杀菌剂的种类有哪些？
5. 简述杀菌剂的施用技术和要求。

任务1.9 园林树木虫害防治

任务指导书

≫任务目标

了解本地区园林树木主要害虫的生活习性;掌握本地区园林树木主要害虫的识别要点;能对本地区主要园林害虫进行正确识别、制定有效的综合治理方案,并组织实施。

≫任务描述

园林树木虫害的防治也是园林树木养护中的重要内容。本任务学习以校内、外实训基地或某一园区绿地中园林树木养护任务为支撑,以学习小组为单位,首先制订校内外实训基地或某一园区园林树木常见虫害防治的技术方案,再依据制订的技术方案和园林植物病虫害防治规程,保质、保量完成虫害防治任务。

≫材料及工具

标本、放大镜、镊子、喷雾器、农药等。

≫任务实施指导

1. 危害症状观察:选取害虫危害严重的校内、外实训基地→仔细观察危害状→采集标本、拍摄照片。
2. 害虫现场识别:根据危害状和害虫特殊形态与习性,鉴定害虫的种类。
3. 发生规律的了解:针对主要虫害类型,查阅资料,了解发生规律。
4. 防治方案的制订与实施:根据虫害主要类型在本地区的发生规律,制订综合防治方案→组织实施→防治效果调查。

相关知识

1.9.1 园林树木虫害种类及防治方法

1.9.1.1 食叶害虫

园林植物食叶害虫的种类繁多,主要有鳞翅目的刺蛾、灯蛾、尺蛾、舟蛾、枯叶蛾、毒蛾、夜蛾等,鞘翅目的叶甲等。它们的危害特点:一是危害健康的植株,猖獗时能将叶片吃光,削弱树势,为蛀干害虫的侵入提供适宜的条件;二是大多数食叶害虫营裸露生活,受环境因子影响大,其虫口密度变动大;三是多数种类繁殖能力强,产卵集中,易爆发成灾,并能主动迁移扩散,扩大危害的范围。针对这样的特点,对食叶害虫的防治应贯彻"预防为主,综合治理"的方针,应根据主要食叶害虫不同发生期的虫态,抓住最佳时机,以生物防治和仿生制剂防治为主,合理使用化学防治。

(1) 美国白蛾(*Hyphantria cunea* Drary)

【寄主】糖槭、桑、白蜡、榆、花曲柳、臭椿、杨、柳、枫杨、悬铃木等。

【形态特征】成虫为白色中型蛾子,雌蛾触角锯齿状,翅纯白色;雄蛾触角双栉齿状,前翅翅面多散生黑褐色斑点,也有的个体无斑。老熟幼虫体长28~35mm,体色为黄绿至灰黑色,背部两侧线之间有一条灰褐色至灰黑色宽纵带,体侧面和腹面灰黄色,背部毛瘤黑色,体侧毛疣上着生白色长毛丛,混杂有少量的黑毛,有的个体生有暗红色毛丛。

【生活习性】该虫在我国1年发生2代,以蛹在树干皮缝及墙缝、树干孔洞及枯枝落叶层中结薄茧越冬。翌年5月上旬越冬蛹羽化成虫,第一代幼虫期在6月至7月上旬,7月上旬开始化蛹,7月下旬成虫羽化。第二代幼虫于8月上旬孵化,9月中旬化蛹。成虫具有趋光性。6月上旬、8月上旬两代幼虫危害多种植物的叶片,7月、9月为危害盛期,初孵幼虫至4龄前吐丝结成网幕,营群集生活。初孵幼虫只取食叶肉,残留叶脉,形成孔洞。进入5龄后分散取食。

【防治方法】

物理机械防治:幼虫在4龄前群集于网幕中,人工摘除网幕。5龄后,在离地面1m处的树干上围草诱集幼虫化蛹,再集中烧毁。根据成虫具有趋光性,可于成虫羽化期设置灯光诱杀,还可用性引诱剂诱杀成虫。

化学防治:喷洒25%灭幼脲3号胶悬剂2000~3000倍液、10%烟碱乳油600~800倍液、1%苦参碱可溶性液剂800~1000倍液、90%晶体敌百虫800倍液、1.8%阿维菌素乳油3000~5000倍液等。

生物防治:释放周氏啮小蜂防治美国白蛾。同时要保护和利用灯蛾绒茧蜂、小花蝽、草蛉、胡蜂、蜘蛛、鸟类等天敌。

(2) 黄刺蛾(*Cnidocampa flavescens* Walker)

【寄主】梨、苹果、杏、杨、柳、榆、槭、刺槐、枫杨等。

【形态特征】成虫的头和胸呈黄色,腹部黄褐色;前翅内半部黄色,外半部为褐色,有2条暗褐色斜线在翅尖上汇合于一点呈倒"V"字形,里面的1条深至中室下角,为黄色与褐色的分界线;后翅灰黄色。老熟幼虫体长19~25mm,头小,黄褐色,胸、腹部肥大,黄绿色,体背上有1块紫褐色哑铃形大斑;体两侧下方还有9对刺突,刺突上生有毒毛;腹足退化,但具吸盘。

【生活习性】此虫在辽宁、陕西等地1年发生1代,在北京、江苏、安徽等地1年发生2代。以老熟幼虫在小枝分杈处、主侧枝以及树干的粗皮上结茧越冬。翌年4~5月化蛹,5~6月出现成虫。成虫羽化多在傍晚,产卵多在叶背。卵期7~10d。初孵幼虫取食卵壳,而后取食叶的下表皮及叶肉组织,留下上表皮,形成圆形透明小斑。虫口密度高时,小斑可结成块。进入4龄时取食叶片呈孔洞状。5龄后可取食老全叶,仅留主脉和叶柄。幼虫有7龄。7月老熟幼虫吐丝和分泌黏液做茧化蛹。

【防治方法】

物理机械防治:消灭越冬虫茧,可人工摘杀虫茧降低其虫口基数。利用成虫的趋光性，设置黑光灯诱杀成虫。利用初孵幼虫有群居习性、受害叶片呈透明枯斑容易识别，可组织人力摘除虫叶，消灭幼虫。

化学防治：幼虫期喷施50%马拉硫磷乳油或50%杀螟松乳油1000~2000倍液、90%敌百虫乳油或25%亚胺硫磷1500~2000倍液、菊酯类农药5000~6000倍液，均取得较好防治效果；用孢子含量1×10^{11}个/g以上的青虫菌可湿性粉剂，加水500~1000倍，对幼虫有较好的防治效果。

生物防治：如上海青蜂、赤眼蜂、刺蛾紫姬蜂等。

(3) 蓝目天蛾(*Smeritus planus* Walker)

【寄主】杨、柳、榆、苹果、梨、李、杏、核桃等。

【形态特征】成虫触角黄褐色栉齿状(雄虫发达)；翅灰褐色，前翅有数条横线，顶端有云状纹，中部近前缘有1个半月形斑；后翅中央为紫红色，近后缘处有1个大形眼状斑，其周围为淡紫灰色，中央为深蓝色。老熟幼虫体长60~90mm，绿色或黄绿色，头顶尖，两侧各具一黄色条纹；胸部和腹部1~8节的两侧各具1条由细小颗粒所形成的黄色斜纹线；胸足褐色，腹足绿色，端部褐色。

【生活习性】在东北、西北、华北1年发生2代，以蛹在根际土壤中越冬。翌年5月中旬成虫羽化，卵多散产在叶背或枝条上。卵期7~14d。6月上旬幼虫孵化危害，初孵幼虫先吃去大半卵壳，后爬向较嫩的叶片，将叶子吃成缺刻，到5龄后食量大而危害严重，常将叶子吃光，仅留叶柄，树下有成片绿色圆筒形虫粪。7月下旬第一代成虫羽化，成虫具趋光性。8月为第二代幼虫危害期。9月上旬幼虫入土8cm左右化蛹越冬。

【防治方法】

物理机械防治：根据成虫具有趋光性，可设置灯光诱杀成虫；利用幼虫受惊易掉落的习性，击落幼虫并集中销毁。

园林栽培防治：根据天蛾的土中化蛹习性，可翻土杀死越冬蛹。

生物防治：喷洒苏云金杆菌乳剂500~800倍液。

化学防治：虫口密度大时，可喷50%辛硫磷乳油1000~1500倍液、90%敌百虫乳油800~1000倍液、20%菊杀乳油2000倍液。

(4) 槐尺蛾(*Semiothisa cinerearia* Bremer et Grey)

【寄主】槐。

【形态特征】成虫通体黄褐色，触角丝状，复眼圆形、黑褐色，前翅有明显的3条黑色横线，近顶角处有一长方形褐色斑纹；后翅只有2条横线，中室外缘上有一黑色小点。初孵幼虫黄褐色，随着取食虫体逐渐变绿色，经4次蜕皮为老熟幼虫。老熟幼虫身体紫红色。幼虫生有胸足3对、腹足1对、臀足1对，头壳和身体上有黑点或不同长短的黑色线条。

【生活习性】1年3~4代，以蛹在土壤2~3cm深处越冬。翌年5月上、中旬槐萌芽时越冬代成虫羽化。卵产在叶的背面，经6~8d孵化幼虫。初孵幼虫1~2mm，黄绿色。幼虫在树冠顶部的枝梢取食嫩叶边缘呈缺刻状，幼虫期4龄。幼虫常以臀足攀附枝干挺直躯体伪装成绿枝状以麻痹天敌。幼虫有吐丝下垂习性,故又称"吊死鬼"。成虫有趋光性。

【防治方法】

物理机械防治:结合肥水管理,冬、春季在根部附近挖越冬蛹,及时捕杀落地准备化蛹的幼虫;根据成虫具有趋光性,用黑光灯诱杀成虫是行之有效的方法。

生物防治:可喷洒苏云金杆菌乳剂600倍液。

化学防治:幼虫期选择90%敌百虫晶体1500倍液、1.2%苦烟碱500倍液、20%速灭杀丁2000倍液、2.5%溴氰菊酯4000倍液等进行常量喷雾均有良好效果。低龄幼虫期喷洒20%除虫脲(灭幼脲1号)3000倍液。

(5) 舞毒蛾(*Lymantria dispar* Linnaeus)

【寄主】栎、杨、柳、榆、桦、槭、杏、苹果、山楂、落叶松等。

【形态特征】成虫雌、雄异形。雌蛾体污白色;触角黑色双栉齿状;前翅有4条黑褐色锯齿状横线,中室端部横脉上有"<"形黑纹(开口向翅外缘),内方有一黑点,后翅斑纹不明显;腹部粗大,末端具黄棕色或暗棕色毛丛。雄蛾体瘦小,茶褐色;触角羽毛状;前翅翅面上具有与雌蛾相同的斑纹。老熟幼虫头黄褐色,具"八"字形黑纹,胴部背线两侧的毛瘤前5对为黑色,后6对为红色,毛瘤上生有1棕黑色短毛。

【生活习性】1年1代,以完成胚胎发育的幼虫在卵内越冬。卵块产在树皮上、梯田堰缝、石缝中等处。翌年4~5月树发芽时开始孵化。1~2龄幼虫昼夜在树上群集叶背,白天静伏,夜间取食。幼虫有吐丝下垂及借风传播习性。3龄后白天藏在树皮缝或树干基部石块、杂草下,夜间上树取食。6月上、中旬幼虫老熟后大多爬至白天隐藏的场所化蛹。成虫于6月中旬至7月上旬羽化,盛期在6月下旬。雄虫有白天飞舞的习性(故得名)。舞毒蛾繁殖的有利条件是在干燥而温暖的疏林。

【防治方法】

物理机械防治:在秋、冬或早春,采用煤焦油或石油加沥青涂抹越冬卵块,消灭越冬虫卵;可绑毒绳阻止幼虫上、下树。成虫多具趋光性,可因地制宜地设置灯光诱杀;幼虫越冬前,可在干基堆草诱杀幼虫。

生物防治:舞毒蛾的天敌很多,如绒茧蜂、黑卵蜂、姬蜂、广大肿腿蜂等,应注意保护利用。另外,毒蛾类幼虫容易被核型多角体病毒所感染,可在幼虫发生期喷洒病毒液或将被病毒感染的虫尸磨碎稀释后喷洒。

化学防治:幼虫期采用50%杀螟松乳油、90%敌百虫晶体1000倍液、2.5%溴氰菊酯乳油4000倍液、25%灭幼脲悬浮液2500~5000倍液进行喷杀,均可取得很好防治效果。

(6) 杨扇舟蛾(*Clostera anachoreta* Fabricius)

【寄主】杨、柳。

【形态特征】成虫体淡灰褐色;触角栉齿状(雄蛾发达);前翅灰白色,顶角处有一块赤褐色扇形大斑,斑下有一黑色圆点,翅面上有灰白色波状横线4条;后翅灰白色,较浅,中央有1条色泽较深的斜线。雄虫腹末具分叉的毛丛。老熟幼虫头部黑褐色,背面淡黄绿色,两侧有灰褐色纵带,第一、第八腹节背中央各有一大黑红色瘤。

【生活习性】发生代数因地而异，1年2~8代，越往南发生代数越多。以蛹结薄茧在土中、树皮缝和枯叶卷苞内越冬。成虫有趋光性。卵产于叶背，单层排列呈块状。初孵幼虫有群集习性，剥食叶肉，使被害叶呈网状。3龄以后分散取食，常缀叶成苞，夜间出苞取食。老熟后在卷叶内吐丝结薄茧化蛹。

【防治方法】

物理机械防治：可结合松土、施肥等挖除越冬蛹；人工摘除卵块、虫苞，特别是第一、第二代，可抑制其扩大成灾；利用黑光灯诱杀成虫。

生物防治：保护和利用天敌，如黑卵蜂、舟蛾赤眼蜂、小茧蜂等。有条件的可使用青虫菌、苏云金杆菌等微生物制剂。

化学防治：初龄幼虫期喷施杀螟松乳油1000倍液、90%晶体敌百虫1500倍液、50%辛硫磷乳油1500倍液、25%杀灭菊酯乳油3500~4000倍液。

(7) 榆紫叶甲 (*Ambrostoma quadriimpressum* Motschulsky)

【寄主】榆树。

【形态特征】成虫体长10~11mm，近椭圆形；背面呈弧形隆起，腹面平；头及足深紫色，有蓝绿色光泽；触角细长，棕褐色；前胸背板及鞘翅紫红色与金绿色相间，有很强的金属光泽，鞘翅后端略宽。幼虫、老熟幼虫体长10mm左右，黄白色，头部褐色，头顶有4个黑点，前胸背板亦有2个黑点，背中线淡灰色，其下方有1条淡黄色纵带，周身密被颗粒状黑色毛瘤。

【生活习性】1年发生1代，以成虫在浅土层中越冬。翌年4月中、下旬成虫开始出土，沿树干爬上树冠取食新芽，4月下旬至5月上旬交尾产卵。卵初产于小枝上，交错排列成2行，展叶后成块产于叶片上。5月幼虫孵化，共4龄。6月上、中旬老熟幼虫入土化蛹，6月下旬新成虫出土危害。7月上旬至8月当气温达30℃时，成虫有越夏习性，气温下降又继续上树危害。10月以后成虫下树入土越冬。成虫不善飞行，有迁移危害习性。

【防治方法】

物理机械防治：搜集越冬成虫杀死；于早春叶甲出蛰上树及8月成虫解除夏眠上树之前，用绑毒绳的方法阻杀成虫。

生物防治：保护和利用天敌，如跳小蜂、寄生蝇及食虫鸟等。

化学防治：卵期用50%辛硫磷乳油1000~1500倍液喷雾；幼虫期、成虫期喷90%敌百虫800~1000倍液、20%菊杀乳油2000倍液或2.5%敌杀死乳油4000~6000倍液，均有良好防治效果。

(8) 黄褐天幕毛虫 (*Malacosoma neustria testacea* Motschulsky)

【寄主】杨、柳、榆、桦、苹果、梨、山楂、桃、李、杏、落叶松等。

【形态特征】雄成虫体长13~15mm，体色浅褐色；雌成虫体长15~18mm，体色深褐色。雄成虫前翅中央有2条平行的褐色横线，雌成虫前翅中央有1条深褐色宽带。后翅淡褐色，斑纹不明显。幼虫头部灰蓝色，胴部背面中央有一明显白带，两边是橙黄色横线，气门黑色，体背各节具黑色长毛。胴部第11节上有一个暗色突疣，老熟幼虫体长50~60mm。

【生活习性】每年发生1代，以幼虫在卵壳中越冬。翌年4月下旬梨、桃开花时幼虫从卵壳中钻出，先在卵块附近危害嫩叶，并在小枝交叉处吐丝结网张幕而群聚网幕上危害。幼虫白天潜居网幕上，夜间出来取食危害。将网幕附近的叶片食尽后，再转移他处另张网拉幕。近老熟时分散活动，虫龄越大，食量越大，易暴食成灾。6月上、中旬老熟幼虫寻找密集叶丛结茧化蛹。蛹经10~13d羽化成虫。雌虫交尾后寻找适宜的当年生小枝产卵，卵粒环绕枝干排成"顶针"状。

【防治方法】

物理机械防治：可结合修剪、肥水管理等消灭越冬虫源；人工摘除卵块或孵化后尚群集的初龄幼虫及蛹茧；灯光诱杀成虫；幼虫越冬前，干基绑草绳诱杀。

生物防治：用白僵菌、青虫菌、松毛虫杆菌等微生物制剂使幼虫致病死亡；保护、招引益鸟。

化学防治：发生严重时，可喷洒2.5%溴氰菊酯乳油4000~6000倍液、50%磷胺乳剂2000倍液、25%灭幼脲3号1000倍液喷雾防治。

1.9.1.2 枝干害虫

枝干害虫是园林植物的一类毁灭性的害虫。常见的有鳞翅目的木蠹蛾科、透翅蛾科，鞘翅目的天牛科、象甲科等。枝干害虫危害枝梢及树干，除成虫期进行补充营养、寻找配偶和繁殖场所时短暂地营裸露生活外，其余大部分生长发育阶段均营隐蔽性生活，在树木主干内蛀食、繁衍，不仅使输导组织受到破坏而引起树干死亡，而且在木质部内形成纵横交错的虫道，降低了木材的经济价值。此外，蛀干害虫的天敌种类相对较少且寄生率低，种群数量相对稳定，大面积发生率极高。

（1）光肩星天牛（*Anoplophora glabripennis* Motschulsky）

【寄主】各种杨、柳、榆、糖槭、桑、苦楝。

【形态特征】成虫，雌虫体长22~35mm，雄虫体长20~29mm，亮黑色；头比前胸略小，触角12节，自第三节起各节基部灰蓝色；雌虫触角约为体长的1.3倍，末节末端灰白色；雄虫触角约为体长的2.5倍，末节末端黑色；前胸两侧刺状侧刺突1个，鞘翅基部光滑，每翅具大小不同的白绒毛斑约20个。初孵幼虫乳白色，老熟幼虫体带黄色，长约50mm；前胸大而长，背板后半部"凸"字形区色较深，其前沿无深色细边。

【生活习性】1年发生1代，少数2年1代，以幼虫在树干内越冬。越冬的老熟幼虫翌年直接化蛹，越冬幼虫3月下旬开始活动取食，4月底至5月初开始在隧道上部做略向树干外倾斜的椭圆形蛹室化蛹，6月上旬咬羽化孔飞出，6月中旬至7月上旬为盛期，10月上旬还可见成虫活动。成虫取食杨、柳叶片和直径18mm以下的嫩枝皮层补充营养，嫩枝受害后易风折或枯死。从树干根际直至直径4cm的树梢处均分布刻槽，但以树干枝杈处为多，约20%的空槽外无胶状堵塞物。

【防治方法】

植物检疫：在天牛严重发生的疫区和保护区之间严格执行检疫制度。对可能携带危险性天牛的调运苗木、幼树实行检疫，检验是否带有天牛的卵、入侵孔、羽化孔、虫瘿、虫道和活虫体等，并按检疫法进行处理。

园林栽培防治：选择适宜于当地气候、土壤等条件的抗虫树种营造抗虫林，尽量避免栽植单一绿化树种。加强树木管理，定时清除树干上的萌生枝叶，保持树干光滑，改善园林通风透光状况，阻止成虫产卵；改变卵的孵化条件，提高初孵幼虫的自然死亡率。

物理机械防治：对有假死性的天牛可震落捕杀，也可组织人工捕杀，锤击产卵刻槽或刮除虫苞可杀死虫卵和小幼虫。在树干2m以下涂白或缠草绳，防止双条杉天牛、云斑白条天牛等成虫在寄主上产卵。用沥青、清漆等涂桑树剪口、锯口，防止桑天牛产卵。

生物防治：保护、利用天敌，如啄木鸟对控制天牛的危害有较好的效果；在天牛幼虫期释放管氏肿腿蜂；也可用麦秆蘸取少许寄生菌粉与西维因的混合粉剂插入虫孔。

化学防治：a. 药剂喷涂枝干，对在韧皮下危害、尚未进入木质部的幼龄幼虫防效显著。常用药剂有50%辛硫磷乳油、40%氧化乐果乳油、50%杀螟松乳油、25%杀虫脒盐酸盐水剂、90%敌百虫晶体100~200倍液，加入少量煤油、食盐或醋效果更好，涂抹嫩枝虫瘿时应适当增大稀释倍数。b. 注孔、堵孔法。对已蛀入木质部并有排粪孔的桑天牛、星天牛类等大幼虫，使用磷化锌毒签、磷化铝片、磷化铝丸等堵最下面2~3个排粪孔，其余排粪孔用泥堵死进行毒气熏杀，效果显著。用注射器注入50%马拉硫磷乳油、50%杀螟松乳油、40%氧化乐果乳油20~40倍液，或用药棉蘸2.5%溴氰菊酯乳油400倍液塞入虫孔。c. 防治成虫。对有补充营养习性的成虫，在其羽化期间用40%氧化乐果乳油、2.5%溴氰菊酯乳油500~1000倍液喷洒树冠和枝干。

（2）白杨透翅蛾（*Parathrene tabaniformis* Rottenberg）

【寄主】各种杨、柳树。

【形态特征】成虫外形似胡蜂，青黑色，腹部5条黄色横带；头顶1束黄毛簇；雌蛾触角栉齿不明显，端部光秃；雄蛾触角具青黑色栉齿2列；褐黑色前翅窄长，后翅全部透明。老熟幼虫体长30~33mm，初龄幼虫淡红色，老熟幼虫黄白色。

【生活习性】多为1年1代，以3~4龄幼虫在寄主内越冬。翌年4月中、下旬树液开始流动时危害，取食寄主的髓心。5月上、中旬老熟幼虫在树干内部向树的上部蛀化蛹室。6月上、中旬成虫羽化，将蛹壳的2/3带出羽化孔，遗留的蛹壳长时间不掉，极易识别。成虫飞行能力较差，夜晚则静止于枝叶上。卵多产于1~2年生幼树叶柄基部、有绒毛的枝干上、旧的虫孔内、受机械损伤的伤疤处及树干缝隙内。幼虫孵化后多在嫩枝的叶腋、皮层及枝干伤口处或旧的虫孔内蛀入，再钻入木质部和韧皮部之间，围绕枝干钻蛀虫道，使被害处形成瘤状虫瘿。

【防治方法】

加强检疫：对引进或输出的杨树苗木和枝条要严格检疫，及时剪除虫瘿，以防止传播和扩散。

园林栽培防治：选用抗虫品种和树种；及时清除虫害苗和枝条；在白杨透翅蛾重害区，可栽植银白杨或毛白杨诱集成虫产卵，待幼虫孵化后彻底销毁。

物理机械防治：白杨透翅蛾成虫羽化集中，并在树干上静止或爬行，可在早春3月人工捕杀，结合修剪铲除虫疤，烧毁虫疤周围的翘皮、老皮以消灭幼虫。

生物防治：保护并利用天敌，在天敌羽化期减少农药使用，或用蘸白僵菌、绿僵菌的棉球堵塞虫孔。在成虫羽化期应用性信息素诱杀成虫，效果明显。

化学防治：成虫羽化盛期，喷洒40%氧化乐果1000倍液，或2.5%溴氰菊酯4000倍液，以毒杀成虫，兼杀初孵幼虫。幼虫越冬前及越冬后刚出蛰时用40%氧化乐果和煤油以1∶30混合，或与柴油以1∶20混合，涂刷虫斑或全面涂刷树干；幼虫侵害期若发现枝干上有新虫粪，立即用上述混合药液涂刷，或用50%杀螟松乳油与柴油液以1∶5混合滴入虫孔，或用50%杀螟松乳油、50%磷胺乳油20~60倍液在被害处1~2cm范围内涂刷药环。幼虫孵化盛期在树干下部间隔7d喷洒2~3次40%氧化乐果乳油或50%甲胺磷乳油1000~1500倍液，可达到较好的防治效果。

(3) 杨干象（*Cryptorrhynchus lapathi* Linnaeus）

【寄主】杨、柳、桦树等。

【形态特征】成虫体长8~10mm，长椭圆形，头部前伸，喙呈象鼻状，触角膝状。前胸背板两侧和鞘翅后端1/3处及腿节白色鳞片较密，并混生有直立的黑色毛簇。鞘翅后端1/3处向后倾斜，形成一个三角形斜面。雌成虫臀板末端尖形，雄成虫臀板末端圆形。幼虫乳白色，渐变成乳黄色，弯曲。疏生黄色短毛，头黄褐色。前胸具一对黄色硬背板。足退化，在足痕处生有数根黄毛，胴部弯曲，略呈马蹄状。

【生活习性】多1年1代，以卵及初孵幼虫越冬。翌年4月中旬越冬幼虫开始活动，越冬卵也相继孵化为幼虫。幼虫先在韧皮部与木质部之间蛀道危害，于5月上旬钻入木质部危害化蛹。成虫发生于6月中旬至7月中旬，羽化期约1个月，成虫盛期为7月中旬。成虫假死性较强，多半在早晨交尾和产卵。将卵产于2年生以上幼树或枝条的叶痕和树皮裂缝的木栓层中。幼虫蛀道初期，在坑道末端的表皮上咬一针刺状小孔，由孔中排出红褐色丝状排泄物。常由孔口渗出树液，坑道处的表皮颜色变深，呈油浸状，微凹陷。随着树木的生长，坑道处的表皮形成刀砍状的一圈一圈的裂口，促使树木大量失水而干枯，并且非常容易造成风折。

【防治方法】

植物检疫：杨干象属于国内检疫对象，应做好产地、调运检疫工作。

园林栽培防治：剪掉并烧毁被害枝条。

化学防治：于4月下旬至5月中旬用40%氧化乐果乳剂10倍液或白僵菌点涂幼虫排粪孔和蛀食的隧道，毒杀幼虫；在幼虫危害期，用打孔机在树干基部打孔深1~1.5cm，每株打4~6孔，用注药器或注射器每孔注入40%乐果乳油1∶1药液，距注药孔3m以内的幼虫均可被毒杀；于6月下旬至7月中旬每隔10d喷一次2.5%敌杀死4000倍液毒杀成虫。

(4) 芳香木蠹蛾（东方亚种）（*Cossus cossus orientalis* Gaede）

【寄主】杨、柳、榆、槐、桦、白蜡、苹果、沙棘、槭、栎等。

【形态特征】成虫体粗壮、灰褐色；触角单栉齿状；头顶毛丛和鳞片呈鲜黄色，中胸前半部为深褐色，后半部白、黑、黄相间；后胸一黑横带；前翅前缘8条短黑纹，中室内3/4

处及外侧2条短横线；后翅中室白色，其余暗褐色，端半部具波状横纹。幼虫体粗壮，扁圆筒形，末龄幼虫头黑色，体长58~90mm，胴体背面紫红色，腹面桃红色，前胸背板"凸"形黑色斑的中央有一白色纵纹。

【生活习性】2年发生1代，第一年以幼虫在寄主内越冬，第二年幼虫老熟后至秋末从排粪孔爬出，坠落地面，钻入土层30~60mm处做薄茧越冬。成虫4月下旬开始羽化，5月上、中旬为羽化盛期，多在白天羽化，趋光性弱，性引诱力强。卵单产或聚产于树冠枝干基部的树皮裂缝、伤口、枝杈或旧虫孔处，无被覆物。初孵幼虫常几头至几十头群集危害树干及枝条的韧皮部、形成层，随后进入木质部，形成不规则的共同坑道。至9月中、下旬幼虫越冬，第二年继续危害至秋末入土结茧越冬。

【防治方法】

园林栽培防治：结合冬季修剪，及时剪、伐新枯死的带虫枝和树，消灭越冬幼虫。

物理机械防治：灯光诱杀成虫或刮除树皮缝处的卵块；根据其幼虫喜群居的特点，寻找新鲜粪屑之处，用细铁丝或其他利器从虫孔伸入钩杀幼虫。

化学防治：幼虫孵化后未侵入树干前，可喷施20%菊杀乳油2000倍液或50%杀螟松乳油1000~1500倍液等毒杀初孵幼虫；幼虫初侵入期，往排粪屑处喷20%菊杀乳油150~200倍液或涂刷菊杀乳油5~10倍液；对已侵入木质部蛀道较深的幼虫，可用棉球蘸10倍的50%敌敌畏乳油塞入虫孔，外用黄泥封口，熏杀蛀孔内幼虫；树干刷涂白剂以防成虫产卵。

(5) 楸螟(*Omphisa plagialis* Wileman)

【寄主】楸树、梓树、黄金树、臭梧桐等。

【形态特征】成虫体长14~16mm，翅展35~37mm，头部褐色，胸、腹部灰褐色微带白色，翅白色，前翅基部有2条黑褐色锯齿状横纹，中室下方有1块不规则黑褐色大斑，近外缘处有深棕红色波状纹2条，后翅中横线黑褐色与前翅黑斑相接，前、后翅亚外缘线和外缘线相连并弯曲成波状。幼虫、老熟幼虫体长15~20mm，灰白色略带红色，前胸背板黑褐色，各节有灰色毛斑，其上生有细毛。

【生活习性】1年1~2代，以幼虫在1~2年生枝条或幼苗茎内越冬。翌年4月开始危害并化蛹，5月上旬出现成虫。成虫有趋光性，夜晚产卵，卵散产于枝条尖端叶芽或叶柄间。5月中旬幼虫孵化，初孵幼虫从嫩梢叶柄处钻入枝条内蛀食髓部，并从排粪孔排出黄白色虫粪和木屑，受害枝条萎蔫，随后干枯，梢尖变黑，弯曲下垂。6月上旬幼虫老熟，在枝条内化蛹。6月中、下旬第一代成虫羽化。7月为第二代幼虫危害期。11月老熟幼虫在枝条内越冬。

【防治方法】

园林栽培防治：及时剪除虫株、虫果、受害枝梢，集中烧毁，消灭虫源。

物理机械防治：成虫羽化期用黑光灯诱杀。

生物防治：保护和利用天敌，招引益鸟、施放赤眼蜂等。

化学防治：幼虫期往树梢上喷40%氧化乐果乳油、50%杀螟松乳油1000倍液或2.5%溴氰菊酯乳油1000倍液；5~6月幼虫初危害期用10%吡虫啉可湿性粉剂500倍液涂抹侵入孔；用磷化铝毒签插孔，杀死小幼虫。

1.9.1.3 吸汁害虫

吸汁类害虫是园林植物害虫中较大的一个类群。常见的有同翅目的叶蝉类、蚜虫类、蚧虫类、木虱类等，半翅目的蝽类及蜱螨目的螨类等。吸汁类害虫吸取植物汁液，掠夺其营养，造成生理伤害，使受害部分褪色、发黄、畸形、营养不良，甚至整株枯萎或死亡。

(1) 白蜡蚧 (*Ericerus pela* Chavannes)

【寄主】水蜡、白蜡、女贞等木犀科20余种植物。

【形态特征】雌成虫无翅，体长1.5mm，受精后虫体膨胀成半球形，外壳较坚硬，红褐色，上面散生大小不等的淡黑色斑，腹面黄绿色；触角6节，其中第三节最长。雄成虫体长2mm，翅展5mm，头淡褐色，触角丝状10节，腹部灰褐色，末端有等长的白蜡丝2根。若虫卵形，体长平均0.70mm，宽0.41mm。

【生活习性】每年发生1代，以受精雌成虫越冬。翌年春季随着树液流动和树芽膨大开始活动。每年发生期南北方差异很大，在南方4月上旬开始产卵，雌若虫4月下旬开始孵化，雄若虫5月中旬孵化，在辽宁4月下旬产卵，5月初至5月中、下旬为产卵盛期。若雌成虫发育不整齐，则产卵期延续到6月初。发育成熟的卵在母壳中孵化。5月末为孵化盛期。孵化的若虫在母壳中短期停留后从臀裂处爬出。雌若虫出壳后，在枝条、树干、地面之间爬行，成为"游杆"，选择适宜叶片后转入"定叶"。进入2龄期，离开叶面爬至1~2年生枝条固定。雄若虫没有"游杆"习性，而直接"定叶"。5月上旬为"定叶"盛期。"定叶"后取食汁液，雄若虫第二天体背出现白色蜡丝，经5~7d虫体为白色蜡质包被，又经8~10d蜕皮进入2龄；2龄雄若虫离叶爬到枝条上群集不再移动，固定雄若虫开始二次蜕皮，此时放蜡，枝条上出现白色蜡层。8月中、下旬为真蛹期，9月初成虫羽化，9月中、下旬为成虫盛期。雄成虫不擅飞翔，羽化后在雌虫上爬行，寻找交尾机会，交尾后1~2d死亡。而受精雌成虫则在寄主枝条上越冬。

【防治方法】

园林栽培防治：合理修剪，剪除过密枝条和虫枝，通风透光，减少虫口密度。

物理机械防治：将白蜡蚧栖息密度高的枝条剪除以压低越冬的虫口密度。

生物防治：注意保护和利用蜡蚧长角象、蚜小蜂、异色瓢虫、黑缘红瓢虫等天敌。

化学防治：a. 初冬或早春树木休眠期枝干喷洒3~5波美度石硫合剂，灭杀越冬若虫。b. 初孵若虫期喷3%高渗苯氧威乳油3000倍液、10%吡虫啉可湿性粉剂2000倍液防治，也可用速克灭。c. 灌根，除去树干根际泥土，后用40%氧化乐果乳油100倍液浇灌并覆土，或用50%久效磷乳油500倍液灌根，灌根后要及时浇水一次，以促使药液输导，提高杀虫效果。

(2) 榆四脉绵蚜 (*Tetraneura ulmi* L.)

【寄主】榆树。

【形态特征】无翅孤雌蚜体长2.0~2.5mm，椭圆形，体杏黄色、灰绿色或紫色，体被呈放射状的蜡质绵毛，触角4节，腹管退化；有翅孤雌蚜体长2.5~3.0mm，头、胸部黑色，腹部灰绿色至灰褐色，触角4节，没有腹管。

【生活习性】1年发生9~10代，以卵在榆树树皮缝内越冬。4月下旬榆树发芽时越冬卵孵化，爬到嫩叶背面刺吸危害。被害部位初期为微小红斑，之后向上凸起，形成虫瘿。5~6月虫瘿裂开，有翅蚜从裂口中爬出，迁飞到禾本科植物和杂草根部危害。9月下旬至10月上旬迁飞回榆树上危害。10月末产生无翅雌蚜和雄蚜，交尾并产卵越冬。

【防治方法】

园林栽培防治：清除榆树周围禾本科杂草，切断中间寄主，及时修剪徒长枝、过密枝，加强通风。苗圃地幼苗期初发生时可以人工剪出虫瘿。

生物防治：异色瓢虫成虫捕食若蚜。

化学防治：早春干母产卵之前进行药物喷洒，晚秋或榆树落叶后喷10%吡虫啉可湿性粉剂2000倍液、40%辛硫磷1000倍液、48%毒死蜱1000倍液、70%灭蚜松1000倍液，可杀死虫体，降低虫口密度。

(3) 梨冠网蝽(*Stephanotis nashi* Esaki et Takeya)

【寄主】梨、苹果、海棠、李、桃、山楂等。

【形态特征】成虫体长约3.5m，扁平，黑褐色；前胸两侧与前翅均有网状花纹，静止时两翅重叠，中间黑褐色斑纹呈"X"形。若虫形似成虫，腹部有锥形刺，初孵时白色，后渐呈深褐色；共5龄，3龄后长出翅芽。

【生活习性】1年发生2~4代，世代重叠，以成虫在落叶间、枯老裂皮缝及根际土块中越冬。4月中旬成虫陆续出蛰活动，5月中旬各虫态同时出现，群集于较嫩的叶背吸食汁液，被害处堆积黄褐色排泄物，叶面呈现苍白色小斑，严重时呈黄褐色锈斑。7月、8月危害最严重。

【防治方法】

园林栽培防治：清除林地枯枝落叶和杂草，集中烧毁。秋季绑草把诱集并消灭下树越冬成虫。

化学防治：成虫、若虫危害期，树冠喷洒10%吡虫啉2000倍液、1.8%阿维菌素2000倍液、40%氧化乐果1000倍液、20%高氯菊酯2000倍液等。

(4) 大青叶蝉(*Cicadella viridis* Linnaeus)

【寄主】杨、柳、刺槐、白蜡、苹果、桑、枣、梧桐、圆柏等。

【形态特征】成虫，雌虫体长9.4~10.1mm，雄虫体长7.2~8.3mm，头、胸部黄绿色，头顶有1对黑斑，复眼绿色。前胸背板淡黄绿色，其后半部深青绿色，小盾片淡黄绿色。后翅烟黑色，半透明。腹部背面蓝黑色，两侧及末节灰黄色。若虫共5龄，初孵化时黄绿色，复眼红色。2~6h后，体色变淡黄、浅灰或灰黑色。3龄后出现翅芽。老熟若虫体长6~7mm。

【生活习性】我国北方1年发生3代，以卵越冬。越冬卵在3月下旬开始发育，卵体逐渐膨大。成虫产卵时所造成的新月形裂缝裂开，若虫孵出爬出产卵裂缝。初孵若虫喜群聚取食，受惊后由叶面斜行或横行向叶背逃避，或跳跃而逃。成虫趋光性很强。

【防治方法】

园林栽培防治：加强管理，勤除草，清洁庭园，结合修剪剪除受害枝以减少虫源。

物理机械防治：在成虫危害期，利用灯光诱杀，消灭成虫。

化学防治：在若虫、成虫危害期，可喷40%氧乐果、50%杀螟松、50%辛硫磷乳油、25%亚胺硫磷乳油、90%晶体敌百虫1000~1500倍液或2.5%溴氰菊酯乳油2000倍液。

(5) 朱砂叶螨(*Tetranychus cinnabarinus* Boisduval)

【寄主】 海棠、丁香、桃、木槿、月季等。

【形态特征】 雌螨体长0.55mm，体宽0.32mm；体形椭圆，锈红色或深红色。雄螨体长0.36mm，宽0.20mm。幼螨近圆形，半透明，取食后体色呈暗绿色，足3对。若螨椭圆形，体色较深，体侧有较明显的块状斑纹，足4对。

【生活习性】 每年可发生12~20代，发生代数因地而异。在北方，主要以雌螨在土块缝隙、树皮裂缝及枯叶等处越冬，此时螨体为橙红色，体侧的黑斑消失。高温干燥利于此螨大量发生，降雨(特别是暴雨)可冲刷螨体，降低虫口数量。

【防治方法】

园林栽培防治：销毁残株落叶，增强树势，高温干旱季节抗旱灌水。

物理机械防治：对木本植物刮除粗皮、翘皮；结合修剪，剪除病、虫枝条。

生物防治：叶螨天敌种类很多，注意保护瓢虫、草蛉、小花蝽等天敌。

化学防治：可喷施1.8%阿维菌素乳油3000~4000倍液、15%哒螨灵乳油1500倍液、40%三氯杀螨醇乳油1000~1500倍液，对杀除成螨、若螨、幼螨、卵均有效。

1.9.1.4 地下害虫

详见草坪病虫害防治技术。

1.9.2 常用杀虫剂及杀　剂

(1) 敌百虫

高效、低毒、低残留、广谱性杀虫剂，胃毒作用强，兼有触杀作用，对人、畜安全，残效期短，可用于防治地下害虫。对双翅目、鳞翅目、膜翅目、鞘翅目等多种害虫均有很好的防治效果，但对一些刺吸式口器害虫如蚧类、蚜虫类效果不佳。生产上常用90%晶体敌百虫800倍液喷雾。

(2) 辛硫磷

高效、低毒、低残留杀虫剂，具有触杀及胃毒作用。对白蚁、蚜虫、蓟马、螨类、龟蜡蚧及鳞翅目幼虫均有良好的防治效果。施于土壤中可以有效地防治地下害虫，残效期可达15d以上。常用剂型有3%和5%颗粒剂，50%乳油。常用50%辛硫磷乳油稀释1000~2000倍喷雾，用5%颗粒剂30kg/hm²防治地下害虫。

(3) 灭幼脲

又称灭幼脲Ⅲ号、苏脲Ⅰ号。属低毒杀虫剂，对人、畜和天敌安全。有强烈的胃毒作用,还有触杀作用,能抑制和破坏昆虫新表皮中几丁质的合成,从而使昆虫不能正常脱皮而饿死,日间残效期15~20d,施药后3~4d开始见效。制剂多为25%和50%胶悬剂。一般用50%胶悬剂加水稀释1000~2500倍。

(4) 氰戊菊酯

又名杀灭菊酯、速灭杀丁,是我国产量最高的拟除虫菊酯类农药,有很强的触杀作用,还有胃毒和驱避作用,击倒力强,杀虫速度快,可用于防治多种害虫,如蚜虫、蓟马、黑刺粉虱、松毛虫等。常见剂型有20%乳油。多用20%乳油稀释3000~4000倍喷雾。

(5) 溴氰菊酯

又名敌杀死。对人、畜毒性中等。主要以触杀作用为主,也有一定的驱避与拒食作用,击倒速度快,对松毛虫、杨柳毒蛾、榆蓝叶甲等害虫有很好的防治效果。常见剂型为2.5%乳油、2.5%可湿性粉剂。使用方法为用2.5%乳油稀释2000~3000倍喷雾。

(6) 联苯菊酯

又名天王星、虫螨灵,是最突出的杀虫、杀螨剂。对人、畜毒性中等,对天敌的杀伤力低于敌敌畏等有机磷类农药,但高于其他菊酯类农药。该药具有强烈的触杀与胃毒作用,作用迅速、持效期长、杀虫谱广,对鳞翅目、鞘翅目、缨翅目及叶蝉、粉虱、瘿螨、叶螨等均有较好的防治效果。常见剂型为10%乳油、10%可湿性粉剂。使用方法为用10%乳油稀释5000~6000倍喷雾。

(7) 毒死蜱

又名乐斯本、氯吡硫磷。具触杀、胃毒及熏蒸作用,对人、畜毒性中等,是一种广谱性杀虫剂,对于鳞翅目幼虫、蚜虫、叶蝉及螨类效果好,也可用于防治地下害虫。常见剂型有40.7%和40%乳油。一般使用40.7%乳油稀释1000~2000倍喷雾或浇灌。

(8) 抗蚜威

又名辟蚜雾。此药剂具触杀、熏蒸和渗透叶面作用,对人、畜中毒,能防治对有机磷杀虫剂产生抗性的蚜虫。其药效迅速、残效期短,对作物安全,对蚜虫天敌毒性低,是综合防治蚜虫较理想的药剂。常见剂型有50%可湿性粉剂、10%烟剂、5%颗粒剂。一般使用50%可湿性粉剂150~270g/hm^2,兑水450~900L喷雾。

(9) 丁硫克百威

广谱、高效杀虫杀螨剂,具有触杀、胃毒、内吸作用,对人、畜毒性中等,主要用于防治地下害虫、多种食叶害虫、蚜虫等。常见剂型有5%颗粒剂、15%乳油,一般使用15%乳油1500~2000倍喷雾,或用5%颗粒剂15~60kg/hm^{2}施入土壤。

(10) 噻嗪酮

又名优乐得、扑虱灵。该品为广谱特异性杀虫剂,以触杀作用为主,无内吸作用。对于粉虱、叶蝉及介壳虫类防治效果好。对人、畜低毒。一般使用25%可湿性粉剂稀释

1500~2000倍喷雾。

(11)吡虫啉

强内吸型杀虫剂，对人、畜低毒，对天敌昆虫安全，用于防治刺吸式口器害虫。由于其优良的内吸性，特别适于种子处理和作颗粒剂使用。常见剂型有10%和15%可湿性粉剂、10%乳油，一般使用10%可湿性粉剂1500~2000倍液喷雾，或用10%可湿性粉剂按药种比1:6拌种，进行种子处理，或每千克土壤施入1.25mg药剂。

(12)阿维菌素

高效、广谱的抗生素类杀虫、杀螨、杀线虫剂，具有触杀、胃毒作用，对鳞翅目、鞘翅目、同翅目害虫、螨类高效，对人、畜高毒。常见剂型有1%、1.8%和2%乳油，一般使用1.8%乳油2000~3000倍液喷雾。

(13)苏云金杆菌(Bt)

又名青虫菌。细菌性杀虫剂，有效成分是细菌及其产生的细菌毒素，属于低毒杀虫剂，主要防治直翅目、鞘翅目、双翅目、膜翅目等害虫，对鳞翅目幼虫有特效。常见剂型有Bt可湿性粉剂(100亿个活芽孢/g)、Bt乳剂(100亿个活孢子/mL)，可广泛用于喷粉、喷雾、灌心等，也可用于飞机喷播防治。可与敌百虫、菊酯类农药混用，效果好、见效快。不能与杀菌剂混用。一般用Bt乳剂或可湿性粉剂兑水2000倍喷雾。

(14)白僵菌

真菌性杀虫剂，对人、畜和环境安全，对家蚕有害。使用该药剂后害虫不易产生抗性，用于防治鳞翅目、同翅目、膜翅目、直翅目害虫。常见剂型有50亿~70亿个孢子/g粉剂、10%乳油和0.6%乳油，一般使用50亿~70亿个孢子/g粉剂稀释50~60倍喷雾。

(15)印楝素

植物源杀虫剂，具拒食、驱避、毒杀、内吸等多种作用，对人、畜和环境安全，用于防治鳞翅目、同翅目、鞘翅目等多种害虫。生产上常用0.1%~1%印楝素种核乙醇提取液喷雾。

(16)核型多角体病毒

微生物杀虫剂，其有效成分是病毒，具有胃毒作用，对人、畜、天敌、植物和环境安全，不耐高湿和紫外线，作用效果较慢，用于防治鳞翅目害虫，具有特异性。常见剂型为粉剂和可湿性粉剂。

1.9.3 农药施用技术及要求

1.9.3.1 虫孔注射施药技术及要求

(1)注射施药方法

用注射器将配好的药液注入虫孔，常用于防治树木主干及主枝上发生的蛀干害虫。

(2) 注射施药要求

找准蛀食排粪孔。注射时，虫孔、排粪孔内均要注满药液，注射后用泥团堵住孔口。一虫多孔时，应先堵塞注孔以上或以下的虫孔，然后注射。配药浓度准确，不能用原药直接注射。

1.9.3.2 埋土根施农药技术及要求

(1) 埋土根施农药方法

将药剂施于花木根部附近土壤里，通过植物根系吸收传导药剂或直接触杀病虫防治病虫害。埋土根施内吸型药剂可防治蚜虫、红蜘蛛、粉虱等。防治地下害虫、线虫及根部病害，常埋土根施触杀剂或杀菌剂类农药。

埋土根施农药具体操作因施药防治对象不同而异：防治树木地上部害虫的，要在植株根际附近四周挖 4~5 个穴，穴深以见到吸收根为准，然后将计算好的药量均匀撒在几个穴，覆土，做好树堰浇水。防治地下害虫或根部病害的，可在根际近处开环形沟，将药剂施入并覆土。

(2) 埋土根施农药要求

挖穴要均匀，穴的远近视植株大小而异，通常在树木胸径 8~12 倍范围处内，穴内要见吸收根。用药量要准确，施药后立即覆土，埋药后必须浇水，保持土壤经常湿润。

1.9.3.3 抹施药技术及要求

(1) 涂抹施药方法

①涂抹药环阻杀上、下树木的害虫：将触杀剂类药剂配以其他黏着剂在树干上涂宽 20~30cm 的药环，毒杀上、下树害虫。

②涂抹内吸型剂药剂毒杀树木地上部害虫、害螨：将树皮适当轻刮并涂一定浓度内吸型药剂毒杀树木枝干、叶上的害虫、害螨，如在榆树干上涂抹氧化乐果可毒杀榆绿叶甲。

③涂抹渗透力强的药剂毒杀初孵蛀干害虫：蛀干害虫在初蛀入树木时会排出粪屑，而且蛀入树木较浅，及时涂抹内吸性强的药剂可杀死初孵幼虫，如小木蠹蛾幼虫初孵时可涂抹菊杀乳油或氧化乐果等，防治效果很好。

(2) 涂抹施药要求

选准药剂；涂抹要均匀细致；需要刮树皮时应注意刮除轻重程度，不能刮掉活皮；用药浓度必须准确，不发生药害。

1.9.3.4 毒土施药技术及要求

(1) 毒土施药方法

用农药和细土掺匀配成毒土，用于防治地下害虫和土传病菌等病虫害。通常采用药与细土比例为 1：(30~50)。毒土施药随配随用。

(2) 毒土施药要求

用药量要准确，药剂与细土要混匀，并均匀撒在单位面积内。撒在土面的药剂，应立即翻入或旋耕入土中。沟施毒土防治病害，应在施药后及时覆土。

1.9.3.5　浇灌施药技术及要求

(1) 浇灌施药方法

将药剂按一定比例加水稀释后，直接往植物根部浇灌。防治对象不同，选择的药剂不同，但浇灌方法基本相同。具体操作是在植株根际附近开挖沟将配制好的药液浇灌入内，待渗完后覆土。

(2) 浇灌施药要求

用药量要准确，不能出现药害。必须浇在吸收根最多处。药剂渗完后一定封堰。

1.9.3.6　树干钻孔施药技术及要求

①必须按规定的用药量准确配制和使用。

②钻孔部位在树基部20cm以上，打多个孔时，各孔之间的距离不少于20cm，并且各孔之间应成螺旋式排列上升。

③钻头直径0.5~0.8cm，长5~10cm。钻孔时钻头与树干成45°角，最深处不能到达树木髓心。

④钻孔数量可根据树木种类、直径、虫口密度、天气情况决定。一般树干直径大、虫口密度大时，钻孔数量应该多，反之则少。例如，树干直径5~10cm，可钻孔2~3个；树干直径10cm以上，可钻3~5个孔；最多可钻7个孔。

⑤下一次注射时，宜在原钻孔处进行。

课后习题

1. 本地区主要的园林树木食叶害虫有哪些种类？如何进行防治？
2. 本地区主要的园林树木枝干害虫有哪些种类？如何进行防治？
3. 本地区主要的吸汁害虫有哪些种类？如何进行防治？
4. 常见杀虫剂的种类有哪些？
5. 简述杀虫剂的施用技术和要求。

项目 2
园林草坪养护

学习内容

任务 2.1　草坪补植
任务 2.2　草坪修剪
任务 2.3　草坪水分管理
任务 2.4　草坪施肥
任务 2.5　草坪杂草防除
任务 2.6　草坪病虫害防治
任务 2.7　草坪辅助养护管理

任务 2.1 草坪补植

任务指导书

▶▶任务目标

掌握草坪草品种及种子催芽的方法，草坪播种补植技术流程及管理措施，营养繁殖法补植的类型；了解营养繁殖法补植的技术要点和方法。

▶▶任务描述

1. 根据养护安排，进行草坪补植方案的制订。
2. 不同草坪补植任务的实施。

▶▶材料及工具

计算机、手机、铁锹、水桶、喷壶、土壤改良剂等。

▶▶任务实施指导

1. 草坪场地调查：草坪草类型、草坪退化面积、土壤结构及周围环境。
2. 草坪播种补植技术：种子选购与处理→整地→播种→覆土→镇压→覆盖→灌水→撒帘→幼坪管理。
3. 营养繁殖法补植技术：营养体的采购与准备→整地→播/铺营养体→镇压→浇水→养护成活。

相关知识

草坪的补植有种子繁殖(有性繁殖)和营养繁殖(无性繁殖)2种方法。具体选用何种方法建坪，需要根据成本、时间要求、种植材料在遗传上的纯度及草坪草的生长特性而定。通常种子繁殖包括直接撒播、喷播和铺植生带多种方式，其成本低，劳动力耗费少，但是成坪所需的时间较长。营养繁殖方法包括密铺法、塞植法和播茎法，其中密铺法成本最高，但建坪最快。

2.1.1 播种法补植

绝大多数冷季型草坪可以采用播种法补植，利用种子进行草坪补植工作。暖季型草坪草中也有相当一部分草坪草如结缕草和普通狗牙根也是可以利用种子建坪的方法进行补植。

2.1.1.1 种子选购及种子处理

(1)草种选择

选择草种应考虑对草坪质量的要求和可提供的养护水平，密度、质地、色泽是评价草坪质量的基本项目，但更重要的是要考虑所选择的草种是否适应当地的环境条件，要根据所处的地理环境、土壤条件、使用目的、草坪草的特性及资金等条件来选择。

①根据建坪位置的地理环境来选择　我国地域辽阔、地形复杂，气温与降水量有很大差异。一般说来，北方寒冷地区选择冷季型草坪草，南方温暖湿润地区多选择暖季型草坪草。在过渡带地区，冷季型草坪草有的在夏季易感病虫，而暖季型草坪草有的不能安全越冬，有的虽能正常生长，但绿期比在南方要短。

常见的冷季型草坪草有：早熟禾属的草地早熟禾、林地早熟禾、加拿大早熟禾等，羊茅属的紫羊茅、羊茅等，剪股颖属的匍匐剪股颖、细弱剪股颖等，黑麦草属的多年生黑麦草、多花黑麦草等。

常见的暖季型草坪草有：结缕草属的结缕草、大花结缕草、马尼拉结缕草等，绊根草属的狗牙根、天堂草等。

②根据立地条件来选择　如光照、土壤条件等。在阴面或疏林下应选择耐阴的草种；土壤的质地、结构、酸碱度及土壤肥力对草种的选择影响也较大。土壤的肥力直接影响草坪草的生长，贫瘠的土壤上种植一些耐贫瘠、耐粗放管理的草种，其草种选择范围有限，多选用白三叶、加拿大早熟禾、小糠草、野牛草等；土壤酸碱度对草坪草生长影响也很大，一般过酸或过碱都不适宜其生长，必须改良后才能生长，绝大多数在pH 6~7的范围生长良好（表2-1-1），海滨等土壤含盐量较高的地区可选择耐盐碱的草种，如海滨雀稗。

表2-1-1　各种草坪草对酸碱的适应性

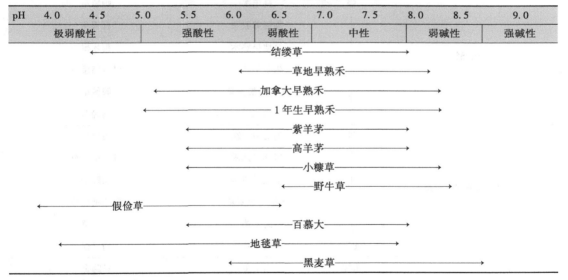

③根据使用目的来选择　草坪的使用目的多种多样，常见的草坪类型有观赏草坪、运动场草坪、游憩草坪、道路绿化等。运动场草坪、游憩草坪等使用频率较高的草坪，需要选择耐践踏、再生性好、根系发达的草种，如高羊茅、结缕草等；封闭型的观赏草坪应选择质地细腻、颜色鲜亮、均一整齐、绿期长的草种；道路、工厂、边坡等绿地可选择抗逆性强、耐粗放管理的草种；高尔夫球场的果岭、高档庭院绿地等可选择柔软细腻、耐低修剪的草种，如剪股颖。

④根据草坪草本身特性来选择 草坪草在抗旱、抗寒、抗病、耐热、耐践踏、耐酸碱、再生性和需肥量等方面的特性都有很大不同,对这些特性进行比较,对选择草种有很大参考,可以根据需要的一个或几个特性来确定选用一个或几个草种混播(表2-1-2)。

表 2-1-2 常见草坪植物应用特性比较

特　点		冷季型草坪草	暖季型草坪草
建植速度	快	白三叶	狗牙根
		多年生黑麦草	画眉草
		粗茎早熟禾	假俭草
		高羊茅	百喜草
		匍匐剪股颖	日本结缕草
	慢	草地早熟禾	马蹄金
叶片质地	粗糙	白三叶	马蹄金
		高羊茅	百喜草
		草地早熟禾	画眉草
		多年生黑麦草	日本结缕草
		粗茎早熟禾	假俭草
	细致	匍匐剪股颖	狗牙根
抗热性	强	高羊茅	画眉草
		匍匐剪股颖	百喜草
		草地早熟禾	狗牙根
		粗茎早熟禾	日本结缕草
		多年生黑麦草	假俭草
	弱	白三叶	马蹄金
种子每平方米价格	贵	匍匐剪股颖	假俭草
		粗茎早熟禾	日本结缕草
		草地早熟禾	马蹄金
		多年生黑麦草	弯叶画眉草
		高羊茅	百喜草
	便宜	白三叶	狗牙根
草坪颜色	浓绿	高羊茅	马蹄金
		草地早熟禾	假俭草
		多年生黑麦草	弯叶画眉草
		白三叶	狗牙根
		粗茎早熟禾	日本结缕草
	淡绿	匍匐剪股颖	百喜草

高羊茅在冷季型草坪草中属于耐热性较好的种类，能在华东地区安全越夏，是长江流域建植四季常绿草坪的理想草种。

日本结缕草在暖季型草坪草中属于耐寒性较好的种类，其中'青山'可应用于北至吉林、南至海南的广大地区。

⑤根据建坪成本、管理水平及个人爱好选择　若资金比较充足，就可选一些要求管理比较精细的草坪品种，可选择剪股颖、草地早熟禾等品质好、价格较高的种类；若资金不足，则选用一些管理比较粗放的草坪草品种。个人喜好对草坪草的选择也有很大的影响，每个人对颜色、形态等的爱好有所不同，所选择的草坪草种也就不同。

总的来说，所选择的草坪草种要求与周围环境相协调，使其成为统一的整体。

在种子质量方面，影响种子质量的主要因素有两个：一是种子纯净度；二是种子的生活力。优良的种子要有较高的纯净度和生活力。目前使用最多的是商品种子，种子包装袋上的标签都会标明袋内品种的名称、发芽率和测试日期（测试日期距播种时间不超过一年即可）。

(2) 种子催芽

①碾种　是一种用机械搓揉的物理方法破坏种子厚而坚硬的外壳，便于水分和空气进入而提高种子发芽率。

②晒种　有利于改变种子种皮的通透性和水分吸收，促进气体交换，从而促进种子发芽，同时具有一定消毒作用。晒时将种子均匀地摊在地面上，厚度约5cm，晴天阳光下暴晒4~6d，每天翻动3~4次，但不宜在水泥场地上晒种，以免升温过高烫死种子。

③浸种　是利用水对种子进行浸泡而提高种子发芽率的一种方法。在一般情况下，冷季型草坪草不需要浸种催芽处理，采用直接播种（如草地早熟禾、高羊茅）。而结缕草属各个种，若不催芽，发芽率小于24%，甚至不发芽。如果建坪时间紧迫，应对种子进行浸种处理，处理完后沥干即可播种，或浸种完拌沙后进行播种。浸种催芽时用草种体积3倍的水浸泡草种，浸种的水温及浸种时间要根据草种颗粒大小、种皮薄厚及化学成分而定。

④高温催芽　有些草种发芽率低，可将种子保持70%的湿度，放于40℃高温处理数小时，或以40℃高温及5℃低温进行变温处理，可提高发芽率1倍以上。

⑤层积法催芽　将草种与3倍草种体积的湿沙分层交替层积，放在一定的湿度、温度和通气的环境中，促进发芽。如种皮有蜡质的结缕草种子不易吸水，用层积法能促进其种皮软化，促进发芽。其具体操作方法是：将结缕草种子装入布袋内，投入冷水中浸泡2~3d后取出，然后加入种子体积2倍的泥炭或河沙与种子拌匀，放入铺有8cm厚的河沙盆内，将种子摊平，种子上边再铺上8cm厚的河沙，盆上盖草席后移至室外，经过5d再移到室内，室内温度最好保持在24℃，河沙湿度为70%。这样，经过12~20d，结缕草便会发芽。

⑥化学药物催芽　用化学药剂对草种做适当的处理，可以促进种子发芽。常用的药剂

有赤霉素、吲哚乙酸、2,4-D、氢氧化钠等。如可将结缕草种子放入0.5%的氢氧化钠溶液中浸泡24h，在此过程中必须用木棍搅动。捞出后用清水冲洗干净，然后再用清水浸泡6~10h，取出后稍加晒干，即可播种。

(3) 种子消毒

①药液浸种　福尔马林浸种，在播前1~2d，将种子放入0.15%的福尔马林溶液中浸15~30min，取出后密封2h，然后将草种摊开阴干，即可播种；硫酸铜浸种，用0.3%~1.0%的硫酸铜溶液浸种4~6h，取出阴干，即可播种；高锰酸钾浸种，用0.5%高锰酸钾溶液浸种2h，取出后密封0.5h，再用清水冲洗数次，取出阴干，即可播种。

②药物拌种　防治苗期病害，可用多菌灵可湿性粉剂拌种，用量为种子重量的0.2%~0.3%。药量少、拌不均匀时，可以增加翻拌时间，或将药剂先与细土拌匀后再与种子拌匀。为防止药剂对种子根的伤害，浸种吸足水后就拌药，能起到既提早出苗又预防苗期病害的作用。

2.1.1.2　确定播种时间及播种量

(1) 播种时间

从理论上讲，草坪草在一年中的任何时候均可播种，甚至在冬天也可以进行。在实践中，在不利于种子迅速发芽和幼苗旺盛生长的条件下播种，往往是失败的。确切地说，冷季型草坪草最适宜的播种时间是夏末，但是，在春季也可以进行播种建坪；暖季型草坪草则是在春末夏初。这是根据播种时的温度和播后2~3个月的温度而定的（冷季型草坪草发芽适宜的温度为15~26℃，暖季型草坪草为20~35℃）。以沈阳地区为例，冷季型草坪草适宜播种时间是：春季，4月下旬至5月中、下旬；秋季，8月下旬至9月。

(2) 播种量

草坪草种子的播种量取决于种子质量、混合组成及土壤、气候状况。播种量过小会降低成坪速度，增大管理难度；播种量过大，下种过厚，会促使真菌病害的发生，也会因种子耗费过多而增加建坪成本，造成浪费。从理论上讲，每平方厘米有1株成活苗即可。例如，在混合播种中，较大粒种子的混播量可达$40g/m^2$，在土壤条件良好、种子质量高时，播种量$20~30g/m^2$较为适宜。播种量的最终确定，是以足够数量的纯活种子确保单位面积上幼苗的额定株数，即10 000~20 000株$/m^2$。

①理论播种量　草坪草理论播种量可以通过鉴定种子质量和测定种子千粒重来确定（这些数据还可以通过草种公司得到）。其计算方法为：

理论播种量＝额定株数×该草种（或品种）比例（千粒重÷1000）÷生活力（发芽率）÷纯净度

其中的比例为草坪草种子的数量比，而非重量比。具体计算可参看以下示例：

例1：以多年生黑麦草、草地早熟禾和紫羊茅建植一块混播草坪，其额定株数为1.6万株，即每平方米要求有1.6万株存活苗（即要求每平方米要有1.6万粒纯活种子），其他数据见表2-1-3所列，要求计算其理论播种量。

表 2-1-3　多年生黑麦草、草地早熟禾、紫羊茅混播数据

草　种	多年生黑麦草	草地早熟禾	紫羊茅
比例(%)	10	60	30
千粒重(g/千粒)	1.5	0.37	0.73
生活力(%)	99	97	98
纯净度(%)	90	85	87

多年生黑麦草理论播种量为：
$$16\ 000 \times 10\% \times (1.5 \div 1000) \div 99\% \div 90\% = 2.69(g/m^2)$$
草地早熟禾理论播种量为：
$$16\ 000 \times 60\% \times (0.37 \div 1000) \div 97\% \div 85\% = 4.31(g/m^2)$$
紫羊茅理论播种量为：
$$16\ 000 \times 30\% \times (0.73 \div 1000) \div 98\% \div 87\% = 4.11(g/m^2)$$
混播理论播种量为：
$$2.69 + 4.31 + 4.11 = 11.11(g/m^2)$$

即混播理论播种量是 $11.11g/m^2$，其中多年生黑麦草理论播种量为 $2.69g/m^2$，草地早熟禾理论播种量为 $4.31g/m^2$，紫羊茅理论播种量为 $4.11g/m^2$。

例 2：以草地早熟禾建植一块单播草坪，其额定株数为 1.5 万株，即每平方米要求有 1.5 万株存活苗(即要求每平方米要有 1.5 万粒纯活种子)，要求计算其理论播种量。

草地早熟禾理论播种量为：
$$15\ 000 \times 100\% \times (0.37 \div 1000) \div 97\% \div 85\% = 6.73(g/m^2)$$

在生产实践中，实际播种量还要在理论播种量的基础上加大，加大的情形视草坪建植的具体情况而定。影响实际播种量的因素较多，如种子的纯净度和生活力(发芽率)两项指标是在实验室条件下测得的，在大田中，种子的发芽和幼苗的出土成活常因储存时间内种子活力的丧失，覆土深度、温度和水分的不适宜，以及光照强度较高等原因而降低。此外，即使幼苗顺利出土、成活，也会因病虫侵蚀、践踏、竞争等原因而死亡，因此确定实际播种量时要充分考虑这些因素。常见草坪草的播种量见表 2-1-4 所列。

表 2-1-4　常见草坪草的播种量　　　　　　　　　　　g/m^2

播种时期	早熟禾	高羊茅	黑麦草	紫羊茅	剪股颖	结缕草	狗牙根	白三叶
春季	15~20	35~40	30~35	30~35	4~8			8~12
夏季		35~40				10~15	8~12	8~10
秋季	10~15	30~35	25~30	25~30	8~10			8~10

注：种子的发芽率按 85% 计。

②工程播种总量确定
$$播种总用量 = 理论播种量 \times 建坪面积$$

2.1.1.3　播种

播种可用人工，也可用专用机械进行。主要方法有分种播种、分次播种和纵横交叉播

种。其中，纵横交叉播种比较常用。分种播种即将不同的种子按照本品种的实际用量，均匀地播种到坪床内，播完一个品种再播种下一个品种，直到所有品种都播种完成，再进行下一道工序；分次播种是将单一或混合好的品种，分成两次或多次播入坪床内；纵横交叉播种是为了保证播种的均匀度，在实施过程中，无论怎样控制播种量，都可以采用此方法，一次交叉播种相当于两次播种。交叉播种步骤如下（图2-1-1）：

①将欲建坪地块划分为若干等面积的块或长条；

②把种子按划分的块数分成几份，计算出各划分区域的种子用量；

③把种子播在对应的地块（将每份种子再分成两份分别十字交叉地播在每个区域，如果种子小，还可掺入一些沙）。

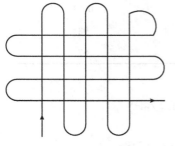

图2-1-1 纵横交叉播种法

2.1.1.4 覆土

种子播下后，轻轻耙平（耙齿间距为1~2cm），使种子与表土均匀混合；或进行地表均匀覆土，耙土深度为0.5~1cm。草坪播种要求种子均匀地覆盖在坪床上，然后覆上厚0.5cm左右的细沙或砂土。若覆土过厚，常常会因种子贮藏养分的枯竭而死亡；覆土过浅或不覆土，则会导致种子流失或因地面干燥不能吸水而不发芽。

2.1.1.5 镇压

播种后应及时镇压，用滚筒（重100~150kg）进行轻度镇压，以确保种子与土壤接触良好。但是，在土壤水分过大、过黏的情况下不宜镇压。

2.1.1.6 覆盖

覆盖是用外部材料覆盖坪床的作业，可以减少地表侵蚀，且能为草坪草萌发和生长发育提供一个适宜的小环境。尤其是在坡地或水分条件差、仅依靠天然降水的场地，覆盖是必需的。覆盖材料应根据具体场地的需要、材料的成本和材料的局部有效性进行选择。

(1) 覆盖材料

秸秆，用量为0.4~0.5kg/m²。秸秆要不含杂草，以减少坪床中杂草的竞争。草帘，覆盖效果好，成本低。无纺布覆盖物，可加速种子的萌发，具温室效应，成本较高。

(2) 覆盖方法

面积较小时，覆盖可采用人工铺盖，并用桩、柱和绳或细铁丝十字交叉固定。在覆盖过程中要注意不刮带播在坪床上的种子，以免造成种子不均匀；同时要覆盖全面，不重叠、不遗漏。

2.1.1.7 灌水

草坪建植后，应立即灌溉以完全湿润土壤。每天浇水至少1~2次，浇水要均匀、浇透。使用喷灌强度较小的喷灌系统，以雾状喷灌为好。在草坪成坪前，不宜践路。

2.1.1.8 撤帘

不同草种的发芽时间有所不同（表2-1-5），依据草种的发芽时间，观察草坪发芽情况。以覆盖草帘为例，当草坪草钻出草帘 1~2cm 时，要撤帘。撤帘时要注意土壤湿度，过湿时不能撤帘，宜在早晨或傍晚进行，撤走草帘时要注意避免带走幼苗。

表 2-1-5　不同草坪草种的发芽天数　　　　　　　　　　　　　　　　　　d

项目	早熟禾	高羊茅	紫羊茅	多年生黑麦草	匍匐剪股颖	狗牙根	结缕草
发芽天数	6~30	7~35	5~10	3~7	4~12	7~30	10~50

2.1.1.9　幼坪管理

新建的草坪，在完全覆盖地表进行第一次修剪之前被称为幼坪。当幼苗开始发育生长之时，就应开始草坪的养护管理。其内容主要包括灌溉、施肥、地表覆土、滚压与修剪、杂草防除和病虫害防治。

（1）灌溉

新建草坪，不及时灌溉是草坪建植失败的主要原因之一。干旱对种子的萌发是有害的。严重的土壤板结可以阻止新芽钻出地面而使幼芽窒息死亡。营养繁殖枝和草皮块对干旱不如幼苗那样敏感，但是它们也会因干旱而受到危害。新建的草坪，在有条件的情况下，每当天然降雨满足不了草坪生长需要时，就应该进行人工灌溉。新坪灌水应做到：使用喷灌强度较小的喷灌系统，以雾状喷灌为好；浇水速度不应超过土壤的有效吸水速度，浇水应持续到土壤表层 2.5~5cm 完全湿润为宜；避免土壤过涝，特别是在床面产生积水小坑时，要缓慢地排除积水。

随着草坪草的生长，灌水的次数应由播种时的每天 1~2 次逐渐减少，但每次的灌水量则应相应增大。伴随灌溉的次数减少，土壤水分不断蒸发和排出，不断地吸入空气，因此减少灌溉次数可以改善土壤的透气性。

灌溉应在每天的早晨太阳升起时和傍晚太阳落山时进行，这时的温度既不太高，也不会太低。对于种子，不会由于表层 3cm 土壤湿润、干燥的反复而造成部分种子失去活力，降低种子的发芽率。对于幼苗，也不会由于水温与环境温度的不同而影响幼苗的呼吸作用与光合作用。

（2）施肥

新建草坪在种植前如果已适量施肥，就不存在幼坪施肥的问题。如果肥力明显不足，则需追肥。幼苗呈淡绿色，老叶呈褐色，就是缺肥的征兆，此时可施复合肥或含氮低于 50% 的缓效化肥。施量为 $5~7g/m^2$。为了防止肥料颗粒附于叶面引起灼伤，肥料的撒施应在叶子完全干燥时进行。或将肥料溶于水中，利用大型喷雾器或轻型喷灌机进行喷施。这种方法可连续施肥，直到地表 2.5~5cm 土壤湿透为止。若为速效肥料，进行叶面喷施即可。

幼坪施肥要点：幼坪的根系较为弱小，因而施肥应少量多次进行。此时施肥主要是补充氮素及其他养分，量不宜多，养分过高将直接危害植株或抑制根和侧芽的生长。此后草坪的施肥，其频率依土壤质地和草坪草的生长状况而定。通常粗质土壤可溶性氮易淋失，因此应以长效氮肥类为主。

(3)地表覆土

地表覆土是由匍匐茎型草坪草组成的新建草坪维持在低修剪水平时的一种特殊养护管理措施。表施的土壤可促进匍匐枝节间的生长和地上枝条发育,这对产生平滑的草坪表面是很重要的。

表施的土壤应与草坪土壤质地一致,否则将可能影响根际的通透性。由于土壤不均匀沉陷,有时在草坪地上会产生不利于操作的表面。连续而有效的地表覆土,能够填平洼地,形成平整的草坪地面,但是也要避免覆盖过厚,以防止光照不足而产生不良后果。

(4)滚压与修剪

滚压与修剪是利用草坪草营养器官进行处理的养护技术,主要作用是促进草坪草的分蘖,加速幼坪成坪。一般可在 2/3 的幼苗第三片真叶全展、定长时,开始进行第一次滚压。磙子用可调节滚筒重量的铁磙,滚压时土壤应干湿适中,过干会损伤幼苗,过湿则会将枝条叶片印入坪床之中。以后每长一叶,滚压一次。

第一次剪草宜在幼坪形成之后及时进行。根据草坪草种的特点确定留茬高度,可取该草种适宜留茬高度的下限。剪后进行滚压、施肥、灌溉。一般幼坪修剪过一次之后,经过一段时间的养护管理即可交付使用。

(5)杂草防除

杂草对于幼坪的危害最大,播种时选择高纯度种子、选用植物性覆盖材料及秋季严霜的处理(可除去草坪群落中大多数的 1 年生杂草)措施,播种前对种植土壤和表施土壤进行熏蒸处理、夏季休闲等,防止杂草侵入新草坪。尽管如此,杂草有时也会侵害草坪。清除杂草最有效的方法是人工除草或使用除莠剂。

当杂草萌生后,使用非选择内吸性除莠剂,能够有效地控制杂草的危害。在冷季型草坪草播种后,使用萌前除莠剂环草隆,可有效地防治大部分夏季 1 年生禾草和某些阔叶杂草。当草坪定植后,使用萌后除莠剂,能有效降低杂草与幼坪中草坪草竞争的能力。大多数除莠剂对幼小的草坪草均有较强的毒害作用,因此,除莠剂的使用通常都推迟到新草坪植被发育到足够健壮的时候进行。在第一次修剪前,通常不使用萌后除莠剂或者减至其正常用量的 1/2 使用。

(6)病虫害防治

对于幼坪,在病虫害防治方面,应以预防为主,密切注意病虫发生、发展的情况。一般昆虫的危害不显著,但是蝼蛄常通过打洞活动,连根拔起幼苗并致使土壤干燥,从而造成严重危害,此时可利用毒死蜱等进行防治。苗期的病害主要是猝倒病,应注意查找其原因并对症下药。

特殊地形草坪播种建坪示例:护坡草坪建植。

护坡草坪是利用机械建植的一类特殊草坪。护坡草坪按其边坡质地可分为两种,即土质边坡草坪和石质边坡草坪。

土质边坡草坪的建植较为简单,只需将草种与可降解载体、肥料、黏合剂、保水剂、染料及水等材料充分混合，利用喷播机喷洒在已经整理好坡面的边坡上，再用无纺布覆盖即可。石质边坡草坪的建植则要复杂得多，其具体步骤如下：

①边坡场地处理　经人工简单处理，使边坡坡面不致有碎石即可。

②挂网　将钢丝三维网延伸50cm埋入坡顶，然后自上而下平铺，网紧贴坡面，无褶皱现象。如果在拱形格或菱形格内挂网，则按拱形格或菱形格的形状进行裁剪，一定要与拱形格边缘紧接。相邻两网之间应叠压10~20cm宽，用ϕ16mm（或其他型号）长度1m的锚杆固定钢丝网。在有悬空的地方，应加大锚杆密度以消除悬空现象。

③喷水泥　利用空压机等机械将水泥砂浆均匀喷于已经挂网的石质边坡之上，使钢丝网与边坡紧密结合为一个整体。由于水泥是喷上去的，坡面会显得凸凹不平非常粗糙，有利于与回填的客土形成一个整体。

④回填土　将土加入适量的水组成泥浆，然后用机械将泥浆均匀喷洒于坡面上。回填土在坡面上形成厚5~10cm的"泥土"层。泥浆有一定的黏度，使加入的草籽、木纤维等配料能均匀地分散在泥浆中，达到喷射均匀的效果，而且泥浆有良好的附着力，使种子覆盖料滞留在坡面上不流失。

⑤喷播草籽　喷播的主要配料包括水、黏合剂、纸浆、草坪草籽、灌木种子、复合肥料等（根据情况不同，也有另加保水剂、松土剂、指示剂、活性钙等材料）。通过草坪喷播机械，利用远程喷射嘴均匀喷射到高速公路坡面上。喷播后5~10min，水分下渗，检查效果，草种分布不足的地方应补播，喷播过的地方严禁踩踏。

⑥覆盖　为了减少土壤水分蒸发、减少坡面板结的形成、防止温度过高或过低损害已萌发的种子或幼苗，同时缓冲水滴的冲击，采用专门生产的无纺布（其质地为木纤维，1个月之后风化降解，不会造成环境污染）进行坪床覆盖，并用"U"形ϕ2mm（或其他型号）铁丝钉以2枚/m^2的密度固定。

2.1.2　营养繁殖法补植

用营养器官繁殖草坪的方法能迅速形成草坪。营养繁殖建植草坪可以说是我国的传统方法，也是草坪补植常用的一种方法。其具体操作方法有很多，包括铺草皮块、塞植、蔓植和匍匐枝植等。其中除铺草皮块外，其余的几种方法只适用于具强匍匐茎或根状茎的草坪草种。从植物营养繁殖学角度加以归纳，无非是分株与扦插，又以分株法占绝大多数。各种方法大同小异，其不同之处或与草种的特性有关，或与气候、土壤有关，或与农作方式或其某些环节的操作方法等有关。

2.1.2.1　营养繁殖补植草坪的方法

(1) 分株繁殖

①播茎法　包括匍匐枝及根状茎撒播法、匍匐茎撒播繁殖法、匍匐茎撒播式蔓植、匍匐茎植、草根撒栽法等。这几种方法都是将母本草坪用锄、镐、铲等取出，然后去土、分株，将已分的植株撒播在整好的地面上，覆土、浇水、除草等，加强管理直至成坪。这类方法在分株繁殖中用工最少，也最经济，但成坪过程较慢，建立草坪的成功概率不高，尤其大面积应用时，往往令人失望，蒙受损失。但在南方水稻产区，于稻田内栽培细叶结缕

草、沟叶结缕草生产"草坯"的成功概率令人满意。

②草茎分栽法 有匍匐茎分栽法、匍匐茎或根状茎穴栽繁殖、匍匐茎或根状茎行栽繁殖、匍匐茎埋条繁殖、埋条法、草鞭移栽法、栽植草根、草根点栽法、草根条栽法、蔓植和匍匐茎 90~120cm 条状种植等 12 种方法。与播茎法的不同之处在于获得"分株"后，用各种方式，或栽植，或埋植于建坪地内。"栽"与"埋"的区分，在于苗留在土外的多与少，大体上多者曰"栽"，少者曰"埋"，通常与建坪地区水分条件有关。这类方法较播茎法成坪的概率高些，但栽植、埋植时需要大量的人工。

③草块分栽法 有草块穴栽法、草块条栽法、草块铺栽法、草块点铺法、草块条铺法、分栽小草皮块、草皮块塞植、间铺法、条铺法、点铺法等 12 种方法。这类方法将母本草坪起成 $1/9m^2$、厚 2~4cm 的草坯(皮)。运到建坪地，将草坯原大或进一步切成约 10cm×10cm 的草块，然后按点(穴)、条、梅花形等不同形式栽植、铺植或塞植。以后，浇水、除草等管理成坪。铺植、栽植、塞植的深浅依次由浅至深。这类方法与前两类方法相比，明显的不同点是带土分株移植，因此，成功的概率高于前两类，但形成草坪的速度反而慢些，成本高些。成坪后，往往布满"小草墩"。

④草坯(皮)铺植法 铺草皮块是成本较高的建坪方法，但它能在一年的任何时间内形成"瞬时草坪"，因此，这种方法通常用来补救其他方法未能完成的草坪地块或草坪局部的修整。理想的铺草皮的床土，应是湿润而不是潮湿的。如果过分干旱及高温，即使后来进行灌溉，草皮块的根系也将受到损害。草皮应尽量薄，这样利于草坪草快速生根。在坡地铺植时，每块草皮应用桩钉加以固定。

⑤草皮柱塞植法 有两种。一种是旱作地区的草皮柱塞植法，与前面述及的草皮块塞植法相比，不同点仅在于草坯等分割成更小的小块，即草皮块换成草皮柱而已。此法欧美也有应用。另一种是水田地区的栽秧法，即将草坯托在手中，随手分株，栽入水田。栽好后放水，轻度搁田，起沟，进一步搁田。以后保持半干半湿，并作其他管理，直至成坪。这种方法见于水稻产区利用稻田生产细叶结缕草和沟叶结缕草的草坯，作商品出售。

⑥草皮柱撒播法 也有两种。一种是旱作地区的草皮柱撒播。与草皮柱塞植不同的是将草皮柱撒播到整好的地面上，然后盖土、浇水等管理到成坪为止。另一种是水田地区，近似于抛秧法。即将草皮柱抛播到整好的水田中。以后，放水搁田、起沟等直至成坪。这也是水稻产区利用水田生产细叶结缕草、沟叶结缕草商品草坯的一种方式。

(2) 扦插繁殖

有匍匐茎小段扦插法、草茎小段扦插法两种。将匍匐茎切成小段，扦插到整好的土壤中。主要应用于具有匍匐茎、根状茎或兼具二者的草坪草中。

2.1.2.2 营养繁殖补植草坪的技术要点

应用营养繁殖建立草坪的传统方法，其基础整地、灌排水系统的布置、地面平整和播前整地等一如种子直播法建立草坪所述。

(1) 采集种植材料

不论带土与否,都应选择纯净、均一、生育正常、无病虫害、人工栽培的年轻成熟草坪(一般以二年生者为好)。幼龄而生育正常的播、植材料,是建坪及迅速萌发种根、立苗,以及发生苗根继而正常生长发育的内在因素。

起草坯和制作草皮块、草皮柱,我国传统的操作方法是:拉好绳子,间距33cm,用切土坯的刀先纵切,后横切,使母本草坪分割成许多1/9m²的小块,而后用起土坯的平底撬,带土厚1.5~3.0cm起成草坯。每9块捆成一捆,正好1m²,运到建坪现场。若用草坯建植,可直接使用。若制成草皮块、草皮柱,则再行分割。草皮块通常将每块草坯9等分,约为11cm×11cm的小块。草皮柱则继续分割草皮块而成。草坯也可切成50cm×150cm的草坯,或折叠,或成卷待运。国外已广泛采用机械起草坯,为主的一种是用切卷机,切成草卷待运。切卷余下的"边角料"放入塞植机,一边切成草皮柱,一边塞植入土。

采用无土分株材料与插材,我国传统的操作方法是锄、刨或铲,获得母本草坯小片,将小片翻转,随即敲打去土,而后收取"分株",即成为草茎分栽法的种植材料。若用播茎法,则还需撕碎或切碎,撕比切好,但花费的工夫稍多。若需获得"插材",需选粗壮较刚硬者,用剪刀剪取,或切碎后拣取。一般以5~7cm长、具3个节或以上者佳。播种材料采集后,带土材料通常成捆、成卷堆放,需特别注意发热烧种;不带土的材料尤应注意避免脱水干枯。所以,均以就地取材、就地建坪为佳。若要贮运,在草的休眠期内,时间比较宽裕;而在生长季节,从采集、装运至建坪,一般不宜超过10d,途中需十分注意通气保湿与散热。

(2) 时期的掌握

季节掌握是有区域性的。我国大致上可以黄河、五岭山脉为界分成三大片。黄河以北,可以在当地的春季或雨季采用传统的营养繁殖建坪方法建坪。黄河以南,五岭山脉以北,宜区分暖季型草种与冷季型草种。暖季型草种营养繁殖以当地春季至雨季为佳,寒地型草种则分别以早春和夏末至中秋为好。岭南,即五岭山脉以南,全年可建植草坪,但以雨季为佳。季节掌握,不仅要注意建坪当时的环境条件,还需注意建坪材料的获得,以及建坪后草坪草具有足够的生育时间和满足管理的需要,以便在越冬或越夏前草坪能完成充分的生育准备。

(3) 成活管理

应用营养繁殖的方法建植草坪,重点在于成活。而成活的关键,首先在于及时发生种根,继而立苗和苗根发生。只有在苗根普遍发生,得到生长发育之后,才是真正成活。自播、栽、铺、塞、埋、抛植完毕后,至苗根普遍发生进行生长发育,这一段时间内的培育管理工作称为成活管理。既然成活是重点,那么做好成活管理,是应用传统营养繁殖法建立草坪的关键。成活管理的技术要领,无疑在于创造一个适于种根萌发和立苗,继而苗根发生、生育的环境。据观察,需要创造水分、气体、温度协调的环境,尤其是土壤环境。其中温度因素主要由选择的建坪季节决定,余下的工作主要是协调水分、气体,尤其是土壤的水分与气体。当然，协调水分、气体，也能在一定的范围内调节土温和气温。因此，抓好灌溉、排水和蹲苗成为成活管理的首要任务。根据经验，种植(包括所有形式)完毕，浇透水一次。土表面干到发白即灌，少量多次。维持土表面颜色发灰，干湿适度。若土发黑，则水过多。只要播种材料是幼龄而生育正常的，种植后，能得到一次透水，保持土表面灰色，则 7~10d，种根发生，生育正常，即始立苗。立苗后，继续维持这种灌排方式与灌溉量，至 50%以上新苗长出 2~3 片新叶，则苗根不仅发生，而且生育比较正常。此时，早晨连续观察 3~4d。若气候正常，都可以看到吐水现象，可以开始蹲苗。蹲苗由轻至重，根据苗情、气候、土壤，与灌溉交替进行，直到形成幼坪。目测立苗数已达到或超过50%，可追施立苗肥。其目的是立好苗和促进苗根生长。施肥应与灌溉结合进行。镇压、覆盖、除草、补苗等均可参照种子直播建坪的播后管理，根据具体情况予以实施。

生产上常见的营养繁殖补植草坪的方法

1. 种茎直播法

种茎即用作种子的茎叶系统。草坪草地上部营养器官是茎(含枝、蘖)和叶，它们是同源的，若视为一体，可合称茎叶系统。一个着生有叶和芽的节加上一段节间，可视为组成茎叶系统的一个单元，称为茎叶单元。茎叶单元与种子颇有相似之处，不同之处大多属于定量范围，主要是茎叶单元表皮系统的保护功能不及种皮，贮藏养分不及胚乳或子叶丰富，种根和苗根的发生、根系的建立难于胚根的萌发和初生根系的建立，根与芽生育的不协调程度远超过种子的胚芽与胚根，但是具有相当量的绿色面积，能进行一定的光合作用，为种子所不及。若能利用现代生物技术如组织培养技术等，克服茎叶单元萌发成苗过程中的困难，则每个茎叶单元就是一颗种子。把整理好的建坪地视为培养床，土壤看作培养基，将种茎直播其上，经过成活管理和成坪管理，快速地形成优质草坪。种茎直播成草坪法的主要农艺流程为种茎圃培育种茎→种茎的采收和贮运→将种茎直接播种到整理完毕的建坪地内→成活管理→成坪管理。

种茎直播成草坪法有如下特点：

①生产周期短，自播种到形成草坪仅需 1~2 个月；到可以使用，为 2~3 个月。

②商品生产率提高了 3~100 倍。

③形成的草坪质量和景观均可与种子直播法建立的草坪媲美。

④延长建立草坪的季节。

⑤可将占用农田的量压缩到最低程度，且不破坏土壤。有些草种只要管好已有的草坪即可采"种"，不需要占用农田，也不破坏供种草坪。保证了草坪的持续生产。

⑥运输量较少，与运输草坯比较，尤其显著。

⑦投资少，省工，成本低。

⑧利用已有的农机具可以(但不理想)大面积机械化施工。

⑨已成功地运用常温、保湿、通气贮运技术,解决了生产中种茎的贮运问题,但较种子贮运麻烦。

⑩适用于建立大面积草坪。对于黑麦草、草地早熟禾等种子生产、采收容易,而种茎生产或采收困难的草坪草种,应用本法的商业意义不大。

2. 密铺法

密铺法即用草皮将地面完全覆盖,草皮块可用人工或机器自动水平铺展。由于草皮边缘在运输过程中受呼吸作用的影响较小,恢复生长与向外扩展较快,因此相邻草皮块之间要留有1~2cm的缝隙。草皮铺植后,应利用0.5~1.0t重的滚筒进行镇压,压紧后应使草面与四周平齐,使草皮与土壤紧接、无空隙,这样可免受干旱影响,利于草皮的成活、生长。在铺草皮之前或之后应充分浇水,第二天再进行一次镇压(图2-1-2至图2-1-5)。如坪面有较低处,可覆以松土使之保持平整,日后草坪草可钻出土面。

图2-1-2 购买草皮

图2-1-3 运输草皮

图2-1-4 铺植

图2-1-5 浇水

3. 塞植法

塞植包括种植从芯土耕作取得的小柱状草皮柱和利用杯形环刀或相似器械取出的柱状草皮柱。通常塞柱为直径5cm、高5cm的草皮柱或底为25cm²的立方塞块。将它们以20cm

左右的间距插入坪床，顶部土壤与床土表面齐平，这种方法较适合于具匍匐茎或根状茎的草坪草种。塞植法除可用来建立新草坪外，还可用来将新种引入已形成的草坪之中。

4. 播茎法

播茎法基本上是撒播匍匐茎段，每个茎段有 2~3 个节。植物材料均匀地撒播在湿润但不潮湿的坪床表面，$1m^2$ 营养枝可铺 $5~8m^2$，之后在坪床上表施土壤，厚度为 0.5~1cm，再进行镇压和灌溉。

课后习题

1. 草坪补植的方法有哪些？分别是什么？
2. 铺草皮法补植的技术要点有哪些？

任务2.2　草坪修剪

任务指导书

▶▶任务目标

了解草坪修剪的目的和作用；熟悉常见草坪草的修剪高度及影响因素；掌握草坪修剪原则、修剪技术要领、修剪的时间和频率及草屑的处理。

▶▶任务描述

1. 根据养护需要安排，制订草坪修剪的方案。
2. 草坪修剪工作任务的实施。

▶▶材料及工具

草坪修剪机、大平剪、割灌机、大塑料袋、草爬子、扫帚等。

▶▶任务实施指导

1. 草坪修剪前准备：草坪修剪机具的准备，草坪修剪地块的杂物清理。
2. 草坪修剪技术：确定草坪修剪时间→确定草坪修剪方向→设计草坪修剪图案→确定草坪修剪高度→选择草坪修剪机具→修剪草坪→草屑处理。

相关知识

草坪修剪也叫刈剪、剪草，是指定期去掉草坪草枝条的顶端，使草坪保持一定的高度。它是维持优质草坪的最基本、最重要的作业。

2.2.1 草坪修剪的目的、作用、原理及原则

(1) 草坪修剪的目的

草坪修剪的目的是保持草坪整齐美丽、具吸引力的外观以及充分发挥草坪的坪用功能。因此，修剪草坪是草坪养护管理的核心内容。草坪若不修剪，长高的草坪草将改变草坪的外观，使草坪失去坪用功能，降低品质，进而失去其经济价值和观赏价值。

(2) 草坪修剪的作用

①促进草坪草分蘖，增加草坪密度　对草坪草进行适度修剪，能控制草坪草顶端生长，促进草坪草新陈代谢和根基分蘖，利于匍匐枝的伸长，增大草坪的密度，使草坪具有良好的弹性和触感，增加了草坪的耐践踏能力。

②获得平整的坪面，提高草坪的观赏价值　修剪能使草坪高度保持一致，修剪后新发的草坪草叶色嫩绿鲜艳，增加了草坪的观赏价值。在草坪草能忍受的修剪范围内，留茬越低，草坪越平整、均一，草坪的观赏价值越高，越能体现其景观效果。

③抑制杂草生长，提高草坪品质　一般双子叶杂草的生长点都位于植株顶部，通过修剪可剪去生长点，从而达到抑制杂草生长的目的。单子叶杂草的生长点虽然剪不掉，但由于修剪使其叶面积减少，可降低其竞争能力。多次修剪也能防止杂草种子的形成，减少杂草的种源，使杂草失去繁衍后代的能力，从而逐渐被消除。合理修剪还能改善草坪草的抽薹结籽现象，提高草坪品质。

④提高通透性，改善生长环境　剪去部分枝叶，可改善草坪的透气透光性，调节温度、湿度，改善草坪的生长环境，有利于草坪草健康生长而不利于真菌侵染繁殖。修剪还能剪除草坪上的病菌，并通过草屑被带出，减少了病菌的侵染机会。冬季剪草，剪去枯萎的地上部分，降低了火灾发生。但修剪使叶片留下切开的伤口，给病虫害的发生提供了有利条件，因此修剪刀片要锋利，并要做好病虫害的预防工作。

⑤形成美丽的条纹或图案，提高商业价值　采用间歇修剪或不同走向修剪，可因光的作用在人的视觉里形成明暗不同的条纹，呈现较好的景观效果。

⑥合理修剪，可延长绿期　在秋末冬初之时，对暖季型草坪进行修剪，可以使草坪的枯黄期延后，绿期延长。冷季型草坪在夏季容易进入高温休眠，对其合理修剪，可使草色嫩绿并安全越夏。

但当修剪过度或不合理修剪时，如留茬太低、修剪次数过少、修剪机械的刀片不锋利等，均会引起草坪品质下降。特别是重复多次的过度修剪，会过多地削弱了同化积累，使根系粗化、浅化，减弱了再生能力，叶色变黄，造成草坪退化甚至死亡，因此合理修剪非常重要。

(3) 草坪修剪原理

草坪修剪对草坪草是一种伤害，但草坪草具有较强的再生能力，能使草坪在较短的时间内得到恢复。草坪草具有以下能力：被剪去上部茎叶的留茬部分可以继续生长；未被伤害到的幼叶可继续发育且生长迅速；基部的分蘖可产生新的枝条；根与留茬具有吸收和贮藏营养物质的功能，可以满足草坪草被修剪后再生的养分需求。科学合理的修剪，即使频

繁也不会对草坪形成太大伤害。

经过修剪，草坪草会增加分蘖，使地上生长部分密度增加，但却抑制了根和茎的生长，减少了供给根和茎生长的养分。同时，储存营养的减少，会对草坪的生长产生不利影响。因此，修剪后要对草坪进行营养补充。

(4) 修剪原则

草坪修剪应遵循"三分之一"原则，即每次修剪掉的高度不能超过修剪前草坪草自然生长高度的1/3。

对生长较高的草不能一次剪至所需高度，每次修剪时，剪去1/3的叶片，使保留的叶片能正常进行光合作用，为根系补充同化产物。若一次过度修剪，会使地上部分不能为根系提供足够的同化产物，阻碍根系的生长，导致草坪因养分缺乏而死亡。

但在某些特殊情况下可以重剪。比如，草地早熟禾草坪春季从休眠状态返青时，可齐根重剪，去除死亡组织，促进新生植株生长；结缕草从休眠中恢复前，剪去50%~75%的茎叶组织，有助于防止结缕草变得蓬松，维持其良好的草坪质量。

2.2.2 草坪修剪时间

草坪草的整个生长季都需要修剪。一般始于3月，终于10月，通常在晴朗天气的早晨或傍晚进行，早晨应该在露水干后修剪，一般在9:00以后进行，以免因伤口和露水同时存在增大病菌入侵的机会。避免高温下操作，在下雨时或雨后及浇水后土壤湿度大时不修剪。

具体的修剪时间要根据草坪的留茬高度来确定。草坪草需要修剪时的草高可以用公式计算：

$$剪草时草高 = 留茬高度 \times 1.5$$

例如，修剪草地早熟禾足球场草坪，要求草坪草留茬高度是3cm，剪草时草高应为4.5cm。也就是说，留茬高度为3cm的足球场草坪，当草坪草生长到4.5cm高时就需要修剪了。

2.2.3 草坪修剪方向

修剪方向是剪草机作业时运行的方向和路径，直接影响草坪草枝叶的生长方向和草坪土壤受挤压的程度。因此同一草坪，每次修剪尽可能改变修剪方向，以防止草坪土壤板结，减少草坪践踏。应避免以同一种方向进行多次重复的修剪，避免草坪草趋于瘦弱和出现纹理现象(草叶趋向同一方向的定向生长)，使草坪生长不均衡。

修剪时按直角方向两次修剪，可获得像国际象棋棋盘一样的图案，美学效果好。

2.2.4 设计草坪修剪图案

在一般绿地草坪中应用很少，常用于球类运动场和观赏草坪。

草坪的图案可根据预先设计，运用间歇修剪技术而形成色彩深浅相间的图形，如彩条形、彩格形、同心圆形等。工作流程如下：

①设计图形　根据场地面积和形状、使用目的和剪草机的剪幅，设计相宜的图形。

②现场放线　用绳索做出标记。球类运动场彩条或彩格，其条格宽度通常为2~4m。

③间歇修剪　按图形标记，隔行修剪，完成一半修剪量，间隔数天以后，再修剪其余的一半。间隔天数一般1~3d，在能清晰显示色差的前提下，间隔天数越短越好。同一条块草坪的修剪方向应保持一致，以免出现色差。

2.2.5　草坪修剪高度

草坪的修剪高度也称留茬高度，是指草坪修剪后立即测得的地上茎叶的垂直高度。各类草坪草忍受修剪的能力是不同的，因此，草坪草的适宜留茬高度应依草坪草的生理、形态学特征和使用目的来确定，以不影响草坪正常生长发育和功能发挥为原则。留茬高度与草坪草的种类、用途、生长发育状况有关。一般来说，要求养护越精细的草坪，留茬高度越低。

确定草坪草适宜的修剪高度是十分重要的，它是进行草坪修剪作业的直观依据。确定修剪高度时应考虑以下几个因素：

①修剪高度因草坪草的种类和品种的不同有所不同（表2-2-1）。

②修剪高度受环境条件等因素的影响。

当草坪受到不利因素的影响时，要提高修剪高度，以增强草坪的抗性。在夏季，冷季型草坪草进入越夏休眠期，草坪生长缓慢，为了增加草坪草对热和干旱的忍耐度，要适当提高留茬高度。如果要恢复昆虫、疾病、交通、践踏及其他原因造成的草坪伤害，也应提高修剪高度。为使树下遮阴处草坪更好地适应遮阴条件，也应提高修剪高度。此外，休眠状态的草坪，有时也可把草剪到低于可忍受的最小高度。在生长季开始之前，应把草剪低，以利于枯枝落叶的清除和草坪的返青。

③修剪高度因草坪用途不同而异（表2-2-2）。

表2-2-1　常见草坪草的留茬高度

冷季型草坪草	修剪高度(cm)	暖季型草坪草	修剪高度(cm)
草地早熟禾	3.8~6.5	中华结缕草	1.3~5.0
多年生黑麦草	3.8~5.0	细叶结缕草	1.3~5.0
高羊茅	5.0~7.6	普通狗牙根	1.9~3.8
紫羊茅	2.5~6.5	野牛草	6.4~7.5
细叶羊茅	3.8~7.6	地毯草	1.5~5.0
匍匐剪股颖	0.5~1.3	假俭草	2.5~5.6

表2-2-2　不同用途草坪的草坪草修剪高度

用途	修剪高度(cm)	用途	修剪高度(cm)
果岭草坪	小于0.5	游憩草坪	4~6
运动场草坪	2~5	一般草坪	8~13

④修剪高度因草坪的质量等级不同而异（表2-2-3）。

表2-2-3　不同等级质量草坪的修剪高度

类　型	一级 修剪高度(cm)	二级 修剪高度(cm)	三级 修剪高度(cm)
景观草坪	3~5	5~7	7~9
足球场草坪	2~3	3~5	5~7
草皮卷	3~4	4~5	5~6
水土保持草坪	0~10	10~20	20~40

2.2.6 草坪修剪频率

草坪草修剪频率受以下因素影响。

(1) 草坪草的种类及品种

草坪草的种类及品种不同,形成的草坪生长速度不同,修剪频率也自然不同。生长速度越快,则修剪频率越高。在冷季型草坪草中,多年生黑麦草、早熟禾等生长量较大,修剪频率较高;紫羊茅、高羊茅的生长量较小,修剪频率则较低。

(2) 草坪草的生育期

一般来说,冷季型草坪草有春、秋两个生长高峰期,因此在两个高峰期应加强修剪,可每周1~2次。但为了使草坪有足够的营养物质越冬,在晚秋,修剪次数应逐渐减少。在夏季,冷季型草坪也有休眠现象,也应根据情况减少修剪次数,一般2周一次即可满足修剪要求。暖季型草坪草一般从4~10月,每周都要修剪一次,其他时候则2周一次。

(3) 草坪的养护管理水平

在草坪的养护管理过程中,水肥的供给充足、养护精细,生长速度比一般养护草坪要快,需要经常修剪。如养护精细的高尔夫球场的果岭区,在生长季每天都需要修剪。

(4) 草坪的用途

草坪的用途不同,草坪的养护管理精细程度也不同,修剪频率自然有差异。用于运动场和观赏的草坪,质量要求高,修剪高度低,养护精细,需经常修剪;如高尔夫球场的果岭地带;而管理粗放的草坪则可以每月修剪1~2次,或根本不用修剪,如防护草坪。

此外,修剪频率还取决于草坪草生长速度和修剪高度等。草坪草的生长速度越快、修剪高度越低,修剪的次数就越多(表2-2-4)。

表2-2-4 草坪修剪的频率

草坪类型	草坪草种类	修剪频率(次/月)			修剪频率(次/年)
		4~6月	7~8月	9~11月	
庭 院	细叶结缕草 剪股颖	1 2~3	2~3 3~4	1 2~3	5~6 15~20
公 园	细叶结缕草 剪股颖	1 2~3	2~3 3~4	1 2~3	10~15 20~30
竞技场、校园	细叶结缕草 狗牙根	2~3	3~4	2~3	20~30
高尔夫球场草坪	细叶结缕草 剪股颖	10~12 16~20	16~20 12	12 16~20	70~90 100~150

2.2.7 草坪修剪机械

剪草机械的选择要考虑多种因素,如草坪面积、修剪质量、修剪高度、可以获得的刀刃设备等。总的选择原则是：在达到草坪修剪质量的前提下，能快速、舒适、优质、最大量地完成剪草作业，且费用最低。当前用于草坪修剪的机械种类很多，按作业时的行进动力有机动式和手推式两种，按刀具类型可分为滚刀式和旋刀式两种类型。滚刀式剪草机能将草坪修剪得十分干净整齐，只是价格较高，保养较严格，常用于网球场、高尔夫球场等运动场草坪；旋刀式剪草机修剪质量稍差，但价格稍低，保养也较简单，可用于低保养草坪和大部分绿地。

在坡度较大或不适宜用剪草机的地方，人们还常用割灌机或剪草剪刀进行草坪修剪作业，同样能得到令人满意的效果。

剪草机的选择可参考以下几个方面：草坪的面积；修剪完草坪需要的时间；草坪的地面情况(崎岖不平，或粗糙，或平坦)；修剪效果；剪草机的安全性能；草屑的处理方式；草坪的形状；草坪的坡度；现有的剪草机械。

2.2.8 草屑的处理

草屑即剪草机剪掉的草坪草组织。草屑内含有植物所需的营养元素，是重要的氮源之一，其干重的3%~5%为氮素，1%是磷，1%~3%为钾。将草屑留放在草坪之内，有利于养分回归草坪，改善干旱状况和防除苔藓的着生，同时能省去搬除草屑所消耗的劳力。但是，在大多数情况下留下草屑的弊大于利。留下的草屑利于杂草滋生，使草坪变得松软并易造成病虫害感染和流行，也易使草坪通气性受阻而使草坪过早退化。

草屑处理的一般原则：

①将草屑留在草坪中　健康无病虫害的草坪，如果剪下的草叶较短，可不将草屑清除出草坪，直接任其撒入草坪内分解，将大量营养元素回归草坪。

②将草屑移出草坪　如果剪下的草叶较长，草屑留于草坪会影响美观。同时，草屑的覆盖会影响草坪草的光合作用，引起病害的发生，因此要移出草坪。但若天气干热，也可将草屑暂时留放在草坪表面1~2d，以阻止土壤水分蒸发，待草叶恢复生长后再移出草坪。修剪有病害的草坪，无论草屑长短，一律收集起来运出草坪焚烧处理。一般运动草坪，考虑运动的需要，将草屑清出草坪。移出草坪的草屑应进行处理，如填埋、堆沤有机肥、留作牲畜饲料等。

2.2.9 草坪修剪操作流程

(1)清除草坪上的杂物

将草坪上的石块、枯枝、塑料袋等杂物清理掉。

(2)检查调试修剪机械

检查电动剪草机的电量、电池，或汽油剪草机的油箱并及时添油，然后开机调试机械性能，检查刀片是否锋利。每次修剪时，要保证剪草机刀片锋利，以免草坪叶片被撕裂拉伤，影响草坪的美观性及滋生细菌。

(3)选择修剪走向

与上一次修剪的走向要求有至少30°的交叉，避免重复方向修剪引起草坪长势偏向一侧。

（4）确定留茬高度

根据草坪草的自然高度计算确定留茬高度，调整剪草机的剪草高度调节杆到需要的留茬高度。

（5）修剪

按照设计好的修剪方向开始修剪，速度保持不急不缓，路线直，每次往返修剪的切割面应保证有5~10cm的重叠。遇障碍物应绕行，遇四周不规则的草坪，边缘应沿曲线剪齐，转弯时应调小油门。若草过长，应分次剪短，不允许超负荷运作。边角、路基边草坪、树下的草坪修剪容易损坏剪草机刀片，可用割灌机修剪，花丛、细小灌木周边草坪用割灌机修剪容易误伤花木，应用剪刀修剪。

（6）修剪后处理

草坪修剪完后清理现场，清洗剪草机械，做好剪草机械的保养工作。修剪后2~3d最好喷洒杀菌剂预防病害发生。

课后习题

1. 如何确定草坪的修剪时间和频率？
2. 简述草坪修剪的操作流程。
3. 草坪修剪的作用有哪些？
4. 草坪修剪的原则是什么？
5. 如何确定草坪的留茬高度？
6. 草屑必须要清出草坪吗？
7. 什么情况下可以适当提高草坪修剪高度？
8. 简述草坪修剪原理。

任务2.3 草坪水分管理

任务指导书

>> 任务目标

了解草坪灌溉的目的、草坪排水的技术方法；熟悉常见草坪草的灌溉时间、灌水量和灌水频率；掌握草坪灌水的方法、草坪灌水的技术要点及草坪节水灌溉措施。

>> 任务描述

1. 根据养护需要，制订草坪灌溉、排水的方案。
2. 草坪灌溉、排水工作任务的实施。

>> **材料及工具**

水管、喷头、铁锹、喷灌设施、排水设施等。

>> **任务实施指导**

1. 灌溉技术：
(1) 灌溉前准备：工具及材料的准备、设施的调试。
(2) 灌溉技术：确定灌溉时间→确定灌水量→选择灌溉方法→进行灌溉操作。
2. 排水技术：
(1) 排水前准备：排水工具的准备及设施检查。
(2) 排水技术：检查排水系统是否畅通→若有堵塞，立即清理。

相关知识

水是草坪草生长的必要条件。草坪草的含水量可达其鲜重的 65%～80%，如果含水量下降，就会造成萎蔫；含水量过低时，草坪草会出现死亡。但是水分过多，会导致土壤通气状况变差，使草坪草根系受淹而窒息死亡。在草坪养护管理中，如果仅靠大气降水和土壤水来供给，很难满足草坪草各个生长阶段对水分的需求。因此，水分的管理是维持草坪高质量观赏效果的重要的措施之一。

2.3.1 草坪灌溉

草坪灌溉是适时、适量供给草坪草生长发育所需水分的主要手段之一，它可以弥补大气降水的不足或不均。同时，草坪施肥以后常需立即浇水，以提高肥料的有效性，避免叶片灼伤。此外，灌溉还可以洗尘、除露、降温、保温等。

2.3.1.1 草坪灌溉的意义及作用

①灌溉是保证草坪植物正常生长的物质基础。
②灌溉可以保证草坪草维持正常、健康的绿色，延长草坪的绿色观赏期。
③灌溉可以调节小气候，改变草坪温度。
④灌溉可以增强草坪竞争力，延长其使用年限。
⑤灌溉可以预防草坪病害、虫害以及鼠害。

2.3.1.2 灌溉的时间

草坪何时需要灌溉，受多种因素的影响，如大气、土壤类型、草坪草种和草坪草不同的生长阶段等。因此，判断草坪何时灌溉是草坪管理中一个比较复杂的问题。一般情况下，可以通过以下几种方法来确定草坪是否需要灌溉。

①植株观察法　草坪缺水时，叶色由亮变暗。进一步缺水则细胞膨压改变，叶片萎蔫，卷成筒管或叶色发灰白，最后叶片枯黄。

②土壤含水量检测法　如果地面已变成浅白，则表明土壤干旱。挖取土壤，当土层干旱至 10～15cm 时需要灌水（土壤含水量充足时则呈现暗黑色）。

③仪器测定法　当前草坪灌溉中利用多种电子设备辅助确定灌水时间，如使用张力计测定土壤含水量。

④蒸发皿法　用水分蒸发皿来粗略判断土壤蒸发失水量。除大风地区外，蒸发皿的失水量大致等于草坪因蒸散而失去的耗水量，如蒸发皿水量降低75%～85%，相当于草坪失去灌水的75%～85%。

⑤土壤水分探头测定法　土壤水分探头埋于草坪不同区域，来实时监测土壤水分变化。

根据以上方法判断出草坪缺水时，就要及时灌溉。草坪灌溉应根据土质、不同生长时期、不同草种耐旱能力以及天气状况，选择适宜的时间。早春土壤解冻后灌一次返青水，初冬土壤封冻前灌一次封冻水。春、秋草坪生长季节因天气较凉爽，以中午前后灌溉为宜。草坪灌溉最好选择无风天气进行，可以减少水分散失。夏季一般不在中午和晚上浇水，前者容易引起草坪灼伤，后者容易使草坪感病。一天当中何时灌溉要根据灌溉方式来确定。如果应用间歇喷灌（雾化度较高），阳光充足条件下灌溉最好。不仅能补充水分，而且能明显地改善小气候，有利于蒸腾作用、气体交换和光合作用等，有助于协调土壤水、气、肥、热，利于根系及地下部营养器官的扩展。若用浇灌、漫灌等，需看季节。晚秋至早春，均以中午前后为好，此时水温较高，灌后不伤根，气温也较高，可促进土壤蒸发、气体交换，提高土温，有利于根系的生长。其余则以早晨为好，在具体时间的安排上，应根据气温高低、水分蒸发快慢来确定，气温高，蒸发快，则浇水时间可晚些，否则宜早些。以午夜前草坪地上部茎叶能处于无明水状态为准，防止草坪整夜处于潮湿状态导致病害发生。对于天气特别干燥的北方和宽敞、通风良好的地方，可以在16:00以后的傍晚灌溉。剪草后24h内必须灌溉。

2.3.1.3　灌溉量

草坪需水量是草坪草生长所需要的总水量，用每日耗水深度来计算，如mm/d等。一般情况下，草坪草的需水量为2.5～7.5mm/d。需水量在不同草种之间变化较大。典型草坪需水范围为水面蒸发量的50%～80%，在主要生长季中，冷季型草坪草为65%～80%，暖季型草坪草为55%～65%。草坪草对水分的需求可以从生理需水和生态需水两个方面考虑。

生理需水：直接用于草坪草生命活动与保持植物体内水分平衡所需水分。

生态需水：为了达到所需草坪草质量，保持良好的草坪生态环境所需要的水分。

影响草坪需水量的因素较多，主要有草坪草种类、土壤条件、环境气候条件、管理水平、生长时期等，这些因素相互影响、共同作用，决定着草坪的灌水量。在一般养护条件下，草坪需水量可通过灌水和降水二者一起来满足。

草坪草种类不同，需水量不同。暖季型草坪草普遍比冷季型草坪草耐旱性强，相对需水量低。生长期长、叶面积大、生长速度快、根系发达的草坪草需水量大。生长缓慢的草坪草较耐旱，如杂交狗牙根、结缕草、野牛草和假俭草的需水量很低，细羊茅的需水量中等，而草地早熟禾、高羊茅、一年生早熟禾和匍匐剪股颖的需水量很大。冷季型草坪草对水分的要求从高到低的顺序依次为：匍匐剪股颖、草地早熟禾、多年生黑麦草、紫羊茅、高羊茅等。暖季型草坪草对水分的要求从高到低依次为：假俭草、地毯草、狗牙根、结缕草等。一般 C_3 类草坪草需水量大于 C_4 类草坪草。

　　管理养护水平越高，草坪修剪的次数越多，需要灌水量就会越大；反之，养护水平低的草坪需水量也少。

　　土壤质地对土壤水分的影响很大。砂性土壤每次的灌水量宜少，灌溉次数应多，黏重土壤则反之。保水性好的土壤，可每周灌一次水；保水性差的土壤，每周可灌水 3~4 次。低茬修剪或浅根草坪，每次灌水量宜少。由于黏土和坚实土壤及斜坡上水的渗透速度缓慢，很容易发生径流，为防止这种损失，喷头不宜长时间连续开动，而要通过多次开关，逐渐灌水。如灌溉需要 30min，那么对于渗透能力低的地区，可能要灌 3 次，每次 10min，间隔至少 1h。草坪灌溉中需水量的大小，在很大程度上取决于草坪坪床土壤的性质。细质的黏土和砂壤土持水力大于砂土，水分易被保持在表层的根层中。而砂土中水分易向下层移动。一般而言，土壤质地越粗，渗透力越强，额定深度土壤充水湿润所需水量越少。但是较粗质地的土壤在生长季节内欲维持草坪生长所需消耗的总需水量是很大的。因为与细质土壤相比，粗质土壤具有大的孔隙、高排水量和蒸腾量，使之比细质土壤失水更多。当土壤质地变粗时，每次灌水量应减少，但需要较多的灌水次数和较多的总量才能满足草坪草的生长需要。

　　草坪草在生长季节内，每次灌水量应湿润到 10~15cm 深的土层（也可以更深些，以根系的深度为准）。通常，在草坪草生长季的干旱期，大概每周需补充水分 $0.05m^3/m^2$。在严重干旱的条件下，旺盛生长的草坪每周需补充水 $0.08m^3/m^2$ 或更多。成熟草坪，应干至一定程度再灌水，以便带入空气，并刺激根系向坪土深层扩展。成熟草坪的喷灌应遵循大量、少次的原则。冬季灌溉要均匀且要灌透，特别是返青水及封冻水必须灌透，要深达草坪根系分布层，土壤持水应达 20~25cm。

　　检查土壤湿润的深度，是确定实际灌水量的有效方法。当土壤湿润到 10~15cm 深时，草坪草可获得充足的水分供给。在实践中，草坪管理人员可在已定的灌溉系统下，测定灌溉水渗入土壤额定深度所需时间，从而通过控制灌水时间的长短来控制灌水量。

　　另外一种测定灌水量的方法是在一定的时间内计算每一个喷头的供水量，离喷头不同的距离，至少应放置 4 个同样直径的容器。1h 后将所有容器内的水倒在一个容器里，并量其深度，然后以厘米为单位，用深度除以容器数来确定灌水量。例如，使用 6 个容器收集 1h 的总水量深度是 8.8cm，则灌水量为 1.47cm。

2.3.1.4　灌溉频率

　　幼坪的灌溉基本原则是"少量多次"，成坪灌溉的基本原则是"一次浇透，见干见湿"。灌溉次数依据坪土类型和天气状况而定，通常砂壤比黏壤易受干旱的影响，因而需频繁灌水。热干旱比冷干旱的天气需要灌水更多。草坪灌水频率无严格的规定，一般在生长季内，普通干旱情况下，每周浇水 1 次；在特别干旱或床土保水差时，则每周需灌水 2 次以上。凉爽天气则可减至每隔 10d 左右灌 1 次。不同条件下灌水频率见表 2-3-1 所列。

表 2-3-1　不同条件下灌水频率

灌水条件	灌水次数
凉爽天气	10~15d 一次
生长季	1次/周
草坪生长季的干旱期	1~2次/周
炎热干旱、生长旺盛期	3~4次/周
开春水	1次/年
封冻水	1次/年

2.3.1.5　灌溉方法

草坪灌溉主要采用地面灌水和喷灌两种形式。

（1）地面灌水

地面灌水常采用大水漫灌和胶管洒灌等多种方式。它是最简单的灌水方法，优点是简单易行，缺点是常因地形的限制而产生漏水、跑水，耗水量大，水量不够均匀，坡度大的草坪不能使用，有一定的局限性。

（2）喷灌

建植草坪后土壤渗吸速度降低，要求采用少量频灌法灌溉。而且为了节约劳力和资金、提高喷灌质量，园林草坪灌溉大多采用喷灌系统。喷灌系统按其组成的特点，可分3种类型：

①固定式　所有管道系统及喷头常年固定不动。喷头采用地埋式喷头或可快速装卸喷头。该形式单位面积投资较高，但管理方便、地形适应性强、便于自动化控制、灌溉效率高。

②半固定式　设备主干管固定，支管及喷头可移动。在面积小的草坪上应用较多。

③移动式　除水源外，设备管道喷头均可移动。该形式适用于已建成的大面积草坪。

在草坪管理中，最常采用的是喷灌。喷灌不受地形限制，还具灌水均匀、节省水源、便于管理、可减少土壤板结、增加空气湿度等优点，因此，是草坪灌溉的理想方式。

2.3.1.6　水源和水质

草坪灌溉的水源主要采用地下水、地表水（池塘水、湖泊水、河流水）。地下水丰富的地方通常打井，用水泵抽出地下水供草坪灌溉。地下水通常需要进行检测，没有杂草种子及各种病原物和各类有机成分并且矿物质含量且 pH 适宜草坪生长的地下水是优质水源。地表水中往往会携带大量的杂草种子，要加以处理和控制，避免导致杂草入侵。

2.3.1.7　灌溉的技术要点

①草坪浇水时应先检查地表状况，如果地表坚硬、板结或被枯枝落叶所覆盖，最好先打孔、划破、垂直刈剪草坪后再浇水，否则水分难以下渗，不利于草坪草根系生长发育。

②浇水最好在凉爽天气的早上或傍晚进行，以将蒸发量减少到最低水平。

③草坪浇水，任何时候都不要只浇湿表面，而要遵循浇则浇透的原则。

④浇水应均匀，用移动设备浇水时，应先远后近，逐步后移，以避免践踏。

⑤我国北方地区的草坪，通常应于春季萌发前、秋季停止生长后各浇一次透水，充分湿润40~50cm 为佳，前者称"开春水"，后者称"封冻水"，其对草坪的全年生长和安全越冬十分有利。

⑥在南方地区，冷季型草坪越夏困难，通常采用傍晚浇水降温措施，使其安全越夏。

⑦避免积水，做到及时排积水。

⑧注意水质，避免使用含盐碱高的水。

2.3.1.8 草坪节水管理措施

①草坪建植时选择耐旱的草种或品种。
②在干旱季节，可适当提高草坪的修剪高度。
③在干旱季节，应控制氮肥用量，施用富含磷、钾的肥料。
④定期清除枯草层和改善土壤通透性。
⑤减少修剪次数并用锋利的刀片剪草，可减少因修剪伤口而造成的水分损失。
⑥少用除草剂，避免对草坪草根系的伤害。
⑦在准备坪床时，增施有机质和土壤改良剂，可提高坪土的持水能力。
⑧浇水前注意天气预报，避免在降雨前浇水。

2.3.2 草坪排水

草坪排水以地表径流排水为主，地表径流排水占总排水量的70%~95%。其次是渗透排水。渗透入土层内的水进入土壤毛细管，成为毛管悬着水，一旦超过田间持水量，即转化成重力水，汇入地下水。所以地下水位的高低是很重要的，不仅影响供水，还影响排水。地下水位经常保持在离地表1~1.2m是较好的。土壤质地、结构对于保持土壤通透性同样重要。

排水良好的草坪，通常雨后一天之内可将重力水排除或基本排除。但是草坪草生长过程中常因各种原因遭受涝害、渍害。当草坪内水分过多形成积水时，草坪草根系分布层内土壤通气不良，会影响根系吸收氧气和正常代谢，引起根系功能衰退，植株不能正常生长，使草坪质量下降，严重时造成斑秃或死亡。因此，做好草坪排水是防止草坪涝害、渍害的重要措施。

优良的排水系统是草坪整体质量的保证。草坪绿地良好的排水系统对草坪及坪床土壤的作用是多方面的，主要表现在：改善土壤通气性，草坪草养分得到充分供给，有利于草坪草根系向深层扩展，使草坪草深层根系获得更多的水分。

2.3.2.1 草坪排水系统的形式

草坪排水系统包括地形排水和管道排水两种形式。

(1) 地形排水

地形排水是利用坪床的坡度排水。一般小面积草坪采用0.2%左右的坡度即可达到排水目的。地形排水要求场地中心稍高，四周逐渐向外倾斜，较大草坪通常做成0.2%~0.3%的坡度，最大坡度不宜超过0.5%，坡度太大容易出现水土流失。如果草坪场地的边缘靠近道路及建筑物，则应从路基或房基处向外倾斜，以利于向外排水。

(2) 管道排水

管道排水是利用设置的管道进行排水。对质量要求较高的广场草坪或运动场草坪，应设置排水设施进行排水。目前通常采用的设施排水有暗管排水和鼠道排水。

①暗管排水　利用地下沟（管）排除草坪土壤多余水分的排水技术措施。草坪土壤中的

多余水分可以从暗管接头处或管壁滤水微孔渗入管内排走，起到控制地下水位、调节土壤水分、改善土壤理化性状的作用。暗管排水有便于机械化作业、节省用地和提高土地利用率的优点，但一次性投资较大，施工技术要求较高，如果防沙滤层未处理好，使用过程中易淤堵失效。

若草坪面积不大，暗管排水一般采用对角线形式埋设主要暗管排水管道，在主管道左、右，副管斜埋，构成似肋骨的地下排水系统。副管接入主管一般应与水平面成45°角。若草坪面积较大，排水主管则应平行排列，暗管管径一般为6.5~8cm，管材为陶土、混凝土或是带孔的硬质塑料管。埋管时，开挖宽30~45cm、深40~50cm的沟，管间距4~18m。放入管后，在管的上面先铺一层石灰，防止细土粒阻塞排水管，然后填入碎石和煤屑，作为集水区，起到收集地表径流的作用。最后填入表土，厚度一般在18~20cm，以利于草坪草生长。

②鼠道排水　为排除草坪土壤中过多的水分，防止渍害，用动力牵引钻孔器在土面以下一定深度穿透出一道道像鼠穴一样并与排水沟相通的排水暗洞。鼠道断面一般为圆形或椭圆形。一般的鼠道只适用于黏土或黏壤土的地块，砂壤土中需作护壁处理。

2.3.2.2　设置草坪排水系统的技术要点

草坪的排水以地表径流为主，同时有渗透排水的特点。在排水系统的设计与建立中，需注意下列3个方面。

(1) 精做草坪的地面

一要平，没有坑洼；二要一定的坡度，按设计要求做好。如足球场，多雨地区比降为0.5%~0.7%，少雨及一般地区为0.3%~0.5%。以上两项做好，径流排水即可畅通无阻。在使用中，由于种种原因，随时都可能破坏"一平二坡"，随时都得修复。

(2) 明沟巧安排

由于草坪以径流排水为主，故需要相当数量的明沟，但又不能过多。既要保证排水，又不能破坏景观，影响使用。如足球场草坪巧妙地设置有盖板的"内环沟"；公园、高尔夫球场等利用地形，把小路置于谷底、坡缘，小路也就成了"明沟"，并且可增添美感，方便利用，节省造价。

(3) 科学设置暗沟

暗沟又称盲沟，其主要作用在于排除多余的地下水，控制地下水水位，预防渍害、返盐、返碱等的发生。因此，只在具有以上要求的情况下，才需设置暗沟排水系统。若仅以排除多余地下水防止渍害为目的，只在地下水位经常维持在1m以上的地区才要设置暗沟排水系统；若以阻止返碱、返盐，防止土壤盐渍化为目的，则在地下2m处设置暗沟。暗沟所排的地下水来自土壤重力水，而重力水则由土壤渗透排水而来。因此，设置暗沟排水系统的同时，必须全面改良土壤质地和结构，使其具有良好的通透性，或在暗沟上面垂直布置砂槽(一般槽宽6~8cm，深25~45cm，间距60cm)。否则，暗沟系统只能起到控制地下水位的作用。例如，一个建设和管理都较好的足球场草坪，设有现代化的暗沟排水系统，地面径流排水基本正常，但大雨过后场地不能按设计要求踢球，原因是铺植草坪时，由草皮带来的黏土经多年使用踏实后，使球场表面具有了"不透水层"。因此，设置暗沟排水的草坪，在养护时要注意土壤的透水性管理。尤其雨季到来之前，定期检查排水系统，若有堵塞，立即清理，确保排水系统始终畅通。

课后习题

1. 草坪灌溉有什么意义和作用？
2. 如何判断草坪需要灌溉？
3. 影响草坪灌水量的因素有哪些？
4. 草坪节水灌溉措施有哪些？
5. 草坪灌溉的技术要点有哪些？
6. 草坪灌溉的方法有哪些？
7. 草坪排水有哪些方法？

任务 2.4　草坪施肥

任务指导书

>> **任务目标**

了解草坪施肥的目的；熟悉常见的肥料种类和缺素症状；掌握草坪施肥的时间、频率、施肥用量、施肥方法。

>> **任务描述**

1. 根据养护需要，制订草坪施肥方案。
2. 草坪施肥工作任务的实施。

>> **材料及工具**

肥料、铁锹、桶、喷壶等。

>> **任务实施指导**

1. 施肥前准备：施肥工具及材料的准备，草坪缺肥的判断。
2. 灌溉技术：选择肥料种类→确定施肥时间→确定施肥量→选择施肥方法→进行施肥操作。

相关知识

2.4.1　施肥目的

施肥的目的是补充并消除草坪草的养分缺乏，平衡土壤中各种养分，保证特定场合、特定用途草坪的质量水平，包括密度、色泽、生理指标和生长量。合理施肥可为草坪草提供所需的营养，维持草坪正常的颜色、密度和活力，使其不易受病、虫、杂草的危害，增强草坪抗旱、抗病等能力。施肥是草坪养护管理中的一项非常重要的措施，与修剪和灌溉一起，被称为草坪三大基本管理措施。

2.4.2 草坪缺肥判断

一般认为土壤中的16种元素是植物生长必需的，这些元素在植物体的含量不同，根据植物的需要量可分为：大量营养元素C、H、O、N、P、K，中量营养元素Ca、Mg、S，微量营养元素Fe、Mn、Zn、Cu、Mo、B、Cl。其中，氮(N)、磷(P)、钾(K)是肥料三要素。在草坪业，草坪管理人员进行肥料管理时经常将Ca、Mg、S作为微量营养元素。

这16种营养元素在草坪草生长中起着各自不同的作用，因此任一种元素的缺乏都可使草坪草表现出一定的症状。

2.4.2.1 缺氮判断

氮是组成蛋白质和核酸的重要部分，据测定，正常草坪草的干物质中，氮素占干重3%~5%。氮素以铵态(NH_4^+)和硝态(NO_3^-)的形式进入草坪植株体，促进草坪草分蘖和茎的生长，使叶片嫩绿，茎叶繁茂。它是叶绿素的重要组成部分，也是酶和多种维生素的成分。因此，氮素是草坪草需要最多、最为关键的营养物质。但是氮过量会引起植物细胞壁变薄，营养贮备下降，对炎热、干旱、寒冷和践踏的耐受性及抗病性下降，并且还刺激地上部分的快速生长而增加剪草的工作量。

缺氮症状：枝条分蘖减少，生长缓慢，叶片长度变短；随着缺素时间的延长，叶色由淡绿转淡黄，后变黄失绿，但没有斑，色泽均匀；根系发育不良，初期色白而细长，生长渐缓慢，后期生长停止，变褐色；一般从老叶向新叶扩展，再到整株变色，导致草坪密度降低。

2.4.2.2 缺磷判断

在草坪草植株内，磷含量一般为0.15%~0.55%。不同草坪草对磷的吸收差异较大。磷是以正磷酸根($H_2PO_4^-$)的形式进入植株内，磷在植株中多分布在含核蛋白较多的新芽、根尖等生长点部位，能促进根系发育，有利于幼苗生长和新器官的形成。磷积极参与草坪草的各种代谢作用，可以提高草坪草抗旱、抗寒、抗病和抗倒伏能力。

缺磷症状：严重影响根系发育，根量减少或生长缓慢，但地上部分的变化不像缺氮那样明显；幼芽生长缓慢，叶小，叶色变深，缺乏光泽，常带有紫红色；分蘖减少，植株瘦弱矮小，成坪速度减慢；一般从基部老叶开始，逐步蔓延到上部幼叶。

2.4.2.3 缺钾判断

钾在草坪草中的含量为0.9%~4.0%，以离子(K^+)形式通过根系吸收到植物体内，起促进糖类的形成和运转、酶的活化和调节渗透压的作用，其中促进植物体中酶系统的活化是钾在植物体中最重要的功能。钾能明显地提高草坪草对氮的吸收和利用，并很快转化为蛋白质，能明显提高植物对干旱、低温、盐害、病虫害、倒伏等不良因素的忍受能力。钾的生理功能主要表现在对植物结构、组成、代谢、生长发育及抗逆性方面,草坪草缺钾,不仅会影响生长,也会影响草坪质量。

缺钾症状:初期生长缓慢,叶片暗绿;老叶和叶缘先发黄,进而变褐色斑块,但叶中部、叶脉和靠近叶脉处仍保持绿色,严重时叶片变棕色或干枯脱落,有的叶呈现青铜色,向下卷曲,叶肉突起,叶脉下陷;根系短而少,腐烂易倒伏。

2.4.2.4 缺钙判断

钙肥主要以石灰的形式存在,通常在调节土壤酸度时使用。它在植物生理活动中,既起着结构成分的作用,也具有酶的辅助因素功能,它维持细胞壁、细胞膜及膜结合蛋白的稳定性,参与细胞代谢的调控作用。此外,当土壤中钙不足时,草坪草的根系发育将极为不良。

缺钙症状:植株组织柔软,幼叶卷曲畸形,从叶缘开始变黄至死亡,根系短而少,根尖、顶芽易腐烂死亡,并易得枯萎病。

2.4.2.5 缺镁判断

镁约占叶绿素构成元素总量的27%。草坪草中缺乏镁时不能形成叶绿素,而使叶脉间呈现出黄化症状。镁还与各类酶的作用有关,对糖类的代谢、移动均起着重要作用。

缺镁症状:在老叶先出现,逐渐危及老叶的基部,然后危及嫩叶。叶色褪绿,起于叶脉间,叶脉仍绿,后失绿部分渐由淡绿变黄或白,并出现大小不同的紫红纹或斑;植株生长缓慢,矮小。

2.4.2.6 缺硫判断

硫是草坪草的必需元素,但一般不以化肥的形式施用。草坪缺硫时,蛋白质受阻,叶绿素的形成也不良。

缺硫症状:症状与缺氮相似,但先从新叶开始。叶片褪绿,分蘖分枝减少,植株瘦弱矮小,根系发育不正常。

在草坪管理中,除了这3种大量营养元素和3种中量营养元素外,其他的营养元素也是必不可少的。如果缺乏某种或某几种元素,就会表现出一定的症状(表2-4-1)。

表2-4-1 草坪草中营养元素含量及缺乏症状

元素	干物质中含量	营养元素缺乏症状
N	2.5%~6.0%	老叶变黄,草坪草色泽变淡,幼芽生长缓慢
K	1.0%~4.0%	老叶显黄,尤其叶尖、叶缘枯萎
P	0.2%~0.6%	先老叶暗绿,后呈现紫红或微红
Ca	0.2%~0.4%	幼叶生长受阻或呈棕红色,叶尖、叶缘内向坏死
Mg	0.1%~0.5%	叶条状失绿,出现枯斑,叶缘鲜红
S	0.2%~0.6%	老叶变黄,嫩叶失绿,叶脉失绿,无坏死斑
Fe	极少量	幼叶失绿,出现黄斑,叶脉仍绿,无坏死斑
Mn	极少量	类似铁缺乏症,坏死斑小

(续)

元素	干物质中含量	营养元素缺乏症状
Zn	微量	生长受阻，叶皮薄而皱缩、干缩，具大坏死斑
Cu	微量	嫩叶萎蔫，茎尖弱
B	微量	绿纹，嫩叶生长受阻
Mo	微量	老叶淡绿，甚至金黄

2.4.3 常用肥料类型

草坪肥料类型较多，一般分五大类：天然有机肥，速效肥，缓释肥，复合肥，混合肥、控释肥。

2.4.3.1 天然有机肥

天然有机肥是一种完全肥料，含氮、磷、钾三要素及其他微量元素，同时还可改良土壤，是应该广泛推广使用的肥料。主要分为厩肥、堆肥、绿肥、泥炭等肥料。它的用量无严格要求，但必须使用腐熟的肥料，并多作基肥。

2.4.3.2 速效肥

速效肥又称化学肥、无机肥或矿物质肥料。肥料成分浓，盐分含量高，可溶于水，被植物吸收利用快。施用时必须严格控制浓度以避免造成灼伤。

2.4.3.3 缓释肥

通过对肥料包衣，使其溶解性降低，从而达到缓效的目的。此类肥料肥效可保持2~6个月，若与速效肥混合使用，可达到速效与长效结合的效果。

2.4.3.4 复合肥

复合肥是包括氮、磷、钾3种成分的肥料。15-5-10是指N占15%，P_2O_5（44%）占5%，K_2O（83%）占10%。有资料表明，3-1-2是用于一般草坪的最佳复合肥比例。但目前也有一些专门为某一草种设计的复合肥。

2.4.3.5 混合肥

将肥料、杀虫剂、杀菌剂、除草剂混合在一起，作为一种专门的产品生产使用，此混合肥可节省人力，但价格高，不利于普及使用。

2.4.3.6 控释肥

控释肥是指以某种调控机制使肥料养分在草坪生长季节逐渐释放出来的一类肥料。它能够在整个生长季节甚至几个生长季慢慢地释放植物所需要的养分。

有确切意义的控释肥料（controlled release fertilizer，CRF）是指那些在整个或者几个生长季中，养分释放速率能与植物需肥规律相一致或基本一致的肥料。

这类肥料强调养分释放速率和模式与植物吸收养分速率与模式相一致，可最大限度地提高肥料利用率。

2.4.4 施用肥料的选择

选择合适的肥料是使草坪草在整个生长季健康、均匀生长的保证。选择和施用肥料时，要考虑以下因素：养分含量与比例、撒施性能、水溶性、对叶片灼烧的可能性、施入后见效时间及残效长短、对土壤的影响、肥料价格、贮藏运输性能、安全性等。

一般来说，选择物理特性好，不易结块且颗粒均一的肥料，施用容易且均匀；选择水溶性大的肥料，对叶片灼烧的可能性低且吸收效果好；选择对土壤性状、土壤 pH、养分有效性和土壤微生物群体影响较小的肥料，不仅能保证草坪草的健康生长，也能延长草坪草的寿命。因此在选择肥料时，必须将肥料各特性综合起来考虑，才能达到高效施肥的目的。有些肥料长期施用后会使土壤 pH 降低或升高，从而影响土壤中其他养分的有效性和草坪草根系的生长发育，因此在选择肥料前最好对草坪草和土壤的养分含量进行测定，综合分析，选择适宜的肥料种类和施肥量。有试验表明，施用缓释肥虽然每单位氮的成本较高，但有效期较长，施肥次数少，省工、省力，特别是多元复合剂缓释肥能提高草坪质量、降低管理成本。草坪常用肥料见表 2-4-2 所列。

表 2-4-2 草坪常用肥料

肥料名称	养分的百分含量(%)			烧伤叶片的可能性	生理性
	N	P_2O_5	K_2O		
硝酸钠	17	0	0	高	碱
有机氮肥	5	0	0	低	
硝酸铵	35	0	0	高	
硫酸铵	21	0	0	高	酸
尿素	45	0	0	中	
尿素甲醛	32	0	0	低	
磷酸铵	14	71.7	0	高	
磷酸二铵	24	61.2	0	中	
氯化钾	0	0	63	中	酸
硫酸钾	0	0	59.5	低	酸
硝酸钾	13.8	0	46.5	高	
过磷酸钙	0	15~22	0	低	碱
重过磷酸钙	0	37~53	0	低	碱

2.4.5 施肥时期和频率

2.4.5.1 施肥时期

草坪草生长季节所需要的养分必须充足，才能保证其健康生长，因此在草坪草每年的生长季节都要施肥。温度和水分状况适宜时，草坪草生长的初期、中期和末期是最佳的施肥时间，当有环境胁迫或病害胁迫时，应减少或避免施肥。还可根据草坪的外观特征（如叶色）和生长速度等来确定施肥的时间，当草坪草明显褪绿和枝条变得稀疏时应进行施肥。

在生长季当草坪草颜色暗淡、发黄老叶枯死则需补氮肥；叶片发红或暗绿色则应补磷肥；草坪草植株节间缩短，叶脉发黄，老叶枯死则应补钾肥。

冷季型草坪草主要有多年生早熟禾、一年生和多年生的黑麦草、大叶牧草、牛毛草等，这些草一年有两个生长期：春季（4~5月）和夏季（9~10月）。施肥季节通常选在春季和晚夏。春季生长初期可施用高钾型的含缓释氮的氮磷钾复合肥料，可以避免草坪草生长过快，减少修剪次数，也能帮助草坪草抵抗病害。夏季少量施用氮肥，有助于草坪草尽快地从酷暑中恢复生长。秋季施用以钾为主的肥料，当晚上温度变得很低时，能在草坪休眠前供给根系更多的营养，刺激草坪在第二年春季的生长。因此，对于冷季型草坪草应掌握重施秋肥，轻施春肥，巧施夏肥。冷季型草坪草最重要的施肥时间是晚夏，它能促进草坪草在秋季的良好生长，而晚秋施肥则可促进草坪草根系的生长和春季的早期返青，如果有必要，也可在春季再施肥。

暖季型草坪草主要有木薯草、蜈蚣草、结缕草等，一年只有一个长的生长期，从初春开始生长直到秋季，夏季生长最旺盛。这类草坪草一开始生长就需要规律地、间断性地施肥，直到秋季。10月中旬施肥可以使草坪在冬天长时间生长，但会降低寒冬杀死和抑制杂草生长的能力，所以9月之后可不施肥。因此，对于暖季型草坪草应掌握重施春肥，巧施夏肥，轻施秋肥。一般情况下，暖季型草坪草在一个生长季节可施肥2~3次，最佳的施肥时间是早春和仲夏。秋季施肥不能过迟，以防降低草坪草的抗寒性。进入冬季休眠期，停止施肥。

2.4.5.2 施肥频率

施肥次数要根据生长需要而定。理想的施肥方案应该是在整个生长季节每隔一或两周施用少量的草坪草生长所必需的营养元素。根据草坪草的反应，随时调整肥料用量。应该避免过量施用肥料，对新肥料试验也要求少量施用。然而这样的方案用工太多，也不符合实际。另一个极端则是所有的化肥一次施用。在许多低强度管理的草坪上这种类型的施肥方案可能相当成功，但对大多数草坪来说，每年至少需要施2次肥才能保证草坪草正常生长和良好的草坪外观。施肥的次数可以通过施用缓效肥料或有机质来减少。

一般速效性氮肥要求少量多次，每次用量以不超过 $5g/m^2$ 为宜，且施肥后应立即灌水。一则可以防止氮肥过量造成徒长或灼伤植株，诱发病害，增加剪草工作量；另则可以减少氮肥损失。但施肥的次数却未必越多越好，有学者研究了施肥频率对假俭草草坪质量的影响，结果表明：在4月和7月分别施氮 $50kg/hm^2$，草坪质量较仅在4月施 $100kg/hm^2$ 为好，同时其效应也明显优于3~4次施用相同肥量。对于缓释氮肥，由于其具有平衡、连续释放肥效的特性，因此可以减少施肥次数，一次用量则可达 $15g/m^2$。

实践中，草坪施肥的频率常取决于草坪养护管理水平。对于每年只施用一次肥料的低养护管理草坪，冷季型草坪草于每年秋季施用，暖季型草坪草在初夏施用。对于中等养护管理的草坪，冷季型草坪草在春季与秋季各施肥一次，暖季型草坪草在春季、仲夏、秋初各施用一次即可。对于高养护管理的草坪，在草坪草快速生长的季节，无论是冷季型草坪草还是暖季型草坪草，最好每月施肥一次。

2.4.6 肥料用量

肥料的施用量由许多因素决定：天气状况、生长季的长短、土壤质地、灌溉数量、刈剪物的去留、草坪周围的环境条件以及对草坪生长质量的要求等。如遮阴地草坪比阳光充沛地草坪需较少的肥料；运动场草坪为弥补毁坏性损伤，比其他草坪需更多的肥料。草坪草种也是决定施肥的重要因素，如匍匐剪股颖和改良狗牙根要求充足的养分才能生长健壮，所以被认为是重肥草坪草；而细叶羊茅、假俭草生长速度较慢，对肥料的需求量低。

在所有肥料中，氮是首要考虑的营养元素。以下情况应多施氮肥：土壤贫瘠的草坪，生长季长的草坪，使用频繁的草坪(如运动场草坪)，生长缓慢、草屑量很少的草坪，草坪草色泽浅绿转黄且生长稀疏的草坪，以及长满杂草的草坪等都应该补氮。特别是杂草多的草坪应先清除杂草，否则会加重草害，降低肥效。

氮肥是草坪草生长必需的营养元素，不同的草坪草对氮肥的需求量不同(表2-4-3)。

草坪氮肥用量不宜过大，否则会引起草坪草徒长增加修剪次数，并使草坪草抵抗环境胁迫的能力降低。

草坪草的正常生长发育需要多种营养成分的均衡供给。磷、钾或其他营养元素不能代替氮，通常施用充足的氮肥应配施其他营养元素肥料，才能提高草坪草对氮肥的利用率。因此，合理的氮、磷、钾配比在草坪施肥中十分重要。氮、磷、钾的施用量分别为 $45g/m^2$、$5g/m^2$、$25g/m^2$ 时，能有效地阻止多年生黑麦草休眠，促进生长，提高整个草坪冬天的质量。适宜的氮、磷、钾配比也可缓解由于土壤pH偏低对草坪造成的不良影响，当 N∶P∶K 达到 $20g/m^2$、$8.8g/m^2$、$16g/m^2$ 时，草坪能在 pH 5.1 的土壤中保持较好的质量。

表2-4-3　不同草坪草的需氮量

冷季型草坪草	年需氮量(g/m^2)	暖季型草坪草	年需氮量(g/m^2)
细羊茅	3~12	美洲雀稗	3~12
高羊茅	12~30	普通狗牙根	15~30
一年生黑麦草	12~30	杂交狗牙根	21~42
多年生黑麦草	12~30	日本结缕草	15~24
草地早熟禾	12~30	马尼拉	15~24
粗茎早熟禾	12~30	假俭草	3~9
细弱剪股颖	15~30	野牛草	3~2
匍匐剪股颖	15~39	地毯草	3~12
冰草	6~15	钝叶草	15~30

一般情况下，N∶K=2∶1。目前有一种趋势，即加大钾肥的用量，使 N∶K 达到 1∶1，以增加草坪草的抗逆性。而磷肥一般在春季施肥，每年施用 $5g/m^2$，可满足整个生长季节的需要。在其他季节追肥中，可采取 N∶P∶K=1∶0∶1 的施肥比例。

微量元素一般不缺乏，但是在碱性、砂性或有机质含量高的土壤上易发生缺铁，可以施用含铁的专用草坪肥，或喷3%硫酸亚铁溶液，每1~2周喷施一次。如果滥用微量元素化肥，即使施用量不大，也会引起毒害，因为施用过多会影响其他营养元素的吸收和活性的大小。通常，防止微量元素缺乏的较好方式是保持适宜的土壤pH范围，合理掌握石灰、磷酸盐的施用量等。

草坪施肥用量应先对草坪土壤和草坪草进行测定，再确定科学的施用量。同时要考虑养护管理水平，一般高养护管理的草坪年施氮量 45～75g/m²，磷肥施用量 9～18g/m²；低养护管理的草坪年施氮量 6g/m² 左右，磷肥施用量 4.5～13.5g/m²。新建草坪磷肥的年施用量为 4.5～22.5g/m²。对禾本科草坪草而言，一般氮、磷、钾比例宜为 4∶3∶2。

2.4.7 施肥方法

草坪施肥的关键是施肥均匀。单株草坪草的根系占地面积很小，施肥若不均匀，会产生草坪草生长不均衡：肥多处草坪草生长快，颜色深且高出草面；肥少处草坪草生长慢，颜色浅且瘦弱；无肥处草稀，色枯黄；大量肥料聚集处，出现"烧草"现象，形成秃斑。施肥不均匀不仅破坏了草坪的均一性，还会降低草坪质量和使用价值。

均匀施肥需要合适的机具或较高的技术水平。草坪施肥主要方法是撒施和喷施。

(1) 撒施

撒施是把肥料直接撒在草皮表层，然后结合灌水使肥料进入草坪土壤中。撒施可人工撒施，也可用机械撒施。小面积的草坪一般用人工撒施，为避免撒施不均匀，可把肥料分成几份，再进行不同方向撒施。大面积草坪施肥通常用机械撒施，可采取下落式或旋转式施肥机将颗粒状直接撒入草坪内。在使用下落式施肥机时，料斗中的化肥颗粒可以通过基部一列小孔下落到草坪上，孔的大小可根据施用量的大小来调整。

撒施简单，但会造成肥料浪费。国内外许多观察研究认为，草坪采用撒施肥料损失来源于 4 个方面：草坪植物吸收后还来不及利用就被剪草机剪去和移走；肥料的挥发作用；降雨和灌溉的淋洗作用，使养分下移到根系有效吸收层外；土壤固定作用。因此，每次施入草坪的肥料的利用率大约只有 1/3。

(2) 喷施

喷施是将肥料加水稀释成溶液，利用喷灌或其他设备喷洒在草坪表面。小面积的草坪可用喷雾器进行人工叶面喷施。大面积草坪可将肥料溶解于灌溉水中，通过灌溉系统喷施在草坪上。喷施能减少肥料浪费，提高肥效，间接地降低了草坪养护费用。近年来国内外对于面积较大的草坪都采用灌溉施肥的方法，主要用于高养护的草坪，如高尔夫球场。灌溉施肥看起来似乎是一种省时、省力的办法，但多数情况下是不适宜的，因为灌水系统覆盖不均一。喷水时，一个地方浇的水是另一个地方的 2～5 倍时，施肥后化肥的分布也会形成差异。但这种方式在干旱灌水频繁的地区或肥料养分容易淋湿、需要频繁施用化肥的地方是非常受欢迎的。采用灌溉施肥时，灌溉后应立即用少量的清水洗掉叶片上的化肥，以防止烧伤叶片，并应漂洗灌溉系统中的化肥以减少腐蚀。

在草坪草生长基质为砂性土壤、降水丰沛、易发生氮渗漏的暖季型草坪草种植地区，宜采用少量多次的施肥方法。不论采用何种施肥方式，肥料的均匀分布是施肥作业的基本要求。

2.4.8 施肥技术要点

(1) 均匀施肥

施肥要均匀，不要使草坪颜色产生花斑。施肥前要对草坪草进行修剪，施肥后要立即灌水，可使肥料迅速被吸收，以免灼伤叶片。

(2) 控制好施肥量

每次施肥要遵循少量多次的原则。为确保草坪草所需养分的平衡供应，不论是冷季型草坪草，还是暖季型草坪草，在生长季节内要施 1~2 次复合肥。另外，每次施肥要控制好施肥量，薄肥勤施，目的是提高肥料利用率并避免烧苗。

(3) 适时施肥

在草坪草生长旺盛期施肥。冷季型草坪草盛夏通常进入休眠期，不宜施肥；暖季型草坪草夏季生长快，宜施肥。

(4) 调节土壤 pH

大多数草坪土壤的酸碱度应保持在 pH 5~6.5 的范围内。一般每 3~5 年测一次土壤 pH，当 pH 明显低于所需水平时，需在春季、秋末或冬季施石灰等进行调节；当 pH 明显高于所需水平时，需在春季、秋末或冬季施石膏或硫黄粉等进行调节。

课后习题

1. 冷季型草坪草适宜在什么时期施肥？
2. 暖季型草坪草一年适宜施肥几次？
3. 草坪常用的肥料有哪些种类？
4. 叙述草坪施肥技术要点。
5. 草坪施肥的方法有哪些？
6. 草坪合理施肥的影响因素有哪些？

任务 2.5 草坪杂草防除

任务指导书

》任务目标

掌握常见杂草识别方法及草坪除草的原理和方法。

》任务描述

1. 根据养护需要，进行草坪杂草防除。
2. 杂草防除任务的实施。

》材料及工具

铁锹、锄头、手套、除草剂、喷雾器等。

>> 任务实施指导

1. 杂草防除前准备：杂草种类调查→杂草识别→工具准备。
2. 杂草防除技术：人工除草、化学除草、生物除草。
3. 杂草防除后管理：浇水→施肥。

相关知识

除杂草是草坪养护的一项重要工作。杂草生命力比种植草强，要及时清理，否则会吸收土壤养分，抑制种植草的生长，降低草坪观赏性。

2.5.1 常见杂草

杂草不是一个科学的名词，而是一个相对的概念，具有一定的时空性、绝对性和相对性。在时间上，同一种植物在某一时间是杂草，在此时之外就不一定是杂草。在空间上，同一种植物在某一区域是杂草，在另一区域就可能是一种目的草种。如冰草在观赏性纯一早熟禾类草坪上是杂草，而在固土护坡时被使用则为目的草种。因此，草坪杂草可以理解为：影响绿地栽培植物生长发育及观赏性的草本植物。

2.5.1.1 杂草的分类

草坪地中的杂草，就形态论，可分为双子叶(阔叶)杂草和单子叶(窄叶)杂草。从防除角度，往往首先着眼于杂草的寿命与繁殖方式，分为一、二年生杂草与多年生杂草。一、二年生杂草都是种子繁殖，而多年生杂草有以种子繁殖为主，也有以营养繁殖为主或营养繁殖与种子繁殖能力均十分强的。以种子繁殖为主的杂草，不论一、二年生或多年生，双子叶或单子叶，目前的草坪杂草防除技术都可以应对，效果也较好，是可以控制的杂草；而具有营养繁殖器官，尤其是种子繁殖与营养繁殖能力均强的杂草，需要耗费大量人力、财力才能防除，通称恶性杂草。实际上，可控杂草与恶性杂草并没有严格的界限，而往往区域性明显。当然，对可控杂草的防除仍不能掉以轻心，防除的关键在于有效地阻断其开花结实。

2.5.1.2 东北地区常见草坪杂草

东北地区草坪杂草主要有蒲公英、萹蓄、苦菜、刺儿菜、车前、荠菜、小蓬草、风花菜、附地菜、酢浆草、铁苋菜、稗草、马唐、黄花蒿、苣荬菜、藜、反枝苋等。尤其是萹蓄、酢浆草、稗草、马唐和附地菜对草坪的危害较重。

2.5.2 草坪杂草主要防除方法

2.5.2.1 剪草和滚压

剪草和滚压对防除以种子繁殖为主的，尤其是一、二年生杂草，效果很明显。其中滚压能将子叶期的阔叶杂草压死或压伤，被草坪所覆盖而抑制生长；剪草剪除了杂草的花，无法形成种子，杂草自然灭绝。杂草的生长发育期往往不齐，有些杂草再生能力强，因此连续多次剪草、滚压，杂草才能被彻底清除。通常按前面培育管理剪草、滚压的要求，认真做 1~3 年，使杂草基数大大下降。剪草时要带集草斗和集草袋，以便将杂草的花、果穗等一并收集，移走。

2.5.2.2 人工剔、拔、挖除

在有零星杂草的草坪上，管理人员随手剔除、拔除、挖除杂草。日积月累，可消减杂草的果实、种子等传播，除草效果绝不可低估，而且有利于防止除草剂污染环境。

2.5.2.3 化学除草

应用化学除草剂防治草坪杂草，国外、国内已普遍推广。除草剂种类繁多，且不断创新，但是大量用于农、林作物的除草剂会杀死草坪草，可以用于草坪的仅约 1/10。

(1) 建植前诱杀

一般在草坪建植前 10~15d 整好土地，达到设计要求的标准，有条件的可浇一遍透水，促使杂草出土。春季杂草出土迅速，一般一周左右出土量可达 40%~50%，此时可用人工铲除的方法进行清理，或在正式建植前 3~5d，用草甘膦或农达触杀。此两种药为灭生性除草剂，见绿即杀，但接触土壤 24h 后自动分解，所以可保证后期建植的安全。施药浓度应严格按照药品说明书执行。施药后 2~3d 可再人工铲除一遍，以达到比较彻底的程度。

(2) 草坪成坪后杂草的防治

①双子叶杂草的防治　辽宁地区危害草坪的双子叶杂草主要是苋菜、藜、刺儿菜等，当草坪 3 叶以后，可用 2,4-D 丁酯或二甲四氯防治，此两种药为选择性除草剂，只杀双子叶杂草而不伤害禾本科草坪草，一般用量为每亩 80~120mL。

②单子叶杂草的防治　危害草坪的单子叶杂草有稗草、马唐（抓根草）、狗尾草、莎草等，可用草坪除草剂禾草克，用药浓度及用量应严格按药品使用说明，并且未用过此药的地区必须先做试验，否则易造成技术事故，后果严重。

在施用化学除草剂的过程中，应结合人工拔除，以达到草坪美观无杂草危害。

用药时必须注意用药安全，对草坪地其他植物做好保护，如草坪地上点缀阔叶花木、草花，使用防除阔叶类杂草的药剂时，必须考虑其安全性。注意人身安全，做好施药时的防护措施，一旦发生中毒事件必须及时送到医院救治。

2.5.3 除草剂浓度确定及使用方法

2.5.3.1 除草剂浓度确定

施用除草剂，用药量要十分准确。过多，会发生药害，且导致影响或污染环境；过少，效果又不明显。根据笔者的经验，除草剂在杂草 2~3 叶期使用时，一般要低于除草剂使用说明书上规定的浓度或选择浓度规定的下限；成坪后，可选择高于除草剂使用说明书上规定的浓度或选择浓度规定的上限。

一般对成坪后的禾本科草坪草中的双子叶杂草，选择草坪阔叶净、2,4-D 类除草剂，

使用浓度为 0.2mL/m² 左右，要求兑水 30~45L；对于草坪中白三叶、小花马蹄金等草种形成的禾本科杂草，可选择禾草克、精禾草克等除草剂，使用浓度为 0.12mL/m² 左右。此时除草剂浓度为有效的除草浓度。

2.5.3.2 除草剂的使用方法

(1) 除草剂的稀释

配药时正确的稀释方法及注意事项简述如下：

①根据剂型定稀释方法　乳剂、乳油、可溶性粉剂、水剂和胶悬剂，可将一定量的除草剂直接加入含一定水量的喷雾器中，搅拌稀释。可将普通塑料袋绑在小木棒上在水中搅动，易使药液均匀。消禾、消杂即采用此法稀释。

干悬浮剂、可湿性粉剂、浓乳剂等必须采用两步稀释配制。第一步是按要求准确称取除草剂，加少量水搅动使其充分溶解为母液。第二步将一定量母液加入定量水中均匀稀释后即可。三叶乐、消莎等即采用此法稀释。

②配制稀释液　在喷雾器中配制稀释液，必须先在喷雾器中加入 10cm 左右深的水，将药剂或母液慢慢加入搅动，然后加清水至水位线。

喷施除草剂时一定要严格按照说明书进行兑水，可以使用量筒、烧杯协助称量，尽量做到称量准确。水量过大，除草剂浓度低，会影响除草效果；水量过小，除草剂浓度高，轻者抑制草坪生长，重者容易造成药害。

除草剂的比重与水的比重不完全一样，药液配好后不要停放，应立即喷施。喷雾器水量只能加至水位线，绝不能充满。一是安全问题，会溅至施药人身上，也会溅至草坪上；二是水位过高，走动时药液难以晃动，影响药液均匀度，影响除草效果。

(2) 除草剂使用方法

①喷雾法　对已经长出的杂草和对露地进行土壤封闭均采用此法。目前大多使用的人工喷雾器械落后，导致喷洒不均匀。应选择材质好、坚固耐用、压力高的喷头，最好选用扇形喷头。施药前测定喷洒流量和行走速度，确定喷幅，准确计算喷液量和药量。喷雾时定喷雾压力、喷头距地面高度和行走速度，不能随意降低喷头高度等。

尽量做到：不重喷，不漏喷，不高喷，不低喷。

②毒沙法　对成坪草坪地进行土壤封闭一般采用此法。使用封闭除草剂如播坪乐（每亩用量 100~150mL），兑水若干后拌匀细沙 40kg 左右，均匀撒于草坪地，借喷灌或雨水冲至地表，可形成 0.5~1cm 厚药膜，杂草萌发时接触到药膜即被杀死。该法可控制 40~60d 基本不用除草。

③喷洒法　用喷壶洒药液，处理土层厚、效果好。在土壤干旱时效果显著。因为药液较稀，在植物生长期比较安全。但此法大面积推广比较难。

④泼浇法　将药剂配成较稀的药液，用盆或其他用具泼于土中，但必须泼浇均匀，因此适合于加工细度较粗的可湿性粉剂。

知识拓展

1. 除草剂的分类

根据作用的性质和作用方式的不同，可以将除草剂分为：

(1) 选择性除草剂

这类除草剂在常用剂量下对一些植物敏感，而对另一些植物则安全。如消禾对早熟禾、高羊茅、黑麦草、剪股颖、结缕草安全，用于这些草坪防治多种禾本科杂草，但狗牙根草坪对它敏感，易受害，不能应用。

(2) 灭生性除草剂

这类药对各种植物没有选择性，各种植物一经接触此药，都能被杀死。如草甘膦、百草枯，对所有绿色植物都有杀伤作用，在草坪中防除杂草就不能使用，但毁灭草坪或者防除路边草荒使用可以大幅度提高工作效率。

(3) 内吸型除草剂

药剂施于土壤中或杂草植株上，被杂草的根、茎、叶、芽等部位吸收而传导至全植株，使杂草生长受抑制而死亡。如消禾喷施在草坪中后，杂草通过叶片吸收传导才能使杂草中毒死亡。

(4) 触杀型除草剂

药剂接触植物体并将其杀死，只能杀死杂草的地上部分，不能被植物吸收以及在植物体内传导。如百草枯，使接触药液的植物叶片灼伤后不能进行光合作用而致死。

2. 我国常用于草坪的除草剂类别与一般使用方法

(1) 二甲四氯(MCPA)和2,4-D

这类除草剂低浓度使用，如 10mg/L 以下，能刺激植物生长；高浓度，如 500~1000mg/L，可杀灭双子叶杂草之大部分和莎草科杂草；浓度再高，对其他单子叶杂草和草坪也会生产药害。由于高度的选择性和内吸性，防除具地下茎或宿根性杂草，效果也很好，能明显减少翌年的发生量。二甲四氯较 2,4-D 更安全，所以用得更普遍。药效持续期不足 1 个月。较普遍地用于成熟草坪春、秋两季，作生育期茎叶处理和高浓度滴药处理。药效缓慢，通常 10~15d 才出现中毒症状。有些使用者不知这一点，误认为"无效"。

(2) 禾草克(盖草能)

内吸型除草剂。药液被吸收之后也是积累于分生组织，抑制脂类代谢而杀草。具抗激素特性，因此不能与二甲四氯、2,4-D 等混用。通常用于白三叶草坪内防除禾草。也可与苯达松混用，兼除莎草与双子叶杂草。

(3) 西马津、阿特拉津和嗪草酮(立克除)

均为低毒选择性内吸型除草剂。吸收以根为主，茎、叶也能，传导到全株，抑制光合作用，影响糖的合成、淀粉的积累，使杂草饥饿死亡。一般用药后10~20d发生毒害症状，先是叶尖叶缘失绿，后扩展至全叶，继而全株死亡。药效持续3~12个月，可以整个生育期内发挥作用。草坪上多用于萌前或播前做土壤处理，防除草坪幼苗期同步杂草危害。

(4) 地散磷和草甘膦(农达、镇草宁)

有机磷类除草剂。低毒，内吸型广谱性除草剂。地散磷主要防除一年生禾草和若干双子叶杂草。用于芽前喷雾和播前土壤处理。药液小部分被吸收后，传导至根分生组织，抑制细胞分裂。大部分吸附于根系表面，抑制根系正常生长。吸入体内的部分，很快被降解；吸附于根表的，即滞留于土壤内的大部分，一般持续8~12个月。草甘膦则易为茎、叶吸收，传导至分生组织，破坏细胞核内染色体复制而杀草。未被吸收而入土的药液迅速分解，几乎无残效。所以，用于恶性杂草，特别具有地下营养繁殖器官的恶性杂草，需根据草情反复用药。因为低毒、几乎无残毒而广泛应用。多用于建草坪前杂草茎叶处理或草坪内恶性杂草滴药清除。

(5) 麦草畏(百草敌)和敌草索

内吸型除草剂。药液被吸收后传导，积累于分生组织，杀死杂草。主要防除双子叶杂草，处理茎叶，用药后24h，杂草即出现畸形、卷曲，15~20d死亡。在常规用量下，药效持续期超过3个月。能与二甲四氯、2,4-D等混用，增加药效。

3. 化学除草注意事项

①必须选择残效期短的除草剂　园林绿地养护周期较长，几年连续使用同一种除草剂必然造成残效积累，最终造成药害，对绿地苗木必然造成不良后果。

②除草剂的混用　草坪内的杂草，往往多种多样，且随季节的变化而演替。每种除草剂只有一定的防除对象。有的杂草非常顽固，一种除草剂施药1~3次，难于杀死，若继续使用，又导致杂草的抗药性，或污染了草坪与环境。于是混用2种或2种以上除草剂，以提高杀divorced力，扩大杀草谱，增加对草坪的安全性，降低除草剂在土壤内的残留量，延长或缩短残效期，降低成本，增加经济效益等。目前较为普遍的是，在禾草草坪中防除双子叶杂草，将2,4-D和麦草畏或二甲四氯和麦草畏混合使用，效果均好。混合时，2,4-D或二甲四氯的比例可以略高，一则它们的毒性较低，二则价格也便宜。

③必须经过试验确定除草剂产品的性质及施用技术　化学除草药剂产品更新较快，经常推出一些新品种除草剂，应组织专业人员认真试验，从中筛选针对不同绿地适用的药剂和适合不同条件的施用方法。如同一种药剂利用"位差"灭草原理，在黏重土壤中施用，表土吸附形成药膜抑制杂草萌生，在砂质土壤中施用时，由于药剂下渗至根区，灭草效果不佳，苗木反遭毒害。另外，不同树种对不同药剂敏感度不同，必须进行药害试验，取得可靠数据资料后方可投入生产中应用。

④成熟草坪化学除草，通常取生育期茎、叶处理或萌发前土壤处理两种方法　生育期茎、叶处理，一般用喷雾法，若处理少数难以挖除的恶性杂草，则可用较高浓度除草

剂滴杀、涂杀法。选用茎叶吸收传导型除草剂，浓度可为喷雾法的5倍左右，装在眼药水瓶或兽用针筒或自行改制的塑料瓶内，药液滴在杂草上，或用毛笔等蘸药液涂在杂草上。这种方法高效，并可将除草剂可能导致的环境污染降至最小，因而备受欢迎，但用工量较大。萌前土壤处理，可用喷雾，也可用毒土法。以根内吸型除草剂为主，效果较好。

⑤施药与环境　通常需要注意温度、湿度、日照、雨、风和生物等因素，以提高药效，防止药害与污染环境。

温度：影响药剂的活性。茎、叶处理时，日均温应稳定通过10℃，施药时在16~32℃，以21~27℃最佳。土壤处理以5cm地温稳定通过10℃，或连续3~4d通过13℃为好。也有以气温作标准，取连续2周平均气温在13℃以上。

湿度：茎、叶处理要求高的空气湿度，一天内可以在叶面露水干之后立即喷药，中午温度高于32℃即停止，至下午再喷药。土壤处理要求一定的土壤湿度，若土壤过干，应予灌溉，以增加药效。

日照：对于需光发挥药效的除草剂是必须的，一般除草剂也是光下施药效果较好。

雨：茎、叶处理后遇雨，药效因药剂而异。如2,4-D吸收得快，只需2h，所以施药后2h不下雨，就不需要重复施药。但一般认为施药后8~24h内无雨方能保证药效，否则需要补施药液。而土壤处理药剂，通常认为无妨。

风：大风天不宜施药，一则药液被吹散导致减效，二则药液被吹到不该去的地方，造成药害。

生物：草坪之上或四周往往还有树、花等。因此，在喷洒灭生型或光谱型或防除阔叶杂草的除草剂时，要十分注意，勿使其施洒至花、树，以免杀除。此外，草坪除草，不宜过分地倚重化学除草，以防造成药害。

⑥二次施药间隔期　可取各种除草剂药效持续期的1/2，或施药后杂草死亡所需时间的1/2为妥。

⑦茎叶处理施药，宜在修剪前进行，以保证足够的叶面积接受和吸收除草剂。施药后48h方可修剪，避免药物传导前随草屑被弃掉。

⑧关于商品复配除草剂　复配通常不说明成分，应用时按说明书，若遇到问题，与销售商联系。

⑨化学除草过程中切勿滥用除草剂而导致环境污染。

课后习题

1. 什么是草坪杂草？草坪杂草的种类有哪些？
2. 草坪杂草防除的主要方法有哪些？
3. 使用除草剂的注意事项是什么？

任务 2.6 草坪病虫害防治

📖 任务指导书

▶▶ 任务目标

了解草坪常见病害的发生规律和常见虫害的生活习性；掌握草坪常见病害的症状识别和常见虫害的危害状、识别特征；能对草坪常见病虫害进行正确诊断，制订有效的综合治理方案，并组织实施。

▶▶ 任务描述

草坪病虫害防治是园林草坪养护中的重要内容。本任务学习以校内、外实训基地或某一园区绿地中草坪养护任务为支撑，以学习小组为单位，首先制订校内、外实训基地或某一园区草坪常见病虫害防治的技术方案，再依据制订的技术方案和园林植物病虫害防治规程，保质、保量完成草坪病虫害防治任务。

▶▶ 材料及工具

标本、显微镜、放大镜、镊子、刀片、喷雾器、农药等。

▶▶ 任务实施指导

1. 危害症状观察：选取病虫害危害严重的校内、外实训基地→仔细观察为害状→采集标本、拍摄照片。

2. 病虫害现场识别：根据发病症状、为害状和害虫特殊形态与习性→鉴定病害和虫害的种类。

3. 发生规律的了解：针对主要病害、虫害类型查阅资料→了解发生规律、发病规律。

4. 防治方案的制订与实施：根据草坪病虫害主要类型在本地区的发生规律制订综合防治方案→组织实施→防治效果调查。

👆 相关知识

草坪是城市景观生态系统的重要组成部分，草坪草类型多，生长的环境各不相同，养护水平高低不一，使得草坪中有害生物的发生与防治十分复杂。草坪病虫害的发生直接影响到草坪的正常生长和发育，使草坪出现变色、坏死、黄枯等现象，不仅降低了草坪的观赏和利用价值，而且降低了草坪的质量，使草坪迅速衰退。因此，正确识别与诊断草坪病虫害、利用科学的养护和管理措施来加强对草坪病虫害的控制，从而保护草坪草的健康生长，将是一项十分重要的工作。

2.6.1 草坪病害

草坪的生长发育要有适当的条件。当受到不适宜的条件影响或受到其他有害生物的侵染时，就不能进行正常的生长发育，严重时会造成死亡。

草坪病害按是否具有传染性分为生理性病害（即非传染性病害）和传染性病害。

2.6.1.1 生理性病害

生理性病害是由不适宜的环境条件引起的，主要原因是土壤条件和气候条件的不适宜，如营养物质的缺乏、高温干旱、低温伤害、不适当的修剪及环境的有害物质影响等均可引起。常见病状：

①变色 草坪缺少正常生长所需元素时，会失去正常的绿色。

②萎蔫 土壤缺水或水分过多，造成草坪草萎蔫。

③枯死 由于温度过高、过低或土壤中盐分过量，导致草坪草枯死。

鉴定时，一般生理性病害多成片发生，在相同的土壤条件、相同气候、相同管理条件下发生相同症状；显微镜下在病组织上看不到病原物，并且接种试验无侵染。

2.6.1.2 传染性病害

传染性病害主要由真菌、细菌、病毒、线虫和病原体及其他病原物所引起。其中，在冷季型草坪上，有70%以上的病害都是由真菌引起，其症状分别有变色、坏死、腐烂、凋萎、畸形、产生粉状物或霉状物等。

(1) 褐斑病

【症状识别】该病害发生早期往往是单株受害，受害叶片和叶鞘上病斑梭形、长条形，不规则，初期病斑内部青灰色水浸状，边缘红褐色，后期病斑变褐色甚至整叶水渍状腐烂。当草坪上出现小的枯草斑块时，是病害流行前兆。枯草圈可从几厘米扩展到几十厘米，甚至1~2m。由于枯草圈中心的病株可以恢复，结果使枯草圈呈现"蛙眼"状，即其中央绿色，边缘为枯黄色环带。

【发生规律】褐斑病是种流行性很强的病害，如果条件适宜，只要有几片叶或几株植株受害，就会很快造成草坪大面积受害，因此一旦发病就要及时防治。在枯草层较厚的老草坪，病菌较多，发病较多、较重。高温，高湿，排水不良，过量施用氮肥，使植株旺长，组织幼嫩，极易造成褐斑病的流行。

【防治方法】

园林栽培防治：及时清除枯草层、修剪后的残草和病残体，减少菌源。加强养护管理，要均衡施肥，增施磷、钾肥，避免偏施氮肥。科学灌水，避免漫灌。及时修剪，夏季修剪不要过低。过密草坪要及时打孔、疏草，以保持通风透光。

化学防治：可采用五氯硝基苯、代森锰锌、百菌清、甲基托布津等药剂进行拌种。在发病初期可选择效果较好的药剂如70%代森锰锌可湿性粉剂800~1000倍液、75%百菌清可湿性粉剂600倍液、70%甲基托布津可湿性粉剂1000倍液等。可以喷雾使用，也可以灌根防治。

(2) 腐霉枯萎病

【症状识别】真菌性病害。草坪受害后倒伏，紧贴地面枯死。枯死圈呈圆形或不规则形，直径10~50cm不等，有人将其称为马蹄形枯斑。在病斑的外缘可见白色（有的腐霉菌品种会出现紫灰色）的絮状菌丝体。干燥时菌丝体消失，叶片萎缩变成红棕色，整株枯萎死亡，渐变成稻草色枯死圈。如果当年不防治或防治不彻底，则翌年枯死圈会继续扩大。

【发生规律】霉菌具有很强的腐生性，可在土壤、植物体内或病株残体上生存。高温、高湿是该病发生的条件，白天气温30℃以上，夜间温度在20℃以上，相对湿度高于90%且持续14h以上或有降雨天气则易发病。土壤含氮量高、生长茂盛的草坪最易感病，且受害严重。腐霉枯萎病主要的发生季节集中在6~9月，当气温持续在25℃以上，且水分充足，湿度达90%持续10h以上时，病害大量发生。

【防治方法】

园林栽培防治：要适量灌溉，在温度适于病害发生的时候注意不能在傍晚或夜间浇水，可选择在清晨或午后灌溉，最好能采用喷灌。均衡施肥，氮肥不要过多。合理修剪，在病害大量发生的时候要适当提高草坪修剪高度。

化学防治：可用代森锰锌、杀毒矾等对种子进行药剂拌种。对已建草坪上发生的腐霉病，防治效果较好的药剂有多菌灵500~1000倍液、代森锰锌500倍液、甲基托布津1000倍液等，每次间隔7~10d，连续用药2~3次。此外，提倡药剂混合使用或交替使用，如代森锰锌+甲霜灵、代森锰锌+杀毒矾+乙磷铝、甲霜灵+杀毒矾等混用。

(3) 锈病

【症状识别】发病早期，在草坪草叶片表面可看到一些橘黄色的斑点，在病斑上可清晰观察到含孢子的疱状凸出物。随着病害的发展，病斑数逐渐增多，最后在叶片表皮破裂，病菌孢子形成很小的橘黄色的夏孢子堆（黄色粉状物）。受害严重的草坪草从叶尖到叶鞘逐渐变黄，整体从远处看上去，草坪像生锈一样，如果此时从草坪中走过，鞋和衣服上会沾到橘黄色锈粉。

【发生规律】锈病是对草坪侵害最为严重的病害，空气温度过高、草坪密度大、灌水不当、排水不畅、地表低洼积水、偏施氮肥等是其发病的主要原因。北方地区草坪锈病一般在7月底至8月初开始发生，7月、8月是发病最严重的时期，并持续危害到10月。

【防治方法】

园林栽培防治：加强科学的养护管理，适量施氮肥，保持正常的磷、钾肥比例。合理浇水，避免草坪湿度过大或过干燥，要见干见湿，避免傍晚浇水。保证草坪通风透光，抑制锈菌的萌发和侵入。

化学防治：夏末秋初是防治草坪锈病最关键的时期，发病初期，用20%三唑酮乳油800倍液或75%百菌清可湿性粉剂500倍液进行防治，7~10d一次，混合施用或交替使用，以免产生抗药性。

(4) 白粉病

【症状识别】受害叶片上先出现1~2mm近圆形或椭圆形的褪绿斑点，以叶面较多，后逐渐扩大成近圆形、椭圆形的绒絮状霉斑。初白色，后污白色、灰褐色。霉层表面有白色粉状物，后期霉层中出现黄色、橙色或褐色颗粒。随病情发展，叶片变黄，早枯死亡，一般老叶较新叶发病严重。发病严重时，草坪呈灰白色，像撒了一层白粉，受震动会飘散，该病通常春、秋季发生严重。

【发生规律】该病是由白粉菌引起的真菌病害。环境温度、湿度与白粉病发生程度有密切关系，15~20℃为发病适温，25℃以上时病害发展受抑制。空气相对湿度较高有利于分生孢子萌发和侵入，但雨水太多又不利于其生成和传播。南方春季降雨较多，如果在发病关键时期连续降雨，不利于白粉病发生和流行；但在北方地区，常年春季降雨较少，因而春季降水量较多且分布均匀时，有利于白粉病的发生。水肥管理不当、荫蔽、通风不良等都是诱发该病害发生的重要因素。

【防治方法】

园林栽培防治：选用抗病草种和品种并混合种植是防治白粉病的重要措施。控制合理的种植密度，适时修剪，注意草坪草的留茬高度，保证草坪冠层的通风透光。减少氮肥，增施磷、钾肥。合理灌水，不要过湿或过干。

化学防治：三唑类杀菌剂防治白粉病效果好、作用的持效期长，常见药剂有粉锈宁、羟锈宁、烯唑醇、立克锈等。在发病早期可喷施25%的三唑酮可湿性粉剂2000~2500倍液、12.5%的烯唑醇可湿性粉剂2000倍液、70%甲基托布津可湿性粉剂1000~1500倍液、50%退菌特可湿性粉剂1000倍液等。

2.6.2 草坪虫害

草坪上栖息有多种有害昆虫，它们取食草坪草，污染草地，传播疾病，严重影响草坪质量。根据害虫对草坪草的危害，可把草坪害虫分为地下害虫和地上害虫。地下害虫指一生中大部分在土地中生活，危害草坪草根部的害虫，又称土壤害虫。此类害虫具有种类多、分布广、危害严重的特点。因此是防治的重点。地上害虫指危害草坪草茎叶的害虫。地上害虫以草叶为食，由于草坪草经常修剪，草坪草上层环境不稳定，因此，地上害虫危害相对于地下害虫要小些。但由于地上害虫与草坪草疾病传播相联系，因此防治不能忽视。

2.6.2.1 蛴螬

【危害】蛴螬是危害草坪的主要害虫，大多出现在3~7月，主要取食草坪草的根部，咬断或咬伤草坪草的根或地下茎，并且挖掘形成土丘。发生数量多时可使草坪上出现一丛一丛的枯草，严重影响草坪的美观。

【形态特征】蛴螬是金龟子幼虫的统称，体近圆筒形，常弯曲成"C"字形，体长35~45mm，全体多皱褶，乳白色，密被棕褐色细毛，尾部颜色较深，头橙黄色或黄褐色，有胸足3对，无腹足。

【生活习性】危害草坪的金龟子以幼虫或成虫在深层土中越冬，一般为30~50cm深，最深可达1m左右。4~9月危害，尤以6月下旬至7月上旬、8月中旬至9月上旬危害最重。蛴螬有假死性和趋光性，并对未腐熟的粪肥有趋性。秋季的温度、湿度十分适合蛴螬的活动危害，进入9月，蛴螬的防治是重要工作之一。

【防治方法】化学防治是目前防治蛴螬危害的主要方法。

成虫发生期：喷洒2.5%功夫乳油或敌杀死乳油2000~2500倍液，或40%氧化乐果乳油600~800倍液、40%毒死蜱乳油1000倍液等药剂加以防治。

幼虫危害期：选用50%对硫磷乳油、25%辛硫磷乳油、25%乙酰甲胺磷乳油、90%敌百虫原药等稀释的1000倍液灌注根剂；或用粉剂，按一定比例掺细土，充分混合，制成毒土，均匀撒于地面，于播种前随施药随耕翻和耙匀。

2.6.2.2　蝼蛄

【危害】在土壤中咬食草坪草种子、根及嫩茎，使草坪草枯死，造成育苗时缺苗；在土壤表层挖掘隧道，咬断根或根周围的土壤，使根系吊空，造成草坪草干枯而死。发生数量多时，可造成草坪大面积枯萎死亡。

【形态特征】大型、土栖。身体长圆筒形，体被绒状细毛，头尖，触角短，前足粗壮，为开掘足，端部开阔有齿，适于掘土和切断植物根系。前翅短，后翅长。为害草坪的主要有东方蝼蛄(*Gryllotalpa orientalis*)与华北蝼蛄(*Gryllotalpa unispina*)。这两种蝼蛄的主要区别是后足胫节背面内侧刺的数目，东方蝼蛄3或4根，华北蝼蛄0或1根。

【生活习性】蝼蛄具有群集性(初孵若虫具有群集性)、趋光性、趋化性(香、甜)、趋粪性、喜湿性和产卵地点的选择性。早春地温升高，蝼蛄活动接近地表，地温下降又潜回土壤深处。在春、秋季，平均气温和20cm地温在16~20℃时，是蝼蛄危害高峰期。

【防治方法】

物理机械防治：利用蝼蛄对香、甜等物质和马粪等未腐烂有机质有特别的嗜好，用煮至半熟的谷子、稗子、麦麸及鲜马粪等加入一定量的敌百虫、甲胺磷等农药制成毒饵进行诱杀。

化学防治：可喷施50%辛硫磷1000倍液、20%甲基异柳磷2000倍液、50%甲胺磷800倍液等进行防治。

2.6.2.3　地老虎

【危害】低龄幼虫将叶片啃成孔洞、缺刻，大龄幼虫白天潜伏于草坪草根部的土中，傍晚和夜间切断草坪草近地面的茎部，致使其整株死亡。发生数量多时，往往会使草坪大片光秃。

【形态特征】主要有小地老虎(*Agrotis ypsilon*)和黄地老虎(*Agrotis segetum*)。

小地老虎：成虫体长16~32mm，深褐色，前翅具有显著的肾状斑、环形纹、棒状纹和2个黑色剑状纹，后翅灰色无斑纹。老熟幼虫体长41~50mm，灰黑色，体表布满大小不等的颗粒，臀板黄褐色，具2条深褐色纵带。

黄地老虎：成虫较小，体长14~19mm，体色较鲜艳，呈黄褐色，前翅黄褐色，全面散布小褐点，肾纹、环纹和剑纹明显，且围有黑褐色细边，其余部分为黄褐色；后翅灰白色，半透明。老熟幼虫体长为33~43mm，头部黄褐色，体淡黄褐色，体表颗粒不明显，体多皱纹而淡，臀板上有两块黄褐色大斑，中央断开，有较多分散的小黑点。

【生活习性】小地老虎在我国各地广泛分布，1年发生多代，从东北的2或3代至华南的 6 或 7 代不等。黄地老虎多与小地老虎混合发生，1 年发生多代，东北地区 2 或 3 代，华北地区 3 或 4 代。成虫白天隐蔽，夜间活动，具极强的趋光性和趋化性，嗜好酸甜等物质。幼虫一般 6 龄。3 龄前不入土，昼夜均在叶片上取食或将幼嫩组织吃成缺刻；幼虫 3 龄以后，昼伏土中，夜出活动，大块咬食叶片，或咬食幼茎基部，或从根颈处蛀入嫩茎中取食；5~6 龄时，进入暴食阶段，食量大，危害猖獗。

【防治方法】

园林栽培防治：尽量选择直立茎的草种，在管理上尽量增加修剪次数，减少浇水次数，增加透气性，避免形成枯草层。

物理机械防治：在成虫羽化期，用黑光灯结合糖醋液（配方为白酒：清水：红糖：米醋 =1：2：3：4，调匀后加入 1 份 2.5% 敌百虫粉剂）诱杀成虫。

化学防治：幼虫孵化期喷杀螟松 600~800 倍液；幼虫期喷 90% 的敌百虫 600~800 倍液、50% 辛硫磷 1000 倍液、50% 甲胺磷 800 倍液、2.5% 溴氰菊酯 1000 倍液。喷药前最好修剪一次，以增加药剂的渗透力。

2.6.2.4 金针虫

【危害】金针虫是叩头虫的幼虫，是一类危害草坪的重要害虫。在我国从南到北分布很广，种类也比较多，长期生活在土壤中，危害草根，致使草坪出现不规则的枯草地块或死草地块。

【形态特征】金针虫体形细长，圆柱形或略扁，颜色多数为黄色或黄褐色；体壁光滑、坚韧，头和体末节坚硬。成虫体狭长，末端尖削，略扁；头紧镶在前胸上，前胸背板后侧角突出呈锐刺，前胸与中胸间有能活动的关节，当捉住其腹部时，能做叩头状活动。

【生活习性】主要种类有沟金针虫（*Pleonomus canaliculatus*）、细胸金针虫（*Agriotes subrittatus*）等。两种金针虫均喜欢在土温 11~19℃ 的环境中生活。因此，在 4 月、9 月和 10 月危害严重，在地下主要为害草坪根颈部，还可钻入茎内危害，使植株枯萎甚至死亡。

【防治方法】

物理机械防治：金针虫成虫对杂草有趋性，在草坪周围堆草，在草堆内撒入触杀型农药，可以毒杀成虫。

化学防治：撒施 5% 辛硫磷颗粒剂，用量为 30~45kg/hm^2；若个别地段发生较重，可用 40% 乐果乳油、50% 辛硫磷乳油 1000~1500 倍液灌根，灌根前需将草坪打孔通气，以便药剂渗入草皮下。

2.6.2.5 草地螟

【危害】草地螟（*Loxostege stieticatis*）以幼虫为害，食性广，初孵幼虫取食幼叶的叶肉，残留表皮，并经常在植株上结网躲藏，3 龄后食量大增，可将叶片吃成缺刻或仅留叶脉，使叶片呈网状。草地螟是一种间歇性暴发成灾的害虫，对草坪的危害极大。

【形态特征】成虫体长 10~12mm。全身呈暗褐色。成虫前翅靠近前端中间部位有 1 块颜色较淡的斑，形状似方形，前翅外缘有黄色点状条纹，近前缘中部有"八"字形黄白色斑，近顶角处有 1 块长形黄白色斑；后翅灰色，沿外缘有两条平行的波状纹。幼虫共有5龄，1龄幼虫身体呈现亮绿色，2龄幼虫呈污绿色，并可见多行黑色刺瘤，3龄幼虫呈暗褐色或深灰色，4龄幼虫呈暗黑或暗绿色，5龄幼虫多灰黑色，两侧有鲜黄色线条。

【生活习性】 草地螟在我国1年发生3~4代。以老熟幼虫在土内吐丝做茧越冬。翌春5月化蛹及羽化。成虫昼伏夜出，趋光性很强，有群集远距离迁飞的习性。卵散产于叶背主脉两侧，常3~4粒在一起，以距地面2~8cm的茎叶上最多。幼虫发生期在6~9月，幼虫活泼，性暴烈，稍被触动即可跳跃，高龄幼虫有群集迁移习性。幼虫最适发育温度为25~30℃，高温多雨年份有利于发生。

【防治方法】

园林栽培防治：及时清除杂草，消灭越冬幼虫。

物理机械防治：安装频振式杀虫灯诱杀成虫。

化学防治：3龄前，喷施25%灭幼脲悬浮剂1500~2000倍液，或1.2%苦参碱1000倍液。或用每克菌粉含100亿个活孢子的杀螟杆菌菌粉或青虫菌菌粉2000~3000倍液喷雾。也可喷洒90%敌百虫晶体1000倍液、40%氧化乐果乳油1000倍液、50%辛硫磷乳油2000倍液等。

2.6.2.6 黏虫

【危害】 幼虫取食草坪草，轻者造成草坪秃斑，重则使大面积草坪被啃光，必须重播。

【形态特征】 黏虫(*Mythimna seperata*)为鳞翅目夜蛾科，成虫体长17mm左右，灰褐色，前翅顶角有褐色线1条，近中央处有一灰白色斑点，外缘边上有7个小黑点。老熟幼虫体长35mm左右，黑绿、黑褐或黄绿色，头部棕褐色，上有"凸"形纹，全身有5条暗色较宽的纵条纹，体背有黑绿、青绿、绿褐、灰白等色纵线条。

【生活习性】 一般1年可发生2~4代。5月上旬开始孵化，6月上旬至9月中旬为为害盛期，9月中旬出现大量成虫，迁往南方越冬。因此，在10月至翌年4月期间基本上不会产生危害。而防治时期主要集中在5~9月，尤其是5月、6月上旬为幼虫防治的关键期；而9~10月则是成虫防治、卵期防治的关键期。

【防治方法】

物理机械防治：黑光灯(或糖醋酒液)诱杀成虫，方法同地老虎的防治。用稻草或麦草做成草把插入草坪中，诱集雌蛾产卵，然后处理草把消灭虫卵。

化学防治：应在幼虫3龄前及时喷药防治。在幼虫发生期内喷洒90%敌百虫晶体1000~1500倍液、50%辛硫磷乳油1000倍液、2.5%溴氰菊酯乳油2000~3000倍液等进行防治。

2.6.2.7 其他害虫

对草坪危害较多的害虫还有蝗虫、蚜虫等，这类害虫每年都有不同程度的发生，对草坪造成一定的危害，它们主要蚕食地上部的嫩茎和叶片，所以对多年生草不至于造成毁灭性危害。最好用低毒性杀虫剂，如敌杀死、辛硫磷等。

课后习题

1. 草坪常见的病害有哪些种类？如何进行防治？
2. 草坪常见的害虫有哪些种类？如何进行防治？

任务 2.7　草坪辅助养护管理

任务指导书

任务目标

了解草坪辅助养护相关技术措施；掌握草坪辅助养护管理所用工具的功能与操作规范。

任务描述

1. 根据养护需要，进行草坪辅助养护管理相关操作。
2. 辅助养护措施的选择。
3. 辅助养护措施的应用。

材料及工具

计算机、手机、铁锹、水桶、喷壶、棍子、梳草机、打孔机等。

任务实施指导

1. 中耕：打孔→取芯土→划条穿刺。
2. 滚压：准备滚压工具→确定滚压时间→选定滚压方法。
3. 表施土壤：准备工具→确定时间→选定方法。

相关知识

2.7.1　中耕

中耕是指对土壤进行浅层翻倒，疏松表层土壤，而不是过度破坏。如打孔、划条等。中耕可疏松土壤，促进根系发育。中耕不是日常管理措施，不需要每周或每月进行。

中耕的方法很多，主要有打孔、除芯土、划破、穿刺、射水式中耕、垂直刈剪和松耙等。

(1) 打孔

打孔是通过选择合适的打孔机械，在适宜的时期从草坪上打出孔隙，改良草坪的物理性状和其他特征，加快草坪芜枝层的分解，促进草坪地上和地下部分生长发育的养护措施。其作用是改善土壤的通气性、渗透性、供水性、蓄水性、供肥性和保肥性，促进草坪生长发育。打孔作业的不利影响是暂时破坏了草坪表面的完整性，由于露出了土壤层，会造成局部草坪脱水。此外，当条件适合杂草种子萌发时，会产生一些杂草，加速了地老虎等害虫的危害。

①打孔机械　目前草坪打孔机械有手动式和机动式两种，都是在工作部位安装上打孔锥来工作的，且打孔锥有空心锥及实心锥两种，空心锥适用于草皮修整、填沙、补播；实心锥插入草皮时将孔周围的土壤挤实，对排出草坪表面水有良好的作用。手动打孔只适用于小面积的草坪；机动打孔有专用的打孔机和草坪车上拖挂的打孔附件两种形式。打孔机的打孔直径 1~2.5cm，深度 7.6cm。

②打孔的时间　在草坪生长茂盛、生长条件良好的情况下进行打孔比较合适。冷季型草坪打孔时间是夏末秋初，暖季型草坪是春末夏初。

(2) 除芯土

除芯土是利用除芯机械从草坪土壤中挖出芯土的过程。除芯土的主要作用是改善土壤的通气生。除芯土后，在土壤表面留下了一系列小洞，提高了土壤的粗糙面，扩大了土壤的表面积，增加土壤与空气、水分的接触面积，提高了土壤的通气透水性能，有利于好氧性微生物繁殖和生长发育，增加了土壤的有效氧分，提高了土壤的释放氧分能力，并且直接加快了地面芜枝层和其他有机残渣的分解速度。

除芯土的时间是十分重要的，在草坪生长茂盛、生长条件良好的情况下进行除芯土比较合适。除芯土后，立即进行表面施肥和灌水，能有效地防止草坪草的脱水。

(3) 划条和穿刺

划破是借助安装在圆盘上的一系列"V"形刀片刺入草皮 7~10cm，以改良通气、透水性的过程。

(4) 射水式中耕

射水式中耕指把水流以近 1000km/h 的速度射入草坪土壤中。此法可促进草坪草枝条生长，降低土壤容重，增加土壤饱和含水量，且不会引起土表层的扰动，对草坪无明显伤害，生长季可随时进行。

(5) 垂直修剪（刈割）

垂直修剪是借助安装在高速旋转水平轴上的刀片进行近地表面垂直刈割或划破草皮，以清除草皮表面积累的芜枝层或改进草皮通透性为目的的一种培育措施。

①垂直修剪机械　手推式和自走式。工作宽度为 35~50cm，深度 0~7.6cm。

②垂直修剪时间　在草坪生长茂盛、生长条件良好的情况下进行比较合适。

(6) 松耙

松耙指通过机械方式将草皮层上覆盖物除去的操作。松耙通常用手动弹齿式耙来进行。手动弹齿式耙是由高张力的铁丝制成的齿状系列耙。

2.7.2 滚压（碾压）

滚压是用压辊在草坪地上边滚边压的一项管理措施。这种管理广泛应用于运动场草坪的管理中。北方冷季型草坪应在春、秋两季（草坪草生长旺盛的季节）进行。

(1) 滚压的效应

滚压的效应反映在草坪栽培和利用两个方面。

①在栽培上的作用　能增加分蘖和促进匍匐枝的伸长；可抑制匍匐枝的浮起，使节间变短，草坪变密；生长季节滚压，使叶丛紧密而平整，抑制杂草入侵；使草坪根部与坪床土壤紧密结合，易于产生新根，利于成坪。

②在利用方面的效应　可对草皮及草坪面的不平予以修整；对运动场草坪可增加场地硬度，使场地平坦，也可使草坪形成花纹，提高草坪观赏效果。

(2) 方法

滚压可用人力推重碌或用机械进行。重碌为空心的铁轮，可通过调节轮内的装水或装沙量来调节滚轮的重量。镇压时手推轮重为60~200kg，机动滚轮为80~500kg。

滚压的重量依滚压的次数和目的而异。用于坪床修整，滚轮以200kg为宜，幼坪则以50~60kg为宜。

(3) 滚压时期

观赏草坪在春季至夏季滚压为好，有特殊用途的则在建坪后不久进行滚压。若出于利用的要求，则宜在建坪后不久、降霜期、早春开始修剪期进行。在土壤黏重、水分过多、草坪较薄时不宜滚压。

(4) 滚压注意事项

滚压不要过度；草坪草弱小时不宜滚压；土壤黏重、太干、太湿不宜滚压；要结合其他管理措施。

2.7.3 表施土壤

表施土壤是将沙、土壤和有机肥按照一定比例混合均匀施在草坪表面的作业。

(1) 表施土壤的作用

①对于表面凹凸不平的坪床，可起到补低拉平的平整坪床表面的作用。当草坪表层由于不规则定植使新生草坪极不均一时，一次或多次表施土壤可填补新生草皮的下陷部分。

②对不定芽、匍匐茎的再生和生长有促进作用，对改善草坪表土的物理性状有良好的作用。

③能防止草坪的徒长和利于草坪的更新。

④控制枯草层，改善微生物的生存条件，加强微生物的活动，有利于枯草层分解。

⑤延长草坪绿期。

⑥保护草坪，防践踏。

⑦由能产生大量匍匐枝禾草和匍茎剪股颖组成的草坪上，定期表施土壤有利于消除严重的表面絮结。

由于草坪表施土壤具上述作用，在草坪实践中就产生了一系列有特定目的的表施土壤作业。如促进草皮块形成的覆土，为改善通气状态进行的覆土，施肥和药剂的覆土，保护草坪表面的覆土等。

(2) 表施土壤的时间和数量

①时间　在草坪草的萌芽期及生长期进行最好。冷季型草坪草通常在春季(3~6月)和秋季(10~11月)，而暖季型草坪草通常在春末至夏初(4~7月)和初秋(9月)为宜。

②数量与次数　根据草坪草利用目的和草坪草生育特点而异。一般草坪一年一次，运动草坪则需要2~3次/年。一般草坪1次施用量可大，施用次数可减少，而运动草坪则需要每次少量、多次施。厚度不超过0.5cm。

(3) 表施土壤的理化要求

表施土壤最好的材料是土、沙和有机物的混合物，其适量的组合为土∶沙∶有机物＝1∶1∶1或2∶1∶1。

表施土壤将形成草皮表面的新耕作层，表施的土壤应具备如下性质：与床土无多大差异；肥料成分含量较高，有机物必须充分腐熟；具有沙、有机物和土壤改良材料的混合物；混合土含水分较少；过筛的土壤；不含杂草种子、病菌、害虫等有害物质。

注意事项：施土前必须先对草坪进行修剪；土壤材料应干燥，并过筛；施肥在施土前进行；施后必须拖平。

(4) 表施土壤的方法

小面积可人工进行，大面积用表土撒播机。大型撒播机宽幅130~180cm，载土量2600kg；小型撒播机宽幅100cm，载土量390kg。

2.7.4　化学药剂处理

(1) 土壤湿润剂

湿润剂是一种颗粒类型的表面活化剂或表面活性因子。施用湿润剂不但能减小水的表面张力，提高水的湿润能力，还能减少水分的蒸发损失。在草坪草定植后能减少降水的地表径流量，减少土壤侵蚀，防止干旱和冻害的发生，提高土壤水分、养分的有效性，促进种子发芽和草坪草的生长发育。但若施用量过多或在异常的天气下施用，当湿润剂粘在叶子上时，会对草坪草产生危害作用。湿润剂分为阴离子、阳离子和无离子3种类型。

①阴离子湿润剂　在土壤中容易被淋溶掉，起作用的时间短。

②阳离子湿润剂　可与带负电荷的黏土颗粒或土壤有机胶体紧密结合，不易被淋洗掉，在土壤中可长时间发挥作用，一旦干燥就能变成完全防水的土壤。

③无离子湿润剂 在土壤中最不易被淋溶掉，起作用的时间最长，它分为酯、醚、乙醇 3 种类型。酯类湿润沙子的效果最好，醚对黏土的效果最好，乙醇剂对土壤有机质的湿润效果最好。

(2) 草坪着色剂

草坪着色就是用喷雾器或其他设备，将草皮颜料溶液喷于植物表面的一种过程。当暖季休眠或冷季越冬的草坪草变色，或患病害褪色，或人们需要某种特殊的颜色时，在草坪草叶上喷涂草坪着色剂，一旦干燥就能长时间存在而不掉色，使草坪的颜色符合人们的要求。具体方法是：用喷雾机在秋末至冬初或者运动草坪比赛前，于草坪干燥时喷洒。

(3) 草坪生长调节剂

①生长调节剂控制草坪生长的途径 采用生长调节剂控制草坪草生长，进行化学修剪，可以减少修剪的费用。生长调节剂控制草坪草生长的 2 个途径：去除顶芽或某种程度地抑制顶端分生组织的活动；阻止节间生长，促进侧芽生长和分蘖，但破坏顶端分生组织。

②生长调节剂种类

生长延缓剂：嘧啶醇、矮壮素（CCC）、矮化磷（CBBP）等。延缓顶端分生组织生长，其作用可被赤霉素逆转。

生长抑制剂：多效唑（PP_{333}）、烯效唑（S-3307）、抑长灵（embark）、乙烯利（ETH）、青鲜素（MH）、氟草胺、丁酰肼（B_9）、2,4-D 丁酯等。

施用生长调节剂须谨慎，施用前要先试验，确定适宜的种类、浓度和次数。

(4) 切边

切边是指用切边机将草坪的边缘修齐，使之线条清晰，增加景观效应的一种管理措施。通常在草坪旺盛生长时进行。

2.7.5 划破草皮

利用圆盘耙上的"V"形刀将草皮划破，深度 7~10cm。其作用是改善土壤的通透性，防止土壤板结。生长季节均可进行，一周可进行一次。

2.7.6 梳草

利用梳草机清除草坪枯草层。切根梳草机工作宽度 46~50cm，工作深度 0~2.8cm。梳草时间：冷季型草坪在夏末秋初，暖季型草坪在春末夏初。

2.7.7 草坪的修复与更新

草坪养护是一个系统工程。草坪长期使用导致土壤板结，根系生长严重受阻，草坪严重退化，或多年生杂草入侵，导致草坪群落组成不良更替，或病虫危害严重，草坪产生大面积空秃，或枯草层过厚等。出现以上情形时，草坪无保留、养护价值而进行重新建植的过程叫更新，进行低强度的改良叫修复。"一年之计在于春"，春季是草坪更新复壮的最佳时节，做好春季草坪养护工作，可为形成优质草坪景观打下坚实基础。

2.7.7.1 引起草坪退化的原因

在更新、修复实施之前，应弄清草坪退化的直接原因，对症下药，提出有效改良措施和正确的保养方案。

(1) 自然因素

①草坪的使用年限已达到草坪草的生长极限，草坪已进入更新改造时期。

②由于建筑物、高大乔木或致密灌木的遮阴，部分区域的草坪草因得不到充足阳光而难以生存。

③病虫害侵入造成秃斑。

④土壤板结或草皮致密，致使草坪长势衰弱。

⑤气候恶劣，如高温等。

(2) 建坪及管理因素

①盲目引种造成草坪草不能安全越夏、越冬，选用的草种习性与使用功能不一致，致使草坪草生长不良。

②没有经过改良的坪床，不能给草坪草的生长发育提供良好的水分、营养、气体、热量等土壤条件。

③坪床处理不规范(包括坡度过大、地面不平、精细不一)造成雨水冲刷、凹陷。

④播种不均匀，造成稀疏或秃斑。

⑤不正确地使用除草剂、杀菌剂、灭虫剂，以及不合理地施肥、排灌、刈割造成的伤害。

⑥修剪造成的秃斑。

⑦管理不善，杂草多。

⑧管理不善，未有及时施肥，或者施肥不均匀。

(3) 人为因素

①过度使用的运动场区域，如发球区和球门附近，常因过度践踏而破坏了草坪的一致性。

②在恶劣气候下进行运动，对草坪造成破坏。

③草坪边缘被严重践踏。

④行人粗暴的破坏行为，也会对草坪造成破坏。

2.7.7.2 春季草坪更新复壮措施

(1) 设立"禁止践踏"标识牌

我国东北、华北以及西北部年降水量大于500mm或冬季有积雪覆盖的地区，主要种植的是冷季型草坪草种。随着春季的到来，气温逐渐转暖，各种草坪草均开始返青，其中，返青较早的是草地早熟禾。我国南方多为暖季型草坪草，主要包括狗牙根、结缕草、地毯草、假俭草等，该类草坪草相对耐践踏，但开春时人们习惯于此时外出郊游、踏青，所以需要采取严格措施，防止草坪遭到过度践踏，尽量避免新生嫩芽受到损伤，否则会影响草坪草的正常返青。对于公园、广场和街道绿地等开放性草坪，应设置明显标牌，限制行人进入，这项措施对于草坪草的返青以及随后的表现至关重要。

（2）修补受损草坪

①修补被破坏草坪的方法　一是补播，二是铺装草皮。

补播：首先将表土稍加松动，然后把种子均匀撒入土壤。所用种子应与原草坪草种一致，并应进行适当的催芽、拌肥、消毒等播前处理。

铺装草皮：标出受害地块；铲去受害草皮；翻土、施肥（施过磷酸钙促进根系生长）；紧实坪床；耙平土壤，用健康草皮铺装，草皮应高出坪面6cm；施大体积表肥（50%）+堆肥和沙（50%），使之填入草皮块的间隙；铺后确保2~3周内草皮湿润；如果地块较大，当草皮开始密接时，应进行适当镇压。

②修补技术

A. 北方冷季型草坪　消融的冰雪非常有利于草坪草的返青，并可减少春季的灌水次数，但对于排水不良的地段，应特别注意疏通排水，以免导致病害的发生和蔓延。经过一个寒冬，总会有部分草坪草由于各种原因而死亡，因此，首先要检查草坪的受损情况，发现有成片空秃或质量变差的地块，应及早安排修补计划。受损面积较大时应采用种子直播的方法，播种时间最好安排在草地早熟禾开始生长时，播种过晚时杂草危害较为严重，同时，早种的草坪会更健壮，抗性和耐践踏性更强。对受损面积较小的地块，可将邻近生长较为浓密的草坪进行移植，移植后应立即灌水，保持土壤4~7d湿润，以利于其迅速恢复生长。

B. 南方暖季型草坪　南方地区的降水量较多，潜水水位也较高，所以草坪草会由于排水不良、土壤侵蚀以及人为破坏等原因而死亡，因此，要求尽早对草坪受损的情况做出评价，以便及时采取措施予以修补。大多数暖季型草坪草依靠根状茎或匍匐茎进行无性繁殖的能力很强，如狗牙根在适宜的温度、湿度和土壤条件下，日生长速度平均为0.9cm，高的可达1.4cm。修补时多采用移栽法，移植后应立即灌水，保持土壤4~7d湿润，以利于其迅速恢复生长和覆盖地面。当采用种子直播修补时，由于种子硬实率较高，苗期生长又极为缓慢，播种期应越早越好，使其能够经过相对较长的春季而成功建植。不过，暖季型草坪草种子萌发需要的平均温度一般为15~18℃，所以最佳的播种期应是当温度达到种子萌发需要的温度时。

（3）秃斑的修补

可采取补播法或用匍匐茎无性繁殖法和铺植草皮法进行修复。

①把裸露地面的草株沿斑块边缘切取下来，垫入肥沃土壤，厚度要稍高于周围的草坪土层，然后平整地面。

②播种时，所播草种需与原来草种一致，并对种子进行处理。

③植草后浇透水，等晾干用磙子压实地面，使其平整。对修复的草坪应精心养护，使

之早日与周围草坪的颜色一致。

2.7.7.3 板结土壤草坪打孔

早熟禾、匍匐紫羊茅和剪股颖等极易形成致密的根网,从而降低了表层土壤的通透性,加之人为践踏和车辆碾压,使得土壤更加紧实,所以需要在春季疏松土壤。一般情况下,在土壤化冻后即可采用手提式土钻或打孔机松土,松土应安排在施肥或补播前进行,这样,当春雨来临且温度适宜时,草坪草能够迅速进入旺盛生长阶段,进而有效地抑制杂草生长和防止病害的发生。

打孔和表施土壤可以同期进行,打孔后表施土壤。

2.7.7.4 草坪平整处理

草坪不平整,地势低洼处容易积水,地势高处修剪时容易形成秃斑。春季草坪草返青前后,是草坪平整处理的有利时节。

(1) 滚压

滚压的主要目的是使松动的禾草根状茎与底层土壤紧密结合起来,以利于根系吸收土壤深层的水分和养料,同时还能够提高草坪的平整度。当早春土壤刚刚解冻时,土壤含水量适中,此时是进行滚压的最佳时期。滚压前需要对草坪进行一次检查,将低洼不平之处先用堆肥垫平后再滚压。

(2) 表施土壤

对于地势低洼处,或枯草层较厚处,进行表施土壤,有利于减少草坪积水,同时减少枯草层,促进快速返青。

①表施土壤的材料　采用土∶沙∶有机质为1∶1∶1或1∶1∶2的混合基质,或者全部用沙。

②表施土壤的时期　暖季型草坪草在4~7月或9月,冷季型草坪草在3~6月或10~11月。深秋季节对草坪进行铺沙,可促使草坪春季提早返青。

③草坪下面加土或去土。

2.7.7.5 修剪

在寒冷潮湿气候区,春季对草坪的第一次修剪一般在3~4月,当草坪草已全部返青,并且出现由于顶端生长过于旺盛而阻碍了分蘖、根状茎或匍匐茎的发育时,应立即开始修剪。每次修剪前,必须将草坪上的石块等杂物清除干净。应根据不同类型的草坪草将修剪机调整到适宜的高度后再进行修剪。如果养护管理水平较高,则应尽快开始有规律的修剪。注意,不要等到草长得过高时才进行修剪,否则草坪草受到的伤害过大,伤口不易恢复,极易感染病害。

第一次修剪压低修剪1~2cm,有利于草坪快速返青。

第一次修剪后可以喷施和浇灌"飘绿8号肥"或"叶力",及时使用能增加返青速度,促进草坪快速分蘖,使叶色深绿,达到良好的观赏效果。

2.7.7.6 施肥

施肥时间：返青前7~10d，冷季型草坪在气温10℃左右、暖季型草坪在气温18℃左右进行施肥。

春季肥料的选择（大致比例）：氮∶磷∶钾为30∶5∶10。

施肥量：25kg/亩。

均匀施肥，如果没有施肥机，可以适当拌沙均匀撒施。

2.7.7.7 浇水

及时浇灌返青水。如果长时间缺雨，表层土壤出现干旱，以及早春施肥或施药后，应立即进行灌水。水最好向土壤深层灌，但要注意，必须要等到土壤湿度无法满足草坪草生长需要时才能再次进行灌水。

2.7.7.8 杂草防除

春季是杂草开始萌发或返青并进入旺盛生长的时期，因此是草坪杂草防除的关键时期。可以采用人工防除、化学防除与生物防除相结合的方法进行杂草防除。

2.7.7.9 病虫害防治

春季易发生的病害主要包括腐霉枯萎病、镰刀菌枯萎病、红丝病、锈病、雪腐病和霜霉病等，这些病害多在春季温度开始回升、土壤湿度或露水过大时发生和蔓延，如果不及早防治，就会对刚刚返青的草坪草造成严重危害。此时，应委派专业人员对草坪草的变化做细致的观察，一旦发现有病害发生，即采取相应的措施及时予以防治。防治时除加强管理、控制灌水量和灌水次数外，已经感染病害的区域应及时喷施和浇灌杀菌剂，扒开根系，仔细检查根系和叶片。

2.7.7.10 退化草坪的更新

如果原草坪地形设计好，表层以下5cm土壤结构良好，且草坪等级许可，可不通过正常的栽培措施，不翻耕原有草坪，只进行部分或全部重新建植，即可达到改良草坪的目的。

知识拓展

辅助养护管理的作用：

①打孔通气、疏松土壤　可促进根系更新。主要是在致密草坪地进行。

②划破草皮　促进地上、地下的生长。

③垂直修剪、剪割　除去过多的芜枝层和过多的草垫层，防病、防火或结合交播进行复绿。

④补播　补播前注意中耕、促进发芽，有利于生长。

运动场比赛前后草坪管养注意：比赛前，修剪、保持土壤干燥、划线；比赛后，注意浇水、施肥、补栽，促进草坪恢复，形成一定的美观度。

课后习题

1. 草坪辅助养护措施有哪些?
2. 打孔通气的作用是什么?
3. 运动场草坪养护在比赛前后需要注意什么?

项目 3
园林花卉养护

学习内容

任务 3.1　花坛栽植与补植
任务 3.2　花坛花卉养护

任务 3.1　花坛栽植与补植

任务实施

>> 任务目标

了解花坛的类型和花坛的设计原则；掌握花坛的栽植技术。

>> 任务描述

1. 根据花坛的类型，进行花坛栽植、补植方案制订。
2. 栽植工作任务的实施。

>> 材料及工具

计算机、手机、铁锹、水桶、喷壶、草绳、木板、铁钳、铁丝、遮阳网等。

>> 任务实施指导

1. 花坛栽植前准备：栽植、补植调查→苗木准备→栽植、补植地准备。
2. 花坛栽植技术：栽植前的修剪→栽植、补植。

相关知识

花坛是在具有几何形轮廓的植床内种植各种不同色彩的花卉，运用花卉的群体效果来体现图案纹样，或观赏盛花时的绚丽景观的一种花卉应用形式。它以突出鲜艳的色彩或精美华丽的纹样来体现其装饰效果。

早期的花坛具有固定地点，几何形种植床边缘用砖或石头镶嵌，形成花坛的周界，且以平面地床或沉床为主。随着时代的变迁和文化交流的频繁，花坛形式也在变化和拓宽，主要表现在以下几个方面：花坛规模扩大；形式上突破平面俯视近赏，出现了在斜面、立面及三维空间设置的花坛，观赏角度出现多方位的仰视与远望，给视觉以多层次的立体感；由静态的构图发展到连续的动态构图；由室外园林空间扩展到室内，尤其是展览温室、室内花园等。

现代工业的发展，为花坛盆钵育苗方法的改进及施工技术的提高提供了可能性，使得许多在花坛基础上的花卉应用的新设想得以实现，为这一古老的花卉应用形式带来了新的生机。

3.1.1　花坛的类型

依据表现主题、规划方式及维持时间长短有不同的分类方法。

3.1.1.1　以表现主题不同进行分类

以花坛表现的主题内容不同进行分类是花坛最基本的分类方法，也是最常用的。据此可将花坛分为花丛式花坛(盛花花坛)、模纹式花坛、标题式花坛、装饰物花坛、立体造型花坛、混合花坛。

(1) 花丛式花坛(盛花花坛)

主要表现和欣赏观花的草本植物花朵盛开时花卉本身群体的绚丽色彩以及不同花色或品种组合搭配所表现出的华丽的图案和优美的外貌。根据平面长和宽的比例不同，可将花丛式花坛分为花丛花坛、带状花丛花坛和花缘。

①花丛花坛　花坛平面纵轴和横轴长度之比在 1∶(1~3)，多用于作主景。

②带状花丛花坛　花坛的宽度即短轴超过 1m，且长、短轴的比例超过 3 倍时称为带状花丛花坛。通常作为配景，布置于带状种植床，如道路两侧、建筑基础、墙基、岸边或草坪上，有时也作为连续风景中的独立构图。带状花丛花坛既可由单一品种组成，也可由不同品种组成图案或成段交替种植。

③花缘　宽度通常不超过 1m，长轴与短轴之比在 4 倍以上的狭长带状花坛。花缘通常不作为主景，仅作为草坪、道路、广场的镶边或作基础栽植，通常栽植单一种或品种，内部没有图案纹样。

(2) 模纹式花坛

主要表现和欣赏由观叶或花叶兼美的植物所组成的精致复杂的图案纹样，植物本身的个体美和群体美都居于次要地位，而由植物所组成的装饰纹样或空间造型是模纹式花坛的主要表现内容。因内部纹样及所使用的植物材料不同、景观不同，可分以下几种：

①毛毡花坛　主要用低矮观叶植物组成精美复杂的装饰图案，花坛表面修剪成平整细致的平面或和缓曲面，整个花坛宛如一块华丽的地毯，故称为毛毡花坛。不同色彩的五色草品种因低矮、枝叶细密、耐修剪而成为毛毡花坛最理想的构成材料。低矮、整齐的其他观叶植物或花小而密、花期长而一致的低矮观花植物也可用于此类花坛。

②彩结花坛　主要用锦熟黄杨和多年生花卉如紫罗兰、百里香、薰衣草等，按一定图案纹样种植起来，模拟绸带编成的彩结式样而成，图案线条粗细相等，由上述植物组成构图轮廓，条纹间可用草坪为底色或用彩色砂石填铺。有时也种植色彩一致、高低一致的时令性草本花卉，装饰效果更强。

③浮雕花坛　依花坛纹样变化，植物高低有所不同，部分纹样凸起或凹陷，凸出的纹样多由常绿小灌木组成，凹陷面多栽植低矮的草本植物；也可以通过修剪，使同种植物因高度不同而呈现凹陷。整体上具有浮雕的效果。

(3) 标题式花坛

用观花或观叶植物组成具有明确的主题思想的图案，按其表达的主题内容可分为文字花坛、肖像花坛、象征性图案花坛等。标题式花坛最好设置在角度适宜的斜面以便于观赏。

(4) 装饰物花坛

以观花、观叶或不同种类配置成具一定实用目的的装饰物的花坛，如做成日历、时钟等形式的花坛，大部分时钟花坛以模纹花坛的形式表达，也可采用细小致密的观花植物组成。

(5) 立体花坛

即以枝叶细密的植物材料种植于具有一定结构的立体造型骨架上而形成的一种花卉立体装饰。其造型可以是花篮、花瓶、建筑、各种动物造型、各种几何造型或抽象式的立体造型等。所用的植物材料以五色草、四季秋海棠等枝叶细密、耐修剪的种类为主。

(6) 混合花坛

不同类型的花坛如花丛式花坛与模纹式花坛结合、平面花坛与立体花坛结合以及花坛与水景、雕塑等结合而形成的组合花坛景观。

3.1.1.2 以布局方式进行分类

(1) 独立花坛

作为局部构图中的一个主体而存在的花坛称为独立花坛。独立花坛是主体花坛，可以是花丛式花坛、模纹式花坛、标题式花坛或者是装饰物花坛。独立花坛通常布置在建筑广场中央、街道或道路的交叉口、公园的进出口广场、建筑正前方、由花架或树墙组成的绿化空间等处。

(2) 花坛群

由许多花坛组成的一个不可分割的构图整体称为花坛群。在花坛群的中心部位可以设置水池、喷泉、纪念碑、雕像等。常用在大型建筑前的广场上或大型规则式的园林中央，游人可以入内游览。

(3) 连续花坛群

许多个独立花坛或带状花坛，呈直线排列成一行，组成一个有节奏规律的不可分割的构图整体时，便称为连续花坛群。

除此之外，花坛还可以有很多分类方法，如以花坛的平面位置可将花坛分为平面花坛、斜坡花坛、台阶花坛、高设花坛(花台)及俯视花坛等；以功能不同可分为观赏花坛(包括纹样花坛、饰物花坛及水景花坛等)、主题花坛、标记花坛(包括标志、标牌及标语等)以及基础装饰花坛(包括雕塑、建筑及墙基装饰)；根据花坛所使用的植物材料可以将花坛分为一、二年生花卉花坛，球根花卉花坛，宿根花卉花坛，五色草花坛，常绿灌木花坛以及混合式花坛等。根据花坛所用植物观赏期的长短，还可以将花坛分为永久性花坛、半永久性花坛及季节性花坛等。

3.1.2 花坛植物材料选择

3.1.2.1 常见花坛植物材料

(1) 花丛式花坛的主体植物材料

花丛式花坛主要由观花的一、二年生花卉和球根花卉组成，开花繁茂的多年生花卉也可以使用。要求株丛紧密、整齐；开花繁茂，花色鲜明艳丽，花序呈平面开展，开花时见花不见叶，高矮一致；花期长而一致。如万寿菊、金盏菊、翠菊、金鱼草、紫罗兰、一串红、鸡冠花等，多年生花卉中的小菊类、荷兰菊、鸢尾类等，球根花卉中的郁金香、风信子、美人蕉、大丽花的小花品种等都可以用于花丛式花坛的布置。

(2)模纹式花坛及立体花坛的主体植物材料

由于模纹式花坛和立体花坛需要长时期维持图案纹样的清晰和稳定，因此宜选择生长缓慢的多年生植物(草本、木本均可)，且植株低矮、分枝密、发枝强、耐修剪、枝叶细小为宜，最好高度低于10cm，尤其毛毡花坛，以观赏期较长的五色草类等观叶植物最为理想，花期长的四季秋海棠、凤仙类也是很好的选材。另外，株型紧密低矮的雏菊、景天类、孔雀草、细叶百日草等也可选用。

(3)适合作花坛中心的植物材料

多数情况下，独立花坛，尤其是高台花坛，常常用株型圆润、花叶美丽或姿态美丽规整的植物作为花坛中心的植物材料，常用的有棕榈、蒲葵、橡皮树、大叶黄杨、加拿利海枣、棕竹、苏铁、散尾葵等观叶植物，或叶子花、含笑、石榴等观花或观果植物等。

(4)适合作花坛边缘的植物材料

花坛镶边植物材料与用于花缘的植物材料具有同样的要求，低矮，株丛紧密，开花繁茂或枝叶美丽，稍微匍匐或下垂更佳，尤其是盆栽花卉花坛，下垂的镶边植物可以遮挡容器，保证花坛的整体性和美观，如大花马齿苋、雏菊、三色堇、垂盆草、香雪球、雪叶菊等。

3.1.2.2 不同季节适合的花坛植物材料

(1)春季花坛栽培的花卉

春季花坛以4~6月开花的一、二年生草花为主，再配合一些盆花。大部分春季开花的草花都必须在上一年的8月下旬至9月上旬播种育苗，在阳畦内越冬。阳畦必须设有风障，加盖芦席，晴天打开，让其接受阳光照射，下午再盖上，使其安全越冬。春季花坛主栽培的花卉有三色堇、春菊、桂竹香、紫罗兰、中华石竹、勿忘我、诸葛菜、鸢尾、金盏菊、佛甲草、鸭跖草、雏菊、月季、瓜叶菊、旱金莲等。

(2)夏季花坛栽培的花卉

夏季花坛以7~9月开花的春播草花为主，配以部分盆花。大部夏季开花的草本植物都应在3~4月播种，在平畦内进行培养，5月中旬栽植。这个时期开花的植物有凤仙花、百日草、万寿菊、草茉莉、夜来香、大花马齿苋、滨菊、一串红、金莲花、中心菊、孔雀草、马利筋、落叶向日葵、麦秆菊、矮牵牛、千日红、百日菊、石竹、矢车菊、美女樱、凤仙花、大丽花、翠菊、银边翠、地肤、鸡冠花、扶桑、五色梅、宿根福禄考等。夏季花坛根据需要可更换花卉1~2次，也可随时调换花期过了的部分种类。

(3)秋季花坛栽培的花卉

秋季花坛以9~10月开花的春播草花为主，并配以盆花。大部分都应在6月中、下旬播种，在平畦内进行幼苗培育，7月末便可进行花坛栽植。这个时期开花的植物主要有鸡冠花、翠菊、百日草、一串红、小朵大丽花、福禄考、大花马齿苋、藿香蓟、早菊、荷兰菊、滨菊、日本小菊、大丽花及经短日照处理的菊花等。配置模纹式花坛可用五色草、香雪球、彩叶草、石莲花等。

(4) 冬季花坛栽培的花卉

冬季花坛以11月至翌年3月开花的秋播草花为主，并配以盆花。冬季开花的草本植物比较少，长江流域及其以南的地区一般都用宿根雏菊、小花月季、早播金盏菊、水仙花等。有的也用秋季栽培的耐寒植物，如五色草(黄、红、紫色)、水飞雉、银边翠(白色)、彩叶草(黄色、粉红色、紫红色)、紫色鸭跖草、扫帚草(翠绿色)、红叶甜菜、花甘蓝(黄色、粉红色、紫红色)等。大型花坛常用一部分草被植物，以减少花苗的用量。

3.1.3 花坛及花境设计

花坛设计时，必须从周围的整体环境来考虑所要表现的园景主题、位置、形式、色彩组合等因素。具体设计时可用方格纸，按1:(20~100)的比例，将图案、配置的花卉种类或品种株数、高度、栽植距离等详细绘出，并附实施的说明书。设计者必须对园林艺术理论以及植物材料的生长开花习性、生态习性、观赏特性等有充分的了解。好的设计必须考虑到由春到秋开花不断，做出在不同季节中花卉种类的换植计划以及图案的变化方案。一般花坛的大小：不应超过广场面积的1/3，不小于1/5。花坛的风格、体量、形状诸方面与周围环境相协调。

3.1.3.1 花丛式花坛的设计

(1) 色彩设计

花丛式花坛表现的主题是花卉群体的色彩美，因此在色彩设计上要精心选择不同花色的花卉巧妙搭配。一般要求鲜明、艳丽。

①对比色应用　这种配色较活泼而明快。深色调的对比较强烈，给人兴奋感；浅色调的对比配合效果较理想，对比不那么强烈，柔和而又鲜明。如堇紫色+浅黄色(堇紫色三色堇+黄色三色堇、藿香蓟+黄早菊、荷兰菊+黄早菊+紫鸡冠+黄早菊)，橙色+蓝紫色(金盏菊+雏菊、金盏菊+三色堇)，绿色+红色(扫帚草+星红鸡冠)等。

②暖色调应用　类似色或暖色调花卉搭配，色彩不鲜明时可加白色以调剂，并提高花坛明亮度。这种配色鲜艳、热烈而庄重，在大型花坛中常用。如红+黄或红+白+黄(黄早菊+白早菊+一串红或一品红、金盏菊或黄三色堇+白雏菊或白色三色堇+红色美女樱)。

③同色调应用　这种配色不常用，适用于小面积花坛及花坛组，起装饰作用，不作主景。如白色建筑前用纯红色的花，或由单纯红色、黄色或紫红色单色花组成的花坛组。

色彩设计中还要注意其他一些问题：

一个花坛配色不宜太多。一般花坛2~3种颜色，大型花坛4~5种足矣。配色多而复杂难以表现群体的花色效果，显得杂乱。

在花坛色彩搭配中注意颜色对人的视觉及心理的影响。如暖色调给人在面积上有扩张感，而冷色则有收缩感，因此设计各色彩的花纹宽窄、面积大小时要有所考虑。例如，为了达到视觉上的大小相等，冷色用的比例要相对大些才能达到设计意图。

花坛的色彩要和它的作用相结合考虑。装饰性花坛、节日花坛要与环境相区别，组织交通用的花坛要醒目，而基础花坛应与主体相配合，起到烘托主体的作用，不可过分艳丽，以免喧宾夺主。

花卉色彩不同于调色板上的色彩，需要在实践中对花卉的色彩仔细观察才能正确应用。同为红色的花卉，如天竺葵、一串红、一品红等，在明度上有差别，分别与黄早菊配用，效果不同。其中，一品红较稳重，一串红较鲜明，而天竺葵较艳丽，后两种花卉直接与黄早菊配合，有明快的效果，而一品红与黄早菊中加入白色的花卉才会有较好的效果。也可用花丛式花坛形式组成文字图案，这种情况下用浅色(如黄、白)作底色，用深色(如红、粉)作文字，效果较好。

(2) 图案设计

花坛大小要适度。在平面上过大，在视觉上会引起变形。以几何图形或几何图形的组合构成为宜。一般观赏轴线以 8~10m 为度。现代建筑的外形趋于多样化、曲线化，在外形多变的建筑物前设置花坛，可用流线或折线构成外部轮廓，对称、拟对称或自然式均可，以求与环境协调。内部图案要简洁，轮廓明显，表现大色块的效果。

切忌在有限的面积上设计繁杂的图案，要求有大色块的效果。如果一个花坛用色很少，但图案复杂，则花色分散，不易体现整体效果。

花丛式花坛可以是用于某一季节观赏，如春季花坛、夏季花坛等，至少保持一个季节内有较好的观赏效果。但设计时可同时提出多季观赏的实施方案，可用同一图案更换花材，也可另设方案，一个季节花坛景观结束后立即更换下季材料，完成花坛季相交替。

(3) 植物应用

一、二年生花卉为花坛的主要材料，其种类繁多、色彩丰富，成本较低。球根花卉也是花丛式花坛的优良材料，色彩艳丽、开花整齐，但成本较高。

适合作花坛植物的花卉应株丛紧密、着花繁茂，理想的植物材料在盛花时应完全覆盖枝叶，要求花期较长，开放一致，至少保持一个季节的观赏期；花色明亮鲜艳，有丰富的色彩幅度变化，更能体现色彩美；不同种花卉群体配合时，除考虑花色外，也要保证花的质感相协调才能获得较好的效果；植株高度依种类不同而异，但以选用 10~40cm 的矮性品种为宜；移植容易，缓苗较快。

3.1.3.2 立体花坛的设计

(1) 色彩设计

以模型为依据，用植物的色彩突出纹样使之清晰而精美。

(2) 图案设计

立体花坛用植物组成的模型可选择的内容很多，如动物、卷云、文字、肖像象征性图案。

(3) 植物应用

主景植物材料要求叶形细腻、耐修剪、适应性强、色彩丰富。一般使用红绿草类、景天类以及一些矮灌木与观赏草等。为便于养护，同品种植物应布置在一起，喜干或喜湿、快长或慢长植物应相对集中，作品上部宜选用喜干植物，下部宜选用喜阴湿植物。

配景植物材料一般使用与周边环境形成良好过渡的矮灌木、开花地被植物、彩叶地被植物、草花、观赏草等。

特殊造型或拟态造型可用芒草、细茎针茅、细叶苔草、金叶苔草等观赏草类制作。

3.1.3.3 模纹式花坛的设计

模纹式花坛主要表现植物群体形成的华丽纹样，要求图案纹样精美细致，有长期的稳定性，可供较长时间观赏。

(1) 色彩设计

以图案纹样为依据，用植物的色彩突出纹样，使之清晰而精美。如选用五色草中红色的'小叶红'或紫褐色'小叶黑'与绿色的'小叶绿'描出各种花纹。为使之更清晰，还可以用白绿色的白草种在两种不同色草的界线上，突出纹样的轮廓。

(2) 图案设计

模纹式花坛用植物组成的图案可选择的内容很多，如花纹、卷云、文字、肖像象征性图案、时钟或日历等。模纹式花坛以突出内部纹样华丽为主，因而植床的外轮廓以线条简洁为宜，可参考花丛式花坛中较简单的外形图案。面积不宜过大，尤其是平面花坛，面积过大时，在视觉上易造成图案变形。

内部纹样可较花丛式花坛精细复杂些。但点缀及纹样不可过于窄细。设计条纹过窄则难于表现图案，纹样粗宽色彩才会鲜明，使图案清晰。以红绿草类为例，不可窄于5cm，一般草本花卉以能栽植2株为限。矮生的灌木如金山绣线菊等品字形栽植，5株/m。

(3) 植物应用

植物的高度和形状与模纹式花坛纹样表现有密切关系，是选择材料的重要依据。低矮细密的植物才能形成精美细致的华丽图案。典型的模纹式花坛应符合下述要求：

以生长缓慢的多年生植物为主，如红绿草、白草、尖叶红叶苋等。一、二年生草花生长速度不同，图案不易稳定，可选用草花的扦插苗，但把它们布置成图案主体则观赏期相对较短，一般不使用。

以枝叶细小、株丛紧密、萌蘖性强、耐修剪的观叶植物为主。通过修剪可使图案纹样清晰，并维持较长的观赏期。枝叶粗大的材料不易形成精美的纹样，在小面积花坛上尤不适用。植株矮小或通过修剪可控制在5~10cm高、耐移植、易栽培、缓苗快的材料为佳。

3.1.3.4 花境设计

花境设计首先是确定平面，要讲究构图完整，高低错落，一年四季变化丰富又看不到明显的芥蒂。配置在一起的各种花卉不仅彼此间色彩、姿态、体量、数量等相协调,而且相邻花卉的生长强弱、繁衍速度也应大体相近,植株之间能共生而不是互相排斥。花境中的各种花卉呈斑状混交,斑块的面积可大可小,但不宜过于零碎和杂乱。几乎所有的露地花卉都能作为花境的材料,但以多年生的宿根、球根花卉和开花灌木为宜。因为这些花卉能多年生长,不需要经常更换,养护起来比较省工,还能使花卉的特色发挥得更充分。设计者要了解花卉的不同生长习性,选择不同种类合理搭配,使花境具有持久和良好的观赏效果。

花境分单面观赏花境(2~4m 宽)和双面观赏花境(4~6m 宽)两种,单面观赏花境的植物配置由低到高,形成一个面向道路的斜面。双面观赏花境,中间植物最高,两边逐渐降低,形成一个面向道路的斜面。花境的立面应该有高低起伏错落的轮廓变化,平面轮廓与带状花坛相似,植床两边是平行的直线或有轨迹可寻的平行曲线,并且最少在一边用常绿木本或矮生植物镶边。

花境植床一般应稍高出地面,在有路牙的情况下处理与花坛相同。没有路牙的情况下,植床外与草地或路面相平,中间或内侧应稍稍高起,形成 5°~10° 的坡度,以利于排水。

3.1.3.5 花海设计

花海是由艺术化布置的密集花草或彩色树木构成,人们远远望去,看不到边际,如海洋一般广阔,风吹来时,花浪起伏,如同大海的波涛翻滚,故而得名。

(1)花海分类

①按人工化程度分类 按花海景观的人工化程度不同,可将其分为人工花海、自然花海以及半人工花海。人工花海是当前花海景观的趋势,设计者根据植物的生物学特性控制花期、花色、规模等进行景观营造。自然花海是天然形成,由于其特有的气候环境、地形地貌和植物种类等因素,具有不可复制性。半人工花海是人与自然和谐相处的景观处理模式,设计者在保持自然生态系统稳定发展的前提下,运用设计手法形成更为丰富的景观形态,促进花海景观的稳定发展。

②按地形地貌分类 不同地形地貌形成的花海景观呈现出多样的景观特征,可分为高原山地花海、草甸草原花海、平原盆地花海和丘陵山地花海。高原山地花海和草甸草原花海多为自然形成,植物种类相对较单一,而平原盆地花海和丘陵山地花海景观多为人工种植,在植物种类的选择上相对丰富。在花海的具体营建过程中,各个类型的花海景观都应遵循适地适树原则,根据气候环境形成具有地域特色的花海景观。

③按群落结构分类 根据花海景观群落结构的不同,可以将其分为复层群落式花海和单一种群式花海。复层群落式花海景观表现出丰富的生物多样性,更易形成稳定的生态系统,能有效地减少养护成本。因此,在营造花海景观的时候,对植物材料的选择上应注意通过花期调控,早、迟花品种选用,以及多种花卉混播等方式,避免花海景观形成单一种群的不稳定群落,达到景观的可持续发展。

④按功能类型分类 景观的功能性是当前景观营造的重要考虑因素。在花海景观营建

中，花海的景观功能大致分为生产功能和观光功能。以生产功能为主的花海景观，即农业生产类和花卉基地类，结合花卉节庆打造乡村生态旅游，丰富区域内花海景观的丰富度。景区观光类花海以观光游览为主要目的，以基础配套设施为基础，通过门票、饮食、交通、住宿及花卉衍生品等收益，运用合理的运营管理模式，带动景区及相关产业的可持续发展。

（2）花海设计原则

花海规划设计不是简单的花卉种植，而是根据地形、水体、园林建筑、科普设施以及要表现突出的主题文化，进行一定的造型设计，通过大面积花卉栽植，依托地形变化、水体点缀、园林辅助性建筑和基础科普设施等的基本功能需求，形成结构功能和配套设施完善的花海景观。另外，在花海景观设计中融入各地的地域文化和花文化能丰富花海景观的文化内涵，体现花海景观的主题和灵魂。

花海整体造型的设计要把握以下几个原则。

①外形设计要体现主题　鲜明的主题对体现花海的独特性和辨识性尤为重要。打造有主题、有内涵、有寓意的花海，在主题确立时通过对不同花卉文化内涵的阐述、花海周边的环境以及花海的功能定位或者目标客群来确立情侣浪漫主题或者亲子童趣主题，或者是花海图案饱含美好寓意，再通过不同空间形态、构图手法全面表现不同花海的主题。

②要体现艺术美感　花海造型设计的艺术性体现在构图和花卉搭配上，通过对场地的合理规划、植物的科学种植，运用重复、节奏、韵律、对立统一等艺术表现手法，通过不同类型的植株搭配，突出其花形、花色、花香、叶形、叶色等。在植物选择上宜简不宜繁，如果整体造型过于复杂，再加上多彩的花色，难免会有主次不分、主题特色不明显之嫌，花色配比上如果需要打破单一花色，也不宜颜色过多，造成一种杂乱无序的视觉感受。色彩搭配上总体把握自然、与周边整体环境相符的原则即可。

③因地制宜，根据地形地貌合理设计　花海微地形是专指花卉种植绿地范围内花卉植物种植地的起伏状况。在花海营造工程中，适宜的微地形处理有利于丰富花海要素、形成景观层次、达到加强景观艺术性和改善生态环境的目的。花海可分自然式、平地式、台阶式、混合式等几种微地形模式。

在较大的场景中需要宽阔平坦的大型种植区域，来展现宏伟壮观的场景；但在较小范围，可从水平和垂直两维空间打破整齐划一的感觉。通过适当的微地形处理，以创造更多的层次和空间，以精、巧形成景观精华。

④花海内部设置相适宜的小品景观　大规模的花海不仅要让游客远观，还需满足游客"人在花中游"的与大自然更为亲近的体验，因此，应尽量把握"顺应自然，突出乡土、强化主题，意向明确，造型简练"的原则，在花海中布局一些木栈道、摄影平台、植物雕塑、卡通造型、特色小品建筑就显得尤为必要，这样更能延长游客在花海景观的逗留时间，实现全方位、多角度、由远及近的赏花需求。景观小品的介入，会让花海景观变得更立体、更鲜活。

3.1.4 花卉栽植施工

3.1.4.1 施工前准备

(1) 制订施工方案

根据施工图纸和花卉量清单,有针对性地制订施工组织计划;根据施工组织计划合理配备施工管理人员、技术人员和技术工人,进行技术交底和施工前教育,做到安全、文明施工;制订合理的施工流程(场地清理→材料准备→现场栽植→栽后养护→清理现场→竣工验收)。

(2) 场地准备

首先要进行现场勘查,熟悉道路、场地周边环境,落实施工顺序及场地布置,随时调整作业面、进料通道及存放场地,并明确水源及电源。临时办公用房使用旅行车替代,停放在指定临时停车位置,不在现场设房屋。依据现场调查情况,根据各节点给水和供电的接口,接设临时供水管路和安排临时用电设备材料、构配件的现场存储、堆放。花卉材料依据施工位置,堆放在指定堆料区域,不得在施工界限或围挡外堆放材料。堆放位置与施工边界保持适当距离,堆放高度不超过15m。现场材料要根据施工要求分块堆放,且堆放整齐。运输车辆到场后立即卸车,不在现场停滞,特殊情况需要停留的,停放在指定临时停车位。

(3) 花卉材料准备

根据设计方案选择符合标准的植物材料,计算所需花量并落实花卉来源,特别注意花期、冠幅、容器规格等,需要考虑施工及运输过程中的损耗率。制订合理的运输计划,确保交通安全,确保运输方案合理,确保材料质量。根据花卉植物的高度、习性、路途等选择运输工具及方式。花卉植株的运输过程及运到栽植地后,必须采取有效措施保证花卉基质的湿润状态。

小型花卉:采用多层货架和专用货框运输。

中型花卉:人工装卸,单层码放运输。

在花卉材料准备过程中出圃的花卉,遇到强阳天气时,采用遮阳网遮盖,避免灼伤。

3.1.4.2 花卉栽植

不同的栽植环境、不同的栽植对象有多种栽植方法,常见的栽植方法有地面栽植、花钵栽植、水生植物栽植等。在花卉植物种植前首先要按照种植施工图定点放线,通常可采用采用几何法、方格网法、仪器法等,定出不同种类花卉植物的种植轮廓线,并做出相应的标记,以确保栽植工作的顺利进行。

(1) 地面栽植

需要在放好的轮廓线内栽植。栽植时注意顺序,从中间向四周,由内而外。栽植时依据设计高度,使用种植土铺垫调整花卉高度,满足设计效果。花卉摆放时应精心操作,须小心搬运,避免磕碰。当温度过高时避开中午高温时段。

(2) 花钵栽植

栽植土选择土质疏松的微酸性、富含有机质及排水良好的壤土。栽植带土球的花卉，土球尽量向花钵边缘方向倾斜，同时边缘的种植密度要高些，使整个花钵看起来呈饱满的状态。

(3) 水生植物的栽植

①建立种植床　建立种植床前需要对种植的区域进行地形平整、线条流畅度规划，一定要做好边缘线的规划，这样为以后栽植区域的边缘线做好基础。在挖好的湖岸中，根据水生植物的不同品种特性和对水深需求分高度建立种植床。种植床的高度应低于干旱期最低水位 5~10cm。

②回填种植土　种植床完成后在种植床内回填种植土。底层回填塘泥、河泥等肥性好、肥效长的土壤。塘泥、河泥上层选用黏土，因为黏土的保水性好、稳定性强，适应水生植物的生长需求。

③种植土改良　长期施用生石灰会使土壤板结，降低植物对钙、镁、锌的吸收平衡。常用的办法是采用土壤改良剂改良。现代土改良剂使用塘泥、有机肥、生物菌肥、酸性土壤改良肥、少量辛硫颗粒配比而成。具体配比按照水生植物对水肥的要求进行配置，栽植深度不同，具体配比也稍有变化。

④搭建遮阳网　栽植前需要准备好遮阳网、喷水保湿器。气温较高时，栽植过程中会出现叶片萎蔫甚至失水现象，所以要边栽植边遮阴，保证苗木质量。

3.1.4.3　花坛的边缘处理

①边缘石　砖、条石、假山石等。高 10~15cm、宽 10~15cm。

②矮栏杆　竹质、木质、钢筋等。高不超过 40cm。

③边缘植物　小叶黄杨、书带草、富贵草等。

3.1.5　常见花坛建植技术

3.1.5.1　平(斜)面花坛建植技术

平(斜)面花坛建植施工步骤主要包括：整地、花坛放样、起苗、栽植等。

(1) 花坛种植床的要求

一般的花坛种植床多高出地面 7~10cm，以便于排水。还可以将花坛中心堆高形成四面坡，坡度以 45°为宜。

(2) 整地与翻耕

花卉栽培所用土壤必须疏松、深厚、肥沃，因此在种植前要先整地。一般种植土的厚度依植物种类而定：种植 1 年生草花，土壤基质为 20~30cm；多年生花卉和小灌木，土壤基质为 40~50cm。除去石头、草根及其他杂物。如果土质较差，则应将表层更换为好土（即地表土）。同时应根据需要，施加适量基肥，如肥性好、持久性强、已腐熟的有机肥。

(3) 花坛放样

根据施工图纸的要求，将设计图案在植床上按比例放大，划分出各品种花卉的种植位置，用石灰粉撒出轮廓线。一般种植面积较小、图案相对简单的平(斜)面花坛，可按图纸直接用卷尺定位放样；如果种植面积大、设计的图案形式比较复杂，放样精度要求较高，则可采用方格网法来定位放样。放线时要注意先后顺序，避免踩坏已经做好的标志。

(4) 起苗

盆栽花苗栽植时最好将盆退下，注意保证盆土不松散；裸根花苗随起随栽，起苗应注意尽量保持根系完整；掘带土花苗时，若圃畦地干燥，应先灌浇苗地，起苗要注意保持根部土球完整、根系丰满，若花苗土球松散，可先进行缓苗，有利于其成活。

(5) 栽植及摆设

栽植间距一般以花坛在观赏期内不露土为原则。一般花坛以相邻植株的枝叶相连为度，对景观要求高、株型较大的花卉或花灌木，为避免露空，植株间距可适当缩小。如果是用种子播种或小苗栽种的一般花坛，其间距可适当放大，以花苗长大、进入观赏期后不露土为标准。

栽植顺序应遵循以下原则：独立花坛，应由中心向外种植；斜面花坛，应由上向下种植；高矮不同品种的花苗混植时，应按先高后低的顺序种植。花卉栽植深度以花苗原土痕为标准，栽得过浅，花苗容易倒伏，不易成活；栽得过深，易造成花苗生长不良，甚至根系腐烂而死亡。草本花卉一般以根颈处为深度标准进行栽植。

利用容器苗摆置花坛比栽植要容易，摆置顺序同栽植顺序。必须考虑供水途径的可行性。

3.1.5.2 立体花坛建植技术

(1) 图纸设计

立体花坛的图纸设计包括：外观形象设计、骨架结构设计、灌溉系统设计。

①外观形象设计　主要就是确定立体花坛的主要形态。可表现为各种动物、花篮、建筑、人物等，也可以是器物造型。

②骨架结构设计　立体花坛常用钢材、木材、竹、砖或钢筋混凝土等制成结构框架。骨架结构设计主要是对立体花坛的植物载体和承重支撑体的设计，为以后立体花坛的精准施工提供支持。目前立体花坛基本上采用的是钢架结构，设计时根据骨架特点设计出骨架施工图。

③灌溉系统设计　主要就是对立体花坛地面、立面浇水灌溉系统的设计。

(2) 骨架制作

立体花坛的构架要用轻质钢材焊接而成。构架固定要牢固而简单，要利用力学三角形稳定性原理，一般竖直埋设三根角铁(之间用钢筋焊接)，而摒弃挖掘地基浇注混凝土的固定方式。要充分考虑构架的可移动性和安全性(包括抗风能力、稳定性、承受荷载等因素),造型复杂的还要考虑构架的组合拼装形式(焊接或螺栓拼接组装等),以便于搬运、安装。构架造型制作要充分显现作品的"凸""凹"特色,达到设计的精确、生动等效果。

一般圆柱形造型的中间要有立柱,以钢管、铁管为好,用以主要支撑,以保持重心的稳定。其他造型的中间只要不影响造型,都应有加固中柱。焊接的间距以 15~18cm 较为合理。由于是在构架上栽种植物材料,成型后轮廓会被放大,与原有参照物有一定差异,所以在制作时要充分考虑放大比例后造型的视觉尺度,提高作品的整体协调性,避免造型失真而变得肥胖臃肿,影响观赏效果。

较大型的立体花坛的骨架基本上都是采用钢架结构,部分辅助材料使用亚克力。在制作工艺上主要采用切割和焊接技术,在具体制作时,根据造型、体量和受力大小配置工艺。骨架基础根据立体花坛的投影面积测算,立体花坛的框架基础制作采用槽钢或方钢,骨架的支撑管选用直径为 1cm 和 0.6cm 两种规格的圆形钢筋,贯穿整个骨架,确保结构稳定。主结构的受力部件选用 1.2cm 的二级钢钢筋,其余用 0.8cm 一级钢(所有钢结构刷两遍防腐油漆)。用 0.8cm 一级钢钢筋条"编织"细节部位,形成网状结构。

因为构架内部要填充培养基质,为防止浇水后培养基质下沉而造成立体花坛下部膨胀变形,因此在构架内部每 30~50cm 要设置一道防沉降带。防沉降带可用钢筋焊接,间距 20cm×20cm,上面用麻布片进行隔断固定。

(3)灌溉系统安装

骨架安装后进行灌溉系统安装,用于灌溉的喷灌设施安装应与填充培养基质同步进行。灌溉系统主要分为喷灌、喷雾和滴灌。

立体花坛中的地面部分基本都设计为喷灌,通过采用不同形式的喷头,使喷灌达到全覆盖。用到的喷头主要有蓝 G 喷头、红 G 喷头、阻尼式直立喷头。蓝 G 喷头为全圆喷灌喷头,喷灌半径为 0.5~1m,用在地面栽植花坛中部。红 G 喷头为半圆喷灌喷头,喷灌半径为 0.5~1m,用在地面栽植花坛边缘部分区域,防止水喷洒到外面影响游客。阻尼式直立喷头用于体量较大的花坛。喷雾用于表面,起保湿作用,约每平方米一个喷头。滴灌安装在内部,滴嘴自上而下间距密度逐渐减少,最下部为 60cm,向上以 10cm 递减,滴头间距为 30cm。同时安装自动控制系统及雨量传感器,以自动调节湿度。

(4)土壤配比

立体花坛栽培用土以自重较轻的基质为佳,一般要求:疏松肥沃,无异味,无石子、玻璃等杂质,富含有机质,在使用之前必须经过消毒处理。

在生产中轻质营养土配方多采用草炭土+珍珠岩+其他,比例一般为 7∶2∶1(如 65% 草炭土、25% 园土、5% 珍珠岩、5% 经过腐熟的有机肥),pH 最好在 5.5~6.0,EC 值在 0.55 左右为最佳,基质的含水量在 60% 左右,以手握成团不出水为标准,基质加水能保持黏度,使基质在上架时更容易成型。

(5)覆盖遮阳网、填充基质

喷灌系统安装完成以后,针对架构式结构的立体花坛,要包裹、填充栽培基质。包裹基质采用遮阳网,由下往上包裹,并用气钉将其紧密地固定在立体花坛的骨架结构上。

构架式覆膜包扎和种植基质填充同步进行。常在立体花坛表面铺设遮阳网或麻布,称为种植被。用于制作种植被的遮阳网要求遮光率80%以上。种植被要进行固定,生产中一般会用老虎钳、铅丝绑扎进行固定。遮阳网一般每15cm×15cm扎一道铅丝,以绷紧防止膨胀。在覆膜的同时要将基质不断地进行填充,一般每包扎20~30cm,即向内灌装种植基质,厚度不能小于15cm,要边灌装边夯实。同时要兼顾外层覆膜以保证轮廓造型准确。填充基质时,需要控制好基质的湿度与密实度。

(6)植物材料的选用

立体花坛的植物常选用佛甲草、红草、绿草、四季海棠等草本植物(穴盘苗)。这些品种观赏期比较长,耐受性较好。一般在立体花坛的顶端或受光条件好、不易积水的位置,选用四季海棠一类的品种,其他位置根据造型、颜色进行搭配。

(7)植物定植

立体花坛的表面朝向多变,对于花卉种植有一定局限,建造花坛时常用穴盘苗栽植与盆花摆设相结合的方式。

①穴盘苗栽植 首先在种植被上用工具进行开孔,一般每平方米种植500~900株,再将穴盘苗栽植好。为固定花卉,有时需要将花苗带土用棕皮、麻布或其他透水材料包扎后,一一嵌入预留孔洞内固定。为了不便造型材料暴露,一般应选用植株低矮密生的花卉品种并确保密度要求。栽植完成后,应检查表面花卉均匀度,对高低不平、歪斜倒伏的花卉进行调整,还需要做表面修剪成形。针对不同类型的植物材料,要运用不同规格的穴盘苗,穴盘穴数一般应大于72穴。标准穴盘规格为54cm×28cm,每平方米需7盘植物材料,72穴的则要504株,128穴的则要896株。合理的栽植密度既利于植物生长和养护管理,又利于显示景观效果。

②盆花摆设 有的从作品实际需要来考虑,可直接将穴盘苗、盆栽苗(根系要保护好)固定在钢结构构架上。如采用专用花钵格栅架,外观统一整齐,摆放平稳安全,但一次性投资较大。格栅尺寸需按照摆放花钵的大小决定。

应用容器苗摆置花坛相对要容易,如果容器大小不等、摆置植物材料大小不一(甚至还有动用吊车起重的大规格桶装树),则相对摆放顺序应先容器大、苗大的植物,小容器花卉插空、垫底。一面观的,先摆后面,后摆前面;两面以上观的,先摆中心,后摆边沿。

3.1.5.3 模纹式花坛建植技术

模纹式花坛又称图案式花坛,由于花费人工较大,一般均设在重点地区。

(1)整地翻耕

松土前一天要充分灌水,以保持坛内土壤潮湿,这样不仅便于放样划线,同时栽植时也不会因土过干而使纹样的线条混乱。松土深度一般为 30~40cm 即可。施适量肥性好而又持久的已腐熟的有机肥作为基肥。松土后要根据设计要求将花坛表面整平，圆形花坛常整成中间高、四周低的和缓弧面，单面观赏的大型花坛多整成倾斜面。大型花坛要留出栽苗及日常管理的作业道，以便于除草、修剪等工作。作业道的宽度要单只脚能通过，一般宽度为 20~25cm。

除按照上述要求进行整地外，由于它的平整要求比一般花坛高，为了防止花坛出现下沉和不均匀现象，在施工时应增加 1~2 次镇压。

（2）上顶子

模纹式花坛的中心多数栽种苏铁、龙舌兰及其他球形盆栽植物，也有在中心地带布置高低层次不同的盆栽植物，称为"上顶子"。根据设计要求找出顶子的中心，将盆端正地栽入土中，然后再将顶子的配料按高低分层栽在中心材料周围。

（3）定点放线

模纹式花坛是将植物配置成各种图形、图案的花坛，由于图形的线条规整，定点放线要求精细、准确。上顶子后，应将其他的花坛面积翻耕均匀、耙平，然后按图纸的纹样精确地进行放线。一般图样相对简单或花坛面积不大的，可先以卷尺将花坛表面等分为若干份，再分块按照图纸花纹，用白色细沙撒在所划的花纹线上。对于较为复杂的图样或面积较大的花坛，可用方格网定出主要控制点的位置，然后用较粗的镀锌钢丝按设计图样，盘绕编扎好图案的轮廓模型，也可以用纸板或三合板临摹并刻制图案，然后平放在花坛地面上轻压，印压出模纹的线条。文字花坛可按设计要求直接在花坛地面上用木棍采用双勾法划出字形，也可用纸板或三合板刻制，在地面上印压而成。

（4）起鼓

放样后，栽苗前，常把花坛内主要纹样用土垫高，这一工序就称为起鼓。通过起鼓后栽植和细致修剪，可使花坛表面凹凸有致，形成浮雕艺术效果，提高了观赏价值。

（5）植物材料选用

①选材标准　植物的高度和形状与模纹式花坛纹样表现有密切关系，是选择材料的重要依据。低矮、细密的植物才能形成精美细致的华丽图案。典型的模纹式花坛材料应符合下述要求：

以生长缓慢的多年生植物为主，如红绿草、白草等。可选用草花的扦插苗、播种苗及植株低矮的花卉作图案的点缀，前者如孔雀草、矮串红、四季秋海棠等，后者有雏菊、大花马齿苋等，但把它们布置成图案主体则观赏期相对较短，一般不使用。

以枝叶细小、株丛紧密、萌蘖性强、耐修剪的观叶植物为主。通过修剪可使图案纹样清晰，并维持较长的观赏期。枝叶粗大的材料不易形成精美的纹样，在小面积花坛上尤不适用。观花植物花期短、不耐修剪，若使用少量作点缀，也以植株低矮、花小而密者效果为佳。植株矮小或通过修剪、药剂矮化等，可控制在 5~10cm，耐移植、易栽培、缓苗快的材料为佳。

对土壤肥力等性状要求不高、耐干旱、好成活的材料优先。

选择建筑材料，常以设计图案为依据。若选择花卉难达到理想设计意图，或花卉花期短而不能长时间表达主题者，可选用效果明显、能与周围环境协调的建筑材料，从而达到永久性表达主题的目的。

②常用植物材料　模纹式花坛纹样是否鲜明突出，观赏效果是否稳定，很大程度取决于材料的选配。常用的模纹式花坛植物材料如下：

A. 花坛顶子材料　根据花坛大小选用高度适中、轮廓清晰、体形优美、姿态端正、枝叶丛生，具有一定特色的盆栽植物。如棕榈类、龙舌兰类、苏铁等，也可使用南洋杉、罗汉松等。其中采用最多、效果最好的是前两类。此外，百合科的凤尾兰也可以作为花坛中心材料。花坛顶子是整个花坛的装饰中心，因此在其四周，需要选配一些色彩鲜艳的草本观花植物来点缀和衬托。高度应有层次，由顶从里向外逐渐降低。第一圈配草多用绿色植物，主要是给顶子起护脚和填充的作用，常用的有小叶黄杨和菊科草本观叶植物等。第二圈配草常用彩叶苏（俗称老来变），叶色常由绿、红、黄、暗红等色构成，鲜艳美观。第三圈配草常用天竺葵。第四圈为四季秋海棠，其特点是色彩鲜艳，叶面呈有光泽的绿色，主脉带赤色。花坛顶的最外一圈配草要根据花坛底色而定，底色若为绿色，常用红、黄色的花卉；底色若为红色，常用银边天竺葵。

B. 中部纹样材料　中部纹样的主要材料是五色草。五色草有小叶红、黑草、绿草、大叶红（俗称花大叶）及白草5种。前4种为苋科锦绣苋属的草本植物，又称红绿草、锦绣苋。白草为景天科。它们均具有植株低矮、生长迅速、容易繁殖、耐修剪等特点。

另外，苋科的红苋也可设为模纹花坛材料，如红洋苋。但由于生根慢、繁殖成本高、栽植后不耐旱，故一般应用较少。除上述材料外，也可以用许多木本植物材料，如小叶黄杨、紫叶小檗、松柏类幼苗等，木本植物材料一般用在大型花坛中，其管理简单、效果明显，并且造价低、观赏期很长，应适当尝试和推广。

在纹样当中，还需一定数量的材料进行点缀，除了之前所列举的天竺葵和四季秋海棠之外，还有重瓣矮牵牛、蜈蚣草、小龙舌兰等。多以花朵茂盛的观花植物及小型观叶盆栽为装饰中心。

C. 花坛边缘材料　上述组成中心纹样的五色草及红苋均可作为大型花坛边缘材料，组成简单的连续纹样。此外，独立花坛或其他花坛的边缘材料，多用菊科鼠尾草（别名火绒子），其生长茂密、耐修剪。立体纹样材料，除了上述各种材料外，经常使用的还有景天科的石莲花，适于镶嵌立体花纹，轮廓线清晰。栽在立体花篮和花瓶中的垂枝植物有吊兰、鸭跖草等。

(6) 用苗量计算

用苗量的计算以植物材料的冠幅大小为依据，不露地面为准。

A 种植物材料所用株数 = 栽植面积/(株距×行距) = $1m^2$ 所栽植株数×所占花坛面积 = 栽植密度×所占花坛面积。实际用苗量算出后，要根据花圃及施工的条件留出 5%~15% 的耗损量。

(7) 栽植

模纹式花坛以表现图案纹样为主，多选用生长缓慢的多年生观叶草本植物，栽前应修剪控制在10cm左右，过高则图案不清。模纹式花坛在栽植时应先种植图案的轮廓线，一般按照图案花纹先里后外，先左后右，先栽主要纹样，逐次进行。若花坛面积大，宜分区、分块种植。若栽草困难，可搭搁板或扣木匣子，操作人员踩在搁板或木匣子上栽草。栽种时可先用木槌子扎孔，再将植株插入孔内用手按实。要求做到苗齐，地面达到横看为平面，纵看为一条线。株行距视五色草的大小而定，一般白草的株行距为3~4cm，小叶红草、绿草的株行距为4~5cm，大叶红草的株行距为5~6cm。平均种植密度为每平方米栽植250~280株。最窄的纹样栽白草不少于3行，绿草、小叶红、黑草不少于2行。花坛镶边植物火绒子、香雪球的栽植距离为20~30cm。

3.1.5.4 花海建植技术

花海是一种开满鲜花的自然景观或园林景观。花海由很多开花密集的花草和树木构成，人们远远望去，看不到边际，如海洋一般广阔；风吹来时，花浪起伏，也如同大海的波涛翻滚，故而得名。

(1) 花海用地的准备

①花海微地形　花海微地形是专指花卉种植绿地范围内花卉植物种植地的起伏状况。在花海营造工程中，适宜的微地形处理有利于丰富花海要素和景观层次，达到加强景观艺术性和改善生态环境的目的。花海微地形模式可分自然式、平地式、台阶式、混合式等几种。根据其功能，对不同微地形模式提出以下处理原则：

结合自然地形，充分体现自然风貌。自然是最好的景观，结合景点的自然地形、地势地貌，体现乡土风貌和地表特征，切实做到顺应自然、返璞归真、就地取材、追求天趣。

以小见大，适当造景。地形的高低、大小、比例、尺度、外观形态等方面的变化创造出丰富的地表特征，为花海景观变化提供依托的基质。在较大的场景中需要宽阔平坦的花海大型种植区域地来展现宏伟壮观的场景，但在较小范围，可从水平和垂直两维空间打破整齐划一的感觉。通过适当的微地形处理，以创造更多的层次和空间，以精、巧形成景观精华。

②整地　主要目的是为花卉生长提供一个良好的土壤环境。通过整地作畦可改良土壤结构，增加土壤的通气性和透水性，促进土壤微生物的活动，从而加速有机质的分解，以利于植物的吸收利用。同时，起到除草、杀虫、灭菌的作用。整地时，应在设计许可的范围内提高排水坡度，以利于排水防涝。土壤造坡高度要达到设计要求，地形起伏自然，不得有坑洼处。要求排水良好，土表低于路缘石上沿5cm。

春季使用的土地最好在上一年的秋季翻耕，秋季使用的土地应在上茬植物出苗后立即翻耕。耙地应在栽种前进行。如果土壤过干，土块不容易破碎，可先灌水，待土壤水分蒸发至含水量60%左右时，再将土面耙平。土壤过湿时耙地容易造成土表板结。

在翻耕前尽量将土地上的石块、瓦片、残根杂草等杂物清理干净。旋耕时将土壤里的石块、瓦片、残根、断茎及杂草和杂物等一并清除。

整地的深度依花卉的种类和土壤的类型来定。一般整地深度为20~30cm，黏土要适当加深，砂土可适当浅一些。在面积较大区域，利用拖拉机带动型旋耕机来翻耕，也可采用小型的旋耕机；面积较小的区域或不适宜机械耕作的位置，可采用人工挖翻。此操作一般要经过两三轮。

翻耕后的土地要将其整细、整平，大面积的土地可用机械耙；小面积的土地或不适宜机械作业的，采用人工耙子等工具把土块打碎，将地表整平。地表要求平整，在表土深20cm内土壤应较细，土壤颗粒直径<2cm。

③土壤改良　最好对土壤的理化性质进行检测，包括土壤的pH、成分、养分、质地等。对于砂性土、过于黏重的土壤、有机质含量比较低的土壤，可通过增施有机肥、客土、加砂等方法加以改良。施入的有机肥包括堆肥、厩肥、锯末、腐叶、泥炭、甘蔗渣等。有机肥用量一般为每1000m^2不少于800kg。根据花卉对酸碱度要求的不同，对酸碱度不适宜的土壤要进行调整。在碱性土上栽培喜酸性的花卉时，可施用硫酸亚铁等提高酸度，10m^2用量为15kg，可降低pH 0.5~1.0。相反，对于土壤pH过低的土壤，栽培不喜酸的花卉时，可利用生石灰、草本灰等加以中和。土壤改良要结合整地一同进行。

④土壤消毒　种植前必须进行杀菌、灭虫处理以控制土壤传播病菌、地下虫害，即以在土壤中越冬的害虫为主的杀菌、灭虫处理。一般可使用五氯硝基苯、多菌灵、福尔马林等消毒剂进行消毒，用甲拌磷进行消毒防虫。施药期应控制在种植期的10d以前。

（2）定点放线

用经纬仪、标杆、测绳等仪器和工具按设计图纸要求测放出播种区域的轮廓线。

（3）播种

①种子筛选　要求选择充实饱满、无病虫害、生命力强、品种正确的种子。播种前要清除种子中的夹杂物，如鳞片、果皮、果柄、枝叶、碎片、瘪粒、病粒、土粒、其他种类的种子等，以便于播种的顺利进行。一般少量种子可用手选。但花海播种的种子用量比较大，可用风选、筛选和水选。

风选：适用于中小粒种子，利用风、簸箕或簸扬机净种。少量种子可用簸箕扬去杂物。

筛选：用不同大小孔径的筛子，将大于或小于种子的夹杂物除去，再用其他方法将与种子大小等同的杂物除去。筛选可以清除一部分小粒的杂质，还可以用不同筛孔的筛子把不同大小的种粒分级。

水选：一般适用于大而重的种子，利用水的浮力，将杂物及空瘪种子清除。

②播种量确定　不论是野花品种混合种还是单种，都有建议的最小和最大播种量。最小播种量是野花品种种子650~750粒/m^2（0.6~1.2g/m^2），在杂草防治、整地工作做得好，已能产生相当好的建植效果时采用。最大播种量为1300~1500粒/m^2（0.9~2.5g/m^2），建议在土壤准备和杂草防治不可能实行的情况下采用，或者是对需要非常密集的野花品种

采用。播种量不要超过建议的最高限额，播种过多可能导致多年生野花品种长势不良。一般情况下，播种量控制在 1.0~2.5g/m²。

③播种时间　最佳的播种时间取决于种植地的气候、降雨形式以及野花品种。

气候凉爽地区：1年生、多年生及1年生与多年生混合野花品种播种时间，可以在春天、初夏或深秋。秋播时间推迟，以免种子在第二年春天前发芽。

气候温暖地区：多年生野花品种可在初秋播种，这样植株进入冬季休眠期前至少还有10~12个星期的生长期。如果灌溉有困难，但春季降水量相当充沛，则深秋播种最有利。

④播种方式　采用哪种播种方式要根据地块的大小和地形来决定。大面积播种、撒种及播后覆土十分困难，一般将苗地划分为每 1000m² 一个播种单位，撒种时再划分为 100m² 进行，可避免漏播与重复。

地块较小：用手、滴落式播种机或气旋式播种机均匀地播撒种子。播种时可混合一些载体，增加播种体积，使播种更方便、均匀。用干燥洁净的沙子与种子混合，易于手工播种，比例为沙子：种子=（1~2）：1。播后轻耙覆土，覆土厚度不得超过种子最大直径的2~3倍，或用链式栅片轻轻拖过种植地，使种子混入表层土壤。

地块较大：用特制的条播机播种或液压喷播机喷播（特别是陡坡、岩石较多的地形）。条播机最深的播种深度为6cm左右，最大行距为0.6mm。播后用镇压机压实土壤，这样能使种子与土壤紧密结合。在陡坡、山地，可用喷播机。喷播浆液中含有附着剂，由木纤维、纸或细刨花组成，5%~10%的纸浆纤维为宜。也可根据需要加入胶、肥料、农药、染色剂等。在湿润的气候条件下或灌溉条件良好的情况下，采用喷播效果较好。播后再喷一些纤维，有利于种子与土壤接触。采用正确的操作程序，喷播前尽量减少种子在液压喷播机内混合搅拌的时间，否则，过分的混合搅拌会损伤种子。

课后习题

1. 花坛植物栽植技术有哪些？
2. 模纹式花坛栽植前准备工作有哪些？
3. 一般情况下花坛种植顺序是什么？

任务3.2　花坛花卉养护

任务实施

>> 任务目标

了解花坛养护的作用；掌握花坛养护的方法；掌握花坛花卉的养护管理技术。

>> 任务描述

1. 根据花坛的类型，进行花坛养护方案制订。

2. 花坛养护管理工作任务的实施。

>> **材料及工具**

计算机、手机、铁锹、水桶、喷壶、草绳、木板、铁钳、铁丝、遮阳网、药品、肥料等。

>> **任务实施指导**

花坛栽植、补植后管理：喷水→修剪→施肥→病虫害防治→花坛设备维护。

相关知识

3.2.1 花坛日常养护

3.2.1.1 水分管理

花苗栽好后，在生长过程中要不断浇水，以补充土中水分的不足。浇水的时间、次数和灌水量则应根据气候条件及季节的变化灵活掌握。条件允许时，最好采用喷水，特别是对模纹式花坛、立体花坛要经常进行叶面喷水。由于花苗一般都比较娇嫩。所以喷水时要注意以下几个方面的问题：

（1）水质

浇花的水质以软水为好，一般使用没有污染的河水、雨水最佳，其次为池水及湖水，泉水不宜。城市栽花可以使用自来水，但自来水一般是用漂白粉消过毒的，含有残留的漂白粉，因此不宜直接从水龙头上接水来浇花，而应在浇花前先将水存放几个小时或在太阳下晒一段时间。不宜用污水浇花。

（2）浇水的时期

每天浇水时间，一般应安排在10:00前或14:00以后。如果一天只浇一次，则应安排在傍晚前后为宜；忌在中午气温正高、阳光直射的时间浇水，因为这时土壤温度高，一浇冷水，土温骤降，对花苗生长不利。在夏、秋季节应多浇，在雨季则不浇或少浇；幼苗时少浇，旺盛生长时多浇，开花、结果时不能多浇；春天浇花宜在中午前后进行。

（3）浇水量

每次浇水量要适度，既不能只浸湿地皮，而底层仍然是干的，也不能水量过大。土壤经常过湿，会造成花根腐烂。

（4）水温

水温要适宜。一般春、秋雨季水温不能低于10℃，夏季不能低于15℃。如果水温太低，则应事先晒水，待水温升高后再浇。

（5）浇水方式

每次浇水不宜直接浇在根部，要浇到根区的四周，以引导根系向外伸展。每次浇水过程中，按照"初宜细、中宜大、终宜畅"的原则来完成，以免冲刷表土。灌溉的形式：畦灌、沟灌、滴灌、喷灌、微喷灌等。

①畦灌、沟灌　是较为传统的灌溉方式。优点：湿润充分，可直接用于育苗。缺点：浪费水资源。

②滴灌　是将水一滴一滴地、均匀而又缓慢地滴入植物根系附近土壤中的灌溉形式。优点：节水。缺点：成本高、易堵塞。

③喷灌　是由管道将水送到位于田地中的喷头喷出，有高压和低压的区别，也可以分为固定式和移动式。固定式喷头安装在固定的地方，有的喷头安装在地表面高度，主要用于需要美观的地方，如高尔夫球场、跑马场、花海、公园等灌溉。优点：省水。缺点：成本投入高。

④微喷灌　是利用旋转或辐射式微型喷头将水均匀地喷洒到植物枝叶等区域的灌水形式。广泛应用于花卉种植场所，以及扦插育苗等区域的加湿降温。优点：省水。缺点：成本投入高。

3.2.1.2　施肥

(1) 肥料种类的选择

①有机肥　包含广义上的有机肥及狭义上的有机肥。

广义上的有机肥：俗称农家肥，包括各种动物、植物残体或代谢物。如人畜禽粪便、秸秆、动物残体、屠宰场废弃物、城镇工业及生活有机物垃圾等。另外，还包括饼肥（菜籽饼、棉籽饼、豆饼、芝麻饼、蓖麻饼、茶籽饼等）、堆肥、沤肥、厩肥、沼肥、绿肥等。主要是以供应有机物为手段，来改善土壤理化性能，促进植物生长及土壤生态系统的循环。有机肥品种有以下几种：

堆肥：以各类秸秆、落叶、青草、动植物残体、人畜粪便为原料，按比例相互混合或与少量泥土混合进行好氧发酵腐熟而成的一种肥料。

沤肥：所用原料与堆肥基本相同，只是在淹水条件下进行发酵而成。

厩肥：指猪、牛、马、羊、鸡、鸭等牲畜的粪尿与秸秆垫料沤制成的肥料。

沼肥：在密封的沼气池中，有机物腐解产生沼气后的副产物，包括沼气液和残渣。

绿肥：利用栽培或野生的绿色植物体作肥料。如豆科的绿豆、蚕豆、草木犀、田菁、苜蓿、茗子等。非豆科绿肥有黑麦草、肥田萝卜、小葵子、满江红、水葫芦、水花生等。

秸秆：是重要的肥料品种之一，含有植物所必需的营养元素，如 N、P、K、Ca、S 等。在适宜条件下通过土壤微生物的作用，这些元素经过矿化再回到土壤中，供植物吸收利用。

饼肥：菜籽饼、棉籽饼、豆饼、芝麻饼、蓖麻饼等。

泥肥：未经污染的河泥、塘泥、沟泥、港泥、湖泥等。

狭义上的有机肥：专指以各种动物废弃物（包括动物粪便、动物加工废弃物）和植物残体（饼肥类、作物秸秆、落叶、枯枝、草炭等），采用物理、化学、生物或三者兼有的处理技术，经过一定的加工工艺（包括高温、厌氧等，但不限于堆制），消除其中的有害物质（病原菌、虫卵、害虫、杂草种子等）达到无害化标准而形成的，符合国家相关标准（NY 525—2002）及法规的一类肥料。施用有机肥料不仅能为农作物提供全面营养，而且肥效长，可增加和更新土壤有机质，促进微生物繁殖，改善土壤的理化性质和生物活性，是绿色食品生产的主要养分。当前随着科学技术的不断发展，通过有益菌群的人工筛选、分离、驯化培养技术，将有益菌群接入无害化处理后的有机肥中，可以生产出多种多样不同品种的生物有机肥，它能改善土质、减少环境污染、增肥增效等。

②化肥

氮肥：能促使枝叶繁茂，提高着花率。常见的氮肥有硫酸铵、尿素等。

磷肥：能使花色鲜艳，结实饱满。常见的磷肥有米糠、鱼、骨粉、鸡粪、过磷酸钙等。

钾肥：能使根系长得健壮，增强花卉对病虫害和寒、热的抵抗力，还能增加花卉的香味。常见的钾肥有稻草灰、草木灰、硫酸钾等。

复合肥：酸二铵、磷酸二氢钾、氮磷钾复合肥等。

微量元素肥。

(2) 施肥的方式及方法

①基肥　是指在育苗和移栽之前施入土壤中的肥料，主要有饼肥、骨粉、过磷酸钙以及复混肥等。施入这些肥料，再用土覆盖，也可以将肥料先拌入土中而后种植花卉。有机肥作基肥时，要注意充分培熟，以免烧坏幼苗。无机肥作基肥时，要注意氮、磷、钾配合使用，且入土不要过深。

②追肥　是指在花木生长期间所施的肥料。

A. 施肥方法　埋施，在花卉植物的株间、行间开沟挖坑，将化肥施入后填上土。采用这种方法施肥浪费少，但劳动量大、费工，还需注意埋肥沟坑要离植物茎基部10cm以上，以免损伤根系。一般在冬闲季节，劳动力充足、植物生长量不大时可采用这种方法，在花卉生长高峰期也可采用此法，但为防止产生烧苗等副作用，埋施后一定要浇水，使肥料浓度降低。沟施，在植株旁开沟施入，覆土。穴施，在植株旁挖穴施入，覆土。一般多用腐熟良好的有机肥或速效性化肥。环式施肥，多用于乔木、灌木。撒施，在下雨后或结合浇水，趁湿将化肥撒在花卉株行间。此法虽然简单，但仍有一部分肥料会挥发损失。所以，只宜在田间操作不方便、花卉需肥比较急的情况下采用。在生产上，碳酸氢铵挥发性很强，不宜采用这种撒施的方法。随水浇灌（冲施），结合花卉浇水，把定量化肥撒在水沟内溶化，随水送到花卉根系周围的土壤。采用这种方法，缺点是肥料在渠道内容易渗漏流失，还会渗到根系达不到的深层，造成浪费。优点是方法简便，在肥源充足、植物栽培面积大、劳动力不足时可以采用。滴灌施肥即在水源进入滴灌主管的部位安装施肥器，在施肥器内将肥料溶解，将滴灌主管插入施肥器的吸入管内，肥料即可随浇水自动进入植物根系周围的土壤中。配合地膜覆盖，肥料几乎不挥发、不损失，又省工、省力，效果很好。但此法要求有地膜覆盖，并要有配套的滴灌和自来水设备。插管渗施主要适用于木本、藤本等植物。在使用时应针对不同的植物对肥料的不同需求，选择不同的肥料配方。这种方法施肥操作简便，肥料利用率高，能有效地降低化肥投入成本。

B. 不同花卉的追肥　一、二年生花卉在幼苗期的追肥，氮肥可稍多些，但在以后生长期间，磷、钾肥应逐步增加。在现蕾后和开花期切忌施肥，以免造成落花。多年生花卉追肥次数较少，一般第一次追肥时期宜在春季开始生长后，第二次宜在开花前。开花期长、连续开花的花卉，如扶桑、茉莉花等，在开花期间也应适当追肥。化学肥料作追肥浇施，其施用浓度大致为：尿素0.1%~0.2%，过磷酸钙0.3%~0.5%。

C. 根外追肥　花卉可吸收喷施到叶片上的养分。最常用的是喷施0.2%~0.3%磷酸二氢钾、0.05%~0.2%硫酸锌、0.1%~0.25%硼砂等。对扦插的花木进行根外追肥，可促进插穗的生根。喷施浓度应控制在同类花木叶面喷施浓度的1/10~1/5，每周喷2~3次，前期宜淡，晚期略浓。

3.2.1.3　中耕除草

中耕指植物生育期中在株行间进行的表土耕作。中耕可疏松表土、增加土壤通气性、提高地温，促进好气微生物活动和养分有效化，去除杂草，促使根系伸展，调节土壤水分状况。中耕除草是花卉养护的重要环节，如果忽视，会影响其生长发育。土壤表层因降雨、浇水施肥等因素的影响，时间长了，会逐渐板结而透水、通气性能降低，从而影响根系生长。因此，必须中耕松土，恢复土壤的原有状况。中耕不宜在土壤过湿时进行。中耕的工具有小花铲和小竹片等，花铲用于成片花坛的中耕，小竹片用于盆栽花卉的中耕。中耕的深度以不伤根为原则。根系深则中耕深，根系浅则中耕浅；近根处宜浅，远根处宜深；草本花卉中耕浅，木本花卉中耕深。中耕也可同时进行施肥。在中耕过程同时拔除杂草，平时进行其他管理时看见杂草也应及时拔除。杂草应连根去尽，尤其不能待杂草结实成熟以后才除草，那样会留下后患。一般普通家庭栽培花卉，宜用手拔除杂草。如果栽植面积较大，杂草较多，也可以使用化学除草。

3.2.1.4　整形修剪

整形是整理花卉的外形、骨架和造型的一种措施。圃地生产的花卉一般很少进行修剪，以自然形态为主，在栽培上有特殊需求时才结合修剪进行整形。在园林布置时，要使花容整洁、花色清新，修剪是一项不可忽视的工作。一般要经常将残花、果实（观花者若不使其结实，往往可显著延长花期）及枯枝黄叶剪除；毛毡花坛需要经常修剪，才能保持清晰的图案与适宜的高度；对易倒伏的花卉需设支柱；其他宿根花卉、地被植物在秋、冬茎叶枯黄后要及时清理或刈除；需要防寒覆盖的可利用这些干枝叶覆盖，但应防止病虫害藏匿及注意田园卫生。

(1) 摘心

摘心是指在生长季节，摘去花茎顶端嫩梢，促其萌发侧枝。通过摘心，能够调节草花的生长和发育，使其株型矮化、丰满，花繁色艳，观赏价值提高。为达到理想的株形，摘心1次后，等侧枝长到1~2节时，可再进行二次摘心，增加分枝级次。如一串红、万寿菊、百日草、千日红等，不但可以使花朵数量增多，还有延迟花期的作用。

(2) 抹芽

在植株上常发生侧芽，若任其生长，不仅消耗养分、扰乱冠形，同时也影响通风透光，不利于花芽的形成。有些品种为了促使植株的高生长，减少花朵的数量，使营养供给顶花，必须及早抹除不需要的侧芽。如菊花、大丽花等。

(3) 去蕾

去蕾通常是除去侧蕾保留顶蕾，使顶蕾营养充足而发育良好，花大、花形美。如菊花、大丽花等。

(4) 整枝

整枝是指除去生长过旺及繁乱、细弱、病残的无用枝条，一般在茎叶水分不很充足而略萎蔫时进行。如一串红、万寿菊、大丽花等，在夏末进行整枝，可使其秋季开花更繁艳。

(5) 摘除残花

对于多次抽枝开花的草花，如万寿菊、雏菊、百日草、三色堇、金鱼草、大丽花和美人蕉等，要随谢随剪，不使其结实，可促使其多抽花枝，延长花期。万寿菊在夏季花朵数量减少的情况下摘残花，再追肥，秋季会再次开花；修枯枝烂叶，加上追肥，也可以让它二次开花。瓜叶菊还可以在花败后，把花茎从根部剪下，施肥后又可开花。

3.2.1.5 苗木更换

作为重点美化而布置的一、二年生花卉，全年需进行多次更换，才可保持其鲜艳夺目的色彩。

沈阳地区，花坛布置至少应于5~10月间保持良好的观赏效果，为此需要更换花卉4~5次。但园林中应用一、二年生花卉进行重点美化，其育苗、更换及辅助工作等是非常费工的，不宜大量运用。

球根花卉按种类不同，分别于春季或秋季栽植。由于球根花卉不宜在生长时移植或花落后即掘起，所以在栽植初期植株幼小或枝叶稀少种类的株行间，配植一、二年生花卉，用以覆盖土面并以其枝叶或花朵来衬托球根花卉，是相互有益的。适应性较强的球根花卉在自然式布置种植时，不需每年采收。郁金香可隔2年、水仙隔3年、石蒜类及百合类隔3~4年掘起分栽一次。在进行规则式布置时可每年掘起更新。

3.2.1.6 病虫害防治

花苗生长过程中，要注意及时防治地上和地下的病虫害，由于草花植株娇嫩，所施用的农药要掌握适当的浓度，避免发生药害。防治病虫害的发生，除了要做好前期选择抗病性强品种、加强栽培管理及进行土壤消毒的准备工作外，还要在实际生产过程中认真细致地进行观察，做到早预防、早发现、早治疗，才能生产出更多更好的花卉产品（表3-2-1）。

(1) 病害

病害可分为侵染性、非侵染性两类。侵染性病害主要是受到周围环境中生长的微生物如真菌、细菌、病毒等的侵染而引起。非侵染性病害多是由于土壤、水分、温度、光照等生活条件不适而引起的。病害的发生和发展要有一定的外界环境条件，因此在防治中应注意改善栽培技术和环境条件，随时注意环境卫生，加强通风透光，避免潮湿积水，及时清除残枝落叶、有病的植株。植物栽培好、生长健壮，抵抗病害的能力就强。

病害主要有茎腐病、白粉病、立枯病。常用杀菌药剂有好靓、克露等。

表 3-2-1　花卉常见病害与防治

病名	易感染花卉	症状	对策
立枯病	菊花、太阳花、荷包花等	真菌与细菌引起。植株根颈部出现褐色的病斑后表皮坏死，严重时整株枯死。幼苗期发病则全株倒伏死亡	施用充分腐熟肥料，氮肥不宜过多，控制用水量，加强通风。用50%多菌灵进行土壤消毒
白粉病	凤仙花、香豌豆等	真菌引起。危害植株叶、嫩梢、花托等部位，先出现黄点，然后长出白毛，叶片脱落	注意通风，减少潮湿，增加光照。用1:2000的硫黄粉液喷洒，2~3次一天，3~4次
叶斑病	紫菀、瓜叶菊、报春花、虞美人、凤仙花等	真菌与细菌引起。侵染叶片、枝条。初期多形成针头状小点，然后扩展为各种形状的斑点或斑块，呈白、褐、黑、灰、紫等颜色	加强栽培管理，加强通风，土壤湿度适中，不宜过干或过湿，注意清洁
炭疽病	金鱼草、三色堇等	真菌引起。危害植物的叶、花、果和嫩枝。初期出现褐色小斑，后期病斑中部普通灰白色，其上着生许多小黑点，雨后往往在病部产生脓状物，严重时枯死	浇水时从盆边缘浇灌，避免泥水溅污植物，避免盆与盆之间放置过密，使通风透光良好。用50%多菌灵或托布津500倍液喷洒，每周1次，3~4次

(2) 虫害

危害花卉的有害生物主要有昆虫、螨、蜗牛、蛞蝓等，主要有咀嚼性害虫如青虫、蚜虫；刺吸性害虫如蚜虫、螨类、斑潜蝇。常用杀虫药剂：克蛾宝、螨虫清、斑蝇王等。有很多昆虫以花卉的叶片、花朵、茎干、枝条、果实、根系为食，使植株缺损、枯萎、畸形、腐烂，影响生长，降低观赏价值，甚至导致死亡。一旦发现害虫，要及时采用各种方法灭除。方法有物理防治，即利用简单的工具或光电热等手段引诱、杀灭病虫；化学防治，即利用化学农药、杀虫剂防治；生物防治，利用有益的微生物、昆虫等来治虫（表3-2-2）。

表 3-2-2　花卉常见虫害与防治

病名	易感染花卉	症状	对策
介壳虫类	报春花、天竺葵、满天星等	常聚集于枝、花、叶、果上，吸食组织内的汁液，造成落叶、枯萎	可用手或软刷除去，及时剪除有虫枝条。在孵卵盛期，蚧虫刚刚孵化时喷药极易奏效。可用50%氧化乐果2000倍液，每周喷一次，2~3次
蚜虫	一串红、香豌豆、鸡冠花、荷包花等	青黄色的小虫，密集在嫩枝或花苞上，吸食液汁，使嫩叶卷曲萎缩，影响生长、开花，导致植株枯萎	清洁园圃，清除杂草。用毛笔蘸水刷掉。喷40%氧化乐果3000倍液或每盆施5~10g呋喃丹颗粒
红蜘蛛	万寿菊、一串红等	刺入叶组织内吮吸汁液，致叶片渐渐枯黄脱落，甚至整株落光	清除盆内杂草，消灭越冬虫卵。喷40%氧化乐果或三氯杀螨醇2000倍液
夜蛾	蜀葵、金盏菊等	幼虫群集在卵块附近食叶肉，留下叶脉和上表皮，成虫常将叶片蚕食光并危害花与花蕾	用50%辛硫磷乳剂1500倍液喷洒幼虫。对黑光灯与糖醋味有强趋性，用黑光灯与糖醋液加少量敌百虫诱杀成虫

3.2.2　常见花坛养护技术要点

3.2.2.1　平(斜)面花坛养护技术要点

(1)水分管理

要根据天气变化来浇水，气温高、日照强、空气干、刮风天气，花卉水分蒸腾快，应适当勤浇水；相反，气温低、阴天、无风时，花卉水分蒸腾较慢，应适当少浇。

从季节来讲，春、夏时花卉生长旺盛，应适当多浇，浇水应避开中午，以早、晚为宜，深秋、冬季浇水应在晴天10:00左右进行。要求盛花期必须加强水分管理。浇水尽可能使用喷灌技术，均匀充分、不留死角，也不会冲击小苗。人工进行浇灌应小心谨慎，水头要均匀，要浇到根区的四周，以引导根系向外伸展，以免影响正常开花或缩短花期。夏季降雨后应及时排水，以免因积水而造成根部腐烂死亡。

(2)施肥管理

花卉栽后经过10~20d的缓苗以后，花前、花后各追施肥料一次，以经过沤制的饼肥加水稀释后在土壤较为干燥时进行开沟或穴施，施后第二天浇清水以免烧根。全年施肥5~6次，但要薄肥勤施，注意现蕾切忌施肥，否则会引起落花。在花卉现蕾前或落花后，还可用喷雾器叶面喷施浓度为0.1%~0.3%的磷酸二氢钾、尿素、硫酸亚铁等肥料，以补充钾、铁等元素。生长期需要氮素营养较多，磷、钾需求较少，施肥应以氮肥为主。开花期施肥以施磷、钾肥为主，氮肥减少。如果氮肥过多，会导致枝叶徒长和延迟开花。

(3) 中耕除草

花坛内的杂草与花苗争肥、争水，既妨碍花苗的生长，又影响观赏效果。所以，发现杂草就要及时清除。除草应在杂草发生之初，尽早进行，因为此时杂草根系较浅，入土不深，易于去除。另外，为了保持土壤疏松，有利于花苗生长，还应经常中耕、松土。但中耕深度要适当，宜浅不宜深，以3~5cm为宜，避免过深损伤花根。中耕后的杂草及残花、败叶要及时清除掉。

(4) 病虫害防治

花卉病虫害的发生较苗木更为严重，尤其像蚜虫、红蜘蛛、白粉病、黑斑病等在花卉与苗木之间相互传播，在防治花卉病虫害的同时，也要对树木进行防治，同时适当增加花卉防治的次数。选用农药种类时应以低毒、无味且对花卉无药害为原则，如用菊酯类农药为好，敌敌畏、氧化乐果等高毒、易产生药害的农药则禁止使用。

(5) 整形修剪

多为常规修剪，控制花苗的植株高度，促使茎部分蘖，保证花丛茂密、健壮以及保持花坛整洁美观。随时清除残花、残叶。一般草花花坛，在开花时期每周剪除残花2~3次。

(6) 补植

花坛内如果有缺苗现象，应及时补植，以保持花坛内的花苗完整无缺。补植花苗的品种、规格都应与花坛内的花苗一致。

(7) 立支柱

生长高大以及花朵较大的植株，为防止倒伏、折断，应设立支柱。将花茎轻轻绑在支柱上。支柱的材料可用细竹竿。有些花朵多而大的植株，除立支柱外，还应用铅丝编成花盘将花朵托住。支柱和花盘都不可影响花坛的观赏效果，最好涂以绿色。

3.2.2.2 立体花坛养护技术要点

施工完成后，为使植物材料在展览期间始终保持最佳状态，具有较长的观赏期，必须要加强绿雕立体花坛的后期养护。

(1) 水分管理

在栽植完毕后，需立即浇一次透水，使植物根系与土壤紧密结合，提高成活率。立体花坛的浇水方式主要分为：人工浇水、喷灌、滴灌和渗灌几种形式。在浇水时若以人工浇水，宜采用喷洒、喷雾的方式，浇水次数不宜过多，否则易造成高湿而引起病害。一般在叶、花出现轻微萎蔫时才浇水，一次灌透。人工浇水次数视天气情况而定，气温在25℃以上的晴好天气，一天浇水2次；低于15℃，一天1次。上午早浇，10:00前浇完，16:00后再浇，浇水完毕将阀门全部打开以排净余水，防止余水晒热后烫伤植物。在气温较高、蒸发量比较大的季节，应适当增加喷水次数。喷水时不要把喷枪直冲绿雕面，以免压力过大冲坏坛面，并注意在绿雕立体花坛周围适当喷雾，形成湿润的小环境，以有利于五色草的生长。采用喷灌或滴灌设施的，要调节好程序进行自动喷灌或滴灌，效果更好。

由于立体花坛体量普遍偏大、偏高，不管是人工浇水还是喷灌、滴灌和渗灌，都容易造成立体花坛顶部的植物干死而底部的植物淹死的现象。所以，浇水时要注意顶部多喷，底部少喷。

（2）施肥管理

营养液的使用尤为重要。立体花坛主要利用叶片表面直接喷肥的方式进行追肥工作，或者结合滴灌等进行补充营养液，以保证栽植基质中含有足够的营养成分，延长立体花坛的观赏期。立体花坛在制作完成后的生长期应追施三元复合肥，施肥方式以随水浇施为主，在傍晚进行。一般每周施肥1~2次。

（3）植物补植

立体花坛后期应用的植物材料出现枯萎、死亡等现象时，应当及时更换花苗，保证花坛的整体效果。游客人数较多有时会造成大量地栽花卉被踩踏死亡的现象，每周要根据每个点位的立体花坛具体情况补植一次，主要是在周末或者劳动节、国庆节等节假日以后进行大量补植，基本上采用相同品种的植物，规格、高度、颜色尽量与原来保持一致。

（4）修剪和除草

①修剪　植物栽植完后，根据设计要求和植物生长情况对植物进行精修剪，以保持图案或立体造型效果。修剪时尽量平整，同时将图案的边缘线修出，使轮廓边界更清晰、自然，造型更加生动，达到设计要求。开花的植物要及时摘除残花、残叶、病叶。对使用花灌木作为背景的，要同步进行整形修剪以保证总体比例得当，并去除枯枝、徒长枝等，保持造型完整。

②除草　由于立体花坛水肥比较充足，容易促使杂草丛生，影响立体花坛植物的生长，并影响立体花坛的美观，所以要定期进行人工拔除杂草，保证立体花坛完美的景观效果。

（5）病虫害防治

适用于立体花坛的植物多种多样，为预防病虫害发生，除降低小环境湿度外，应改善通风透光条件；发生病虫害时，有针对性地采用生物农药防治。主要是对蚜虫、螟虫、青虫等适时进行无公害防治。梅雨天要注意病菌的感染，及时施杀菌剂。

3.2.2.3　模纹式花坛养护技术要点

模纹式花坛的养护工作比较细致，养护管理工作对保持花坛的效果有重要的作用。主要有适时浇水、及时修剪，另外，还要拔除杂草，随时去除枯花和萎叶，保持整洁美观。

（1）水分管理

模纹式花坛除在栽好后浇1次透水外，以后应每天早、晚各喷水1次。天气炎热干旱则应多喷几次，以保证较好的观赏效果。

(2) 花坛修剪

修剪是保证五色草花纹好看的关键。栽好后可先进行 1 次修剪，将草压平。栽植半个月后再进行修剪，以后每隔 15~20d 修剪 1 次。修剪时要根据花坛纹样修剪得凹凸有致，线条保持平直清晰。有两种剪法：一种为平剪，纹样和文字都剪平，顶部略高一些，边缘略低；另一种为浮雕形，纹样修剪成浮雕状，即中间草高于两边。

3.2.2.4 花海养护技术要点

(1) 水分管理

播种后水分的管理是关键因素。灌溉形式一般有漫灌、浇灌、喷灌几种，目前应用较多的是浇灌和喷灌。浇灌多指用人工浇淋，其特点是灵活性强，但工作效率低。喷灌是指通过动力加压，用喷头把水喷射到花海。其特点是工作效率高，是目前草坪应用最多的灌溉方式。喷灌系统一般由水源、水泵、输水管、阀门、喷头、动力（电源）等组成，自动化系统还包括控制器。一般用于灌溉的水源有河湖水、池塘水、贮水池水、井水、自来水等，水源必须符合质量要求，用自然水源要注意是否受环境污染，不符合质量标准的要进行净化。

种子播下后即开始浇水，原则是在发芽前期和小苗生长前期，每天喷淋 1~2 次，保持土层 10cm 左右潮湿，一定不可半途停止水的供应。

随小苗生长，逐渐减少浇水量。但在 1 个月的小苗生长期内，应该保证水分的充分供给。在炎热的夏季，每天需要多达 10mm 的水分供应。在极度干旱和干旱的情况下，每周补充 10mm 的水分才能获得理想的效果。

(2) 杂草控制

苗期的最大问题就是对杂草的控制，到目前为止尚没有十分理想的解决办法。杂草种子生命力顽强，当条件有利时，种子即会萌发生长。建议将杂草控制分两步进行：首先是在播种种植前浇水以促进萌发，后喷洒除草剂、拔除、犁耙清除或施用除草剂等；其次是在花种萌发时清除杂草，以免杂草蔓延。

根据小苗生长情况，一般在播后 1 个月内开始进行杂草的拔除、间苗等工作。要注意区分杂草和花苗，避免将花苗误拔，必要时要向专业人员现场请教。生长期，要每月清除一次杂草。无论是手拔，还是局部使用广谱性除草剂或进行有选择的修剪，只要一看见杂草，就应该清除。

(3) 施肥

花卉需要一定的营养，否则会生长发育不良，观赏性状不佳。有些种类耐瘠薄能力特强，在瘠薄的土壤中生长表现正常甚至更好。

土壤改良时，最好使用氮、磷、钾比例为 5∶10∶10 的低氮肥量或有机质，如不含杂草的秸秆和草坪屑、腐熟的堆肥或沤烂的树叶等。除了增加土壤营养之外，还可以改良土壤结构，促进土壤有益微生物的活动。

一定要避免过量施肥，因为这样会有利于杂草生长，而且还会使野花品种长叶子、较少开花。

(4) 修剪及整理

盛花期过后，进行简单的去除残花、枯枝叶等工作，以保证景观效果的完整性。重点区域应该随时进行残花的整理工作。

要使野花品种始终保持较好的景观效果，就必须控制不令其结实。一般在结实期用剪草机将其修剪至 10~15cm 的高度。但在一般情况下，为延续第二年的景观效果，应保证一定数量的品种完成最后的结实过程，使得种子人工或自然脱落，并均匀撒在地上，进行第二年的自播繁衍。

全部花期结束后，在入冬之前，剪掉枯败的地上部分，再根据需要适当覆盖土壤或无纺布、塑料布等覆盖物，待翌年春天重新萌发进入下一个生长期。

在秋播准备土地时，要清除有碍种子与土壤接触的地面杂物，包括枯枝落叶等，以利于种子自播繁衍。

(5) 补播

补播是野花品种得以延续和良好保持的有效手段，也是根据人们的喜好来选择适宜的景观效果的一个补充手段，近年已成为常规管理中的一个必要手段。

如果是原品种整体或局部区域补播，可视第二年的萌发生长状态或对新的景观需求进行适量的补播，以保证景观的丰满和丰富性的延续。

单一品种补播，多限于一、二年生自播能力较差的品种，或是没有有效留存的品种。当补播多年生品种时，要对多年生的植株的种类和数量进行粗略记载，以便在合适的区域进行补播。也有为改变景观而进行的选择性的品种补播。

补播可在春、秋两季进行。春季补播应及时，以充分利用土地解冻后的土壤湿度。为了确保种子能够发芽，切记要让种植地连续 4~6 周保持湿润。气候寒冷地区，秋天播种要晚一些，以控制种子翌年春天再发芽，而不是在秋季发芽，从而致使幼苗被冻死。在气候温暖地区，秋播要尽量保证翌年春天早开花，因此应尽量早播。

补播量建议为 $0.5~2.5g/m^2$。补播时采用在土壤表面开浅沟的方法，可保证土壤和种子良好接触。

需特别提醒的是：补播时要按照推荐的适宜播种量进行播种，如果播种量太大，会影响生长。

课后习题

1. 花坛常见病害及防治方法有哪些？
2. 花坛常见虫害及防治方法有哪些？
3. 简述平(斜)面花坛养护技术。
4. 简述模纹花坛养护技术。
5. 简述花海养护技术。

项目 4
园林养护工程招投标与合同

学习内容

任务 4.1　园林养护工程招投标
任务 4.2　园林养护工程合同签订
任务 4.3　园林养护预算
任务 4.4　制订园林树木养护管理月历
任务 4.5　制订草坪养护管理月历

任务 4.1 园林养护工程招投标

任务指导书

▶▶任务目标

了解园林养护工程招投标的基本知识,熟悉园林养护工程招投标的基本流程,熟悉园林养护工程招标文件的基本内容,掌握园林养护工程投标文件的制作方法。

▶▶任务描述

1. 根据项目基本情况确定招标形式及流程,编制招标文件。
2. 明确项目投标程序,根据招标文件要求,编制投标文件。

▶▶任务实施指导

1. 招标程序:选择招标方式→招标资格与备案→编制招标文件→发布招标公告或发出投标邀请书→审查投标单位资格→发售招标文件→组织现场踏勘→召开投标预备会→接收投标文件→开标、评标、定标→签订合同。

2. 投标程序:获取招标信息→投标决策分析→申请投标,接受资格审核→取得招标文件→缴纳投标保证金→研究招标文件→踏勘现场,参加投标预备会→编制投标文件→递交投标文件,参加开标会→接收中标通知书,签订合同。

相关知识

建设工程招投标分为建设项目总承包招投标、工程勘察招投标、工程设计招投标、工程监理招投标、工程材料设备招投标、工程施工招投标。园林养护是园林工程施工的后续工作,因此,园林养护工程招投标包含于园林工程施工招投标范围内,或独立进行招投标。

4.1.1 园林养护工程招标

4.1.1.1 招标范围

(1)工程建设项目强制招标范围

《中华人民共和国招标投标法》第三条规定,在中华人民共和国境内进行下列工程建设项目包括项目的勘查、设计、施工、监理以及与工程建设有关的重要设备、材料等的采购,必须进行招标。

①大型基础设施、公用事业等关系社会公共利益、公众安全的项目。

②全部或者部分使用国有资金投资或者国家融资的项目。

③使用国际组织或者外国政府贷款、援助资金的项目。

(2) 必须进行招标的工程规模

工程建设项目强制招标范围内的项目，勘查、设计、施工、监理以及与工程建设有关的重要设备、材料等的采购，达到下列标准之一的，必须进行招标。

①施工单项合同估算价在 400 万元人民币以上。
②重要设备、材料等货物的采购，单项合同估算价在 200 万元人民币以上。
③勘察、设计、监理等服务的采购，单项合同估算价在 100 万元人民币以上。

同一项目中可以合并进行的勘察、设计、施工、监理以及与工程建设有关的重要设备、材料等的采购，合同估算价合计达到前款规定标准的，必须招标。

(3) 可以不进行招标的情况

《中华人民共和国招标投标法》第六十六条规定，涉及国家安全、国家秘密、抢险救灾或者属于利用扶贫资金、实行以工代赈、需要使用农民工等特殊情况，不适宜进行招标的项目，按照国家有关规定可以不进行招标。

《中华人民共和国招标投标法实施条例》第九条规定，工程建设项目有下列情形之一的，可以不进行招标。

①需要采用不可替代的专利或者专有技术。
②采购人依法能够自行建设、生产或者提供。
③已通过招标方式选定的特许经营项目投资人依法能够自行建设、生产或者提供。
④需要向原中标人采购工程、货物或者服务，否则将影响施工或者功能配套要求。
⑤国家规定的其他特殊情形。

4.1.1.2 招标方式

招标分为公开招标和邀请招标两种方式。

(1) 公开招标

公开招标也称无限竞争性招标，是一种由招标人按照法定程序，以招标公告的方式邀请不特定的法人或者其他组织投标，并通过国家指定的报刊、信息网络或者其他媒介发布招标公告，有意的投标人接受资格审查，购买招标文件，参加投标的招标方式。

公开招标参与投标的承包商多，范围广，竞争激烈，业主有较大的选择余地，有利于降低工程造价，提高工程质量，缩短工期；但由于投标的承包商多，因此，招标工作量大，组织工作复杂，需投入较多的人力、物力，招标过程所需时间较长。

(2) 邀请招标

邀请招标也称有限竞争性招标，这种招标方式不发布广告，业主根据自己的经验和所掌握的信息资料，向有能力承担该项工程的 3 个以上(含 3 个)承包商发出投标邀请书，收到邀请书的单位才有资格参加投标。

邀请招标目标集中，招标的组织工作较容易，工作量小。但由于参加投标的单位少，因此竞争性较差，招标单位对投标单位的选择范围小。如果招标单位在选择邀请单位前所掌握的信息资料不足，则会失去发现最适合承担该项目的承包商的机会。

4.1.1.3 招标人

《中华人民共和国招标投标法》规定,招标人有权自行选择招标代理机构,委托其办理招标事宜。任何单位和个人不得以任何方式为招标人指定招标代理机构。招标代理机构是依法设立、从事招标代理业务并提供相关服务的社会中介组织。招标代理机构应当具备以下条件:有从事招标代理业务的经营场所和相应资金;有能够编制招标文件和组织评标的相应专业力量。

招标人具有编制招标文件和组织评标能力的,可以自行办理招标事宜。任何单位和个人不得强制其委托招标代理机构办理招标事宜。依法必须进行招标的项目,招标人自行办理招标事宜的,应当向有关行政监督部门备案。

《中华人民共和国招标投标法实施条例》规定,招标人具有编制招标文件和组织评标能力是指招标人具有与招标项目规模和复杂程度相适应的技术、经济等方面的专业人员。

4.1.1.4 招标程序

(1)招标前的准备工作

①选择招标方式　招标人根据招标项目的规模与特点,结合公开招标及邀请招标的特征,选择适合本项目的招标方式。

②招标资格与备案　招标人自行办理招标的,在发布招标公告或发出投标邀请书 5 日前,应向有关行政监督部门办理招标备案;委托代理招标事宜的,应签订委托代理合同。

③编制招标文件　招标人应当根据招标项目的特点和需要编制招标文件。招标文件应当包括招标项目的技术要求、对投标人资格审查的标准、投标报价要求和评标标准等所有实质性要求和条件以及拟签订合同的主要条款。招标项目需要分标段、确定工期的,招标人应当合理划分标段、确定工期,并在招标文件中载明。

④编制工程招标控制价　招标控制价是招标人在工程招标时能接受投标人报价的最高限价。招标人根据自身项目特点,国有资金投资的工程建设项目应实行工程量清单招标,并应编制招标控制价。投标人的投标报价不能高于招标控制价,否则,其投标将被拒绝。

(2)招标阶段的主要工作

①发布招标公告或发出投标邀请书　采用公开招标的,招标人可通过信息网络或其他媒介发布招标文件,如辽宁建设工程信息网;采用邀请招标的,应向受邀投标人发出投标邀请书。招标人应按招标公告或邀请书规定的时间、地点发售招标文件。

②审查投资单位资格　资格审查是指招标人对潜在投标人的企业资质、信誉、同类工程业绩、项目经理资质、主要技术负责人资质以及财务状况等的审查。资格审查分为资格预审与资格后审,资格后审是指在开标后对投标人进行的资格审查。已进行资格预审的,不再进行资格后审。

③发售招标文件　招标人将招标文件、清单、图纸及相关技术资料发售给已通过资格审查的投标人。投标人收到招标文件等相关资料后,认真核对,核对无误后予以书面确认。

④组织现场踏勘　招标人根据项目具体情况可以安排投标人踏勘现场，了解工程场地和周围环境情况，以获取投标人认为有必要的信息，如施工场地的地理位置、自然条件、施工场地土质、水文情况、现场交通状况、材料堆放地，以及临时搭建的设施等，并据此做出关于投标策略和投标报价的决定。

⑤召开投标预备会　在招标文件规定的时间和地点，由招标人组织召开投标预备会，以澄清投标人对于招标文件中的疑问及踏勘现场过程中提出的疑问和问题。会议结束后，招标人以书面形式将所有问题及问题的解答向获取招标文件的所有投标人发放。

⑥接收投标文件　在投标文件递交截止时间前，招标人做好投标文件签收并在开标前妥善保存。逾期送达或未送达指定地点，或未按招标文件要求密封的，招标人不予接收。

(3) 评审阶段的主要工作

①开标　开标应当在招标文件规定的提交投标文件截止时间的同一时间公开进行，开标地点应当遵循招标文件约定。开标会议由招标人或招标代理人组织并主持，应邀请所有投标人参加开标。评标组织成员不参加开标会议。

②评标　评标由招标人依法组建的评标委员会负责。

依法必须进行招标的项目，其评标委员会由招标人代表和有关技术、经济等方面的专家组成，成员人数为5人以上单数。其中，技术、经济等方面的专家不得少于成员总数的2/3。评标委员会专家由招标人从国务院、省(自治区、直辖市)人民政府有关部门提供的专家名册或者招标代理机构的专家库内的相关专业的专家名单中确定。一般招标项目可以采取随机抽取方式，特殊招标项目可以由招标人直接确定。与投标人有利害关系的人不得进入相关项目的评标委员会。评标委员会成员的名单在中标结果确定前应当保密。

评标委员会应当按照招标文件确定的评标标准和方法，对招标文件进行评审和比较。设有标底的应当参考标底。评标委员会完成评标后，应当向招标人提出书面评标报告，并推荐合格的中标候选人名单。中标候选人应当不少于3个，并标明排序。

③定标　招标人可根据评标委员会推荐的中标候选人确定中标人，也可以授权评标委员会直接确定中标人。依法必须进行招标的项目，招标人应当自收到评标报告之日起3日内公示中标候选人，公示期不得少于3日。确定中标人后，招标人应当向中标人发出中标通知书，并同时将中标结果通知所有未中标的投标人。

④签订合同　招标人和中标人应当自中标通知书发出之日起30日内，订立书面合同。合同的标的、价款、质量、履行期限等主要条款应当与招标文件和投标人的投标文件内容一致。招标人和中标人不得再订立背离合同实质性内容的其他协议。

4.1.1.5　招标文件

(1) 招标文件内容

①招标公告或投标邀请书。

②投标须知　包括工程概况，招标范围，资格审查条件，工程资金来源及落实情况，工期要求，质量标准，现场踏勘及答疑安排，投标文件的编制、提交、修改和撤回的要

求、投标报价的要求，投标有效期，开标的时间、地点、评标方法、标准等。

③合同条款及格式。

④技术标准和要求。

⑤采用工程量清单招标的，应当提供工程量清单。

⑥设计图纸。

(2)招标文件案例

见本教材的数字资源。

4.1.2 园林养护工程投标

4.1.2.1 投标人

《中华人民共和国招标投标法》规定：

①投标人是响应招标、参加投标竞争的法人或者其他组织。

②投标人应当具备承担招标项目的能力；国家有关规定对投标人资格条件或者招标文件对投标人资格条件有规定的，投标人应当具备规定的资格条件。

③投标人应当按照招标文件的要求编制投标文件。投标文件应当对招标文件提出的实质性要求和条件做出响应。

4.1.2.2 投标程序

(1)投标前的准备工作

①获取招标信息　投标人可通过信息网络或其他媒介发布的招标公告获取招标信息。投标人应仔细确认招标信息的真实性、可靠性。

②投标决策分析　投标人在确认了招标信息的真实性、可靠性后，要对招标人的信誉、实力等方面进行了解，根据了解到的情况，做出正确决策，减少工程实施过程中承包方的风险。投标人通过前期投标决策分析，确定是否参与投标，以及采用怎样的投标策略保证中标。

(2)投标阶段的主要工作

①申请投标，接受资格审核　资格审核是指招标人对申请参加投标的潜在投标人进行资质条件、业绩、信誉、技术、人员、机械设备、资金等多方面情况进行资格审查。包括资格预审和资格后审两种方式。

采用资格预审的项目，投标申请人应按照资格预审文件的要求填报相关内容，编制完成后，按招标人要求进行密封，并在指定时间内递交给招标人。审核通过后，购买招标文件。

采用资格后审的项目，投标申请人应按招标公告的规定准备资格审核材料，如营业执照、资质证书、拟派出项目经理的资质等，以备投标报名时初审。审核通过后，购买招标文件。资格后审资料按招标文件要求封装在投标文件中，开标后在初步评审阶段接受招标人审查。

②取得招标文件　通过资格审核的投标申请人，在招标公告规定的时间内向招标人申购招标文件，招标文件包含的文件、图纸、资料等费用由投标人自行承担。投标人在获得招标文件后，认真核对，无误后予以书面形式确认。

③缴纳投标保证金　投标保证金是指投标人按照招标文件的要求向招标人出具的，以一定金额表示的投标责任担保。其实质是为了避免因投标人在投标有效期内随意撤回、撤销投标或中标后不能提交履约保证金和签署合同等行为而给招标人造成损失。

投标人在取得招标文件后，应按招标文件要求的缴纳数额、缴纳形式，在约定时间内缴纳投标保证金。

④研究招标文件　取得招标文件后，投标人应认真阅读招标文件中的所有条款。注意投标过程中各项活动的时间安排，仔细研究招标文件中的工作范围、专用条款、设计图纸等内容，明确招标文件中对投标报价、工期、质量等的要求。对招标文件中包含的文件、图纸、资料存在异议或不清楚的地方，应及时向招标人提出。

⑤踏勘现场，参加投标预备会　按照国际惯例，投标人提出的投标报价一般被认为是在充分考察现场的基础上编制的。一旦报价提出，投标人无权以现场条件不详、情况了解不细等为由提出修改投标文件、调整报价或提出补偿要求等。

对于园林养护工程，投标人在进行现场踏勘前，要仔细研究招标文件内容，结合图纸、清单等核对现场植物种类、分布情况等，记录各类植物生长状况，了解现场土壤条件、取水情况等。对于无法准确核对的项目做好标记，在投标预备会中提出，由招标人以书面形式做出回答。招标人的书面答疑将作为合同文件的组成部分。

⑥编制投标文件　现场踏勘与投标预备会完成后，投标人开始编制投标文件。投标文件应当对招标文件提出的实质性要求和条件做出响应，投标文件的编制需建立在对招标文件仔细研究分析的基础上，特别是要重点研究招标文件中的投标须知、专用条款、工程范围、质量标准、设计图纸、清单等。

对于园林养护工程投标，质量标准的确定是投标报价的重要依据。当设计图纸与清单工程量有重大出入，特别是漏项的情况，投标人需及时与招标人核对，核对结果需书面确认。

⑦递交投标文件，参加开标会　投标人应当在招标文件要求提交投标文件的截止时间前，将投标文件送达投标地点。招标人收到投标文件后，应当签收保存，不得开启。投标人少于3个的，招标人应当重新招标。在招标文件要求提交投标文件的截止时间后送达的投标文件，招标人应当拒收。

投标人递交投标文件后，根据招标文件指定的时间、地点准时参加开标会。开标会由投标人的法定代表人或其授权委托代理人参加。

评标过程中，评标组织根据情况可要求投标人对投标文件中含义不明确的内容做必要的澄清或者说明，但投标人的澄清或说明不得超出投标文件的范围或者改变投标文件中的工期、报价、质量等实质性内容。评标委员会不接受投标人主动的澄清或说明。

⑧接收中标通知书，签订合同　评标结束后，经评审确定中标人。投标人在接到中标通知书后，应在规定的时间、地点与招标人签订合同。

招标文件要求中标人提交履约保证金的，中标人应按要求提交。

4.1.2.3 投标文件

（1）投标文件内容

①投标函及投标函附录。

②法定代表人身份证明及授权委托书。

③投标保证金证明文件。

④已标价工程量清单。

⑤施工组织设计。

⑥项目管理机构。

⑦拟分包项目情况表。

⑧资格审查资料　包括企业营业执照、信用等级、财务状况、类似工程业绩等。

投标人应当按照招标文件的规定格式编制投标文件，不得更改。投标人对于招标文件提出的实质性要求和条件必须做出响应，文字表述要准确，文件制作应简洁。

（2）投标文件案例

见本教材的数字资源。

课后习题

1. 哪些工程建设项目必须进行招标？
2. 招标方式分为哪几种？
3. 投标的基本程序是什么？
4. 投标文件包含哪些内容？

任务4.2　园林养护工程合同签订

任务指导书

》》任务目标

了解园林养护工程合同的基本组成，掌握园林养护工程合同的编制方法。

》》任务描述

结合园林养护工程合同的基本组成及项目实际情况，编制园林养护工程合同。

》》任务实施指导

1. 合同文本的主要条款：工程名称，工程地点，工程范围，工程工期、中间交工工期，工程质量，工程造价，工程价款的支付、结算及验收方式，技术资料交付时间等。

2. 合同示范文本包括：合同协议书、通用合同条款、专用合同条款。

相关知识

建设工程施工合同是发包人与承包人就完成具体工程项目的建筑施工、设备安装、设备调试、工程保修等工作内容，确定双方权利和义务的协议。园林养护工程合同是建设工程施工合同的一种，应当采用书面形式。在订立时要遵循自愿、公平、诚实信用的原则。

4.2.1 合同文本的主要条款

根据《中华人民共和国合同法》规定，园林养护工程合同应具备以下主要条款：工程名称，工程地点，工程范围，工程工期、中间交工工期，工程质量，工程造价，工程价款的支付、结算及验收方式，技术资料交付时间，材料和设备供应责任，违约责任、争议的解决方式，双方相互协作等条款。

4.2.2 合同示范文本

建设工程施工合同内容复杂、涉及面广，为避免合同编制者遗漏某些方面的重要条款，或条款约定的责任不够公平、合理，住房和城乡建设部、国家工商行政管理总局（现为国家市场监督管理总局）联合制定了《建设工程施工合同（示范文本）》（GF-2017-0201）（以下简称《示范文本》）。

《示范文本》的条款内容不仅涉及各种情况下双方的合同责任和规范化履行程序，而且涵盖了非正常情况的处理原则，如变更、索赔、不可抗力、合同的被迫终止、争议的解决等方面。适用于园林养护工程合同。

《示范文本》为非强制性使用文本，合同当事人可结合建设工程具体情况加以取舍、补充，最终形成责任明确、操作性强的合同，并按照法律、法规规定和合同约定承担相应的法律责任并履行合同权利和义务。园林养护工程发包、承包双方应结合养护工程项目实际情况制作合同。

《示范文本》由合同协议书、通用合同条款、专用合同条款3个部分组成。

4.2.2.1 合同协议书

《示范文本》中合同协议书共计13条，主要包括工程概况、合同工期、质量标准、签约合同价和合同价格形式、项目经理、合同文件构成、承诺以及合同生效条件等重要内容，集中约定了合同当事人基本的合同权利和义务。

4.2.2.2 通用合同条款

通用合同条款共计20条，具体条款分别为：一般约定、发包人、承包人、监理人、工程质量、安全文明施工与环境保护、工期和进度、材料与设备、试验与检验、变更、价格调整、合同价格、计量与支付、验收和工程试车、竣工结算、缺陷责任与保修、违约、不可抗力、保险、索赔和争议解决。前述条款安排既考虑了现行法律、法规对工程建设的有关要求，也考虑了建设工程施工管理的特殊需要。

4.2.2.3 专用合同条款

专用合同条款是对通用合同条款原则性约定的细化、完善、补充、修改或另行约定的条款。合同当事人可以根据不同建设工程的特点及具体情况,通过双方的谈判、协商对相应的专用合同条款进行修改补充。在使用专用合同条款时,应注意以下事项:

①专用合同条款的编号应与相应的通用合同条款的编号一致;

②合同当事人可以通过对专用合同条款的修改,满足具体建设工程的特殊要求,避免直接修改通用合同条款;

③在专用合同条款中有横道线的地方,合同当事人可针对相应的通用合同条款进行细化、完善、补充、修改或另行约定;若无细化、完善、补充、修改或另行约定,则填写"无"或"/"。

典型案例

××市××公园养护工程招标,发包人为××市经济技术开发区办公室,中标人为××园林绿化工程有限公司,中标价格为651.42万元。该项目为市财政拨款项目,工程名称为2019—2022年度××公园养护工程;工程地点为××市经济技术开发区××公园;工程规模为养护总面积约145 500m²,其中湖面面积40 000m²。养护内容包括水面日常养护、绿化日常养护、水生植物日常养护、主要设施日常维护、公园范围内新增树木及设施的养护等。工期为2019年9月30日开工至2022年9月30日竣工。要求达到绿化养护一级质量标准。

××市××公园养护工程合同

第一部分 合同协议书

发包人(全称)(甲方):××市经济技术开发区办公室

承包人(全称)(乙方):××园林绿化工程有限公司

依照《中华人民共和国合同法》及其他有关法律、法规规定,遵循平等、自愿、公平和诚实信用的原则,双方就本建设工程施工及有关事项协商一致,订立本合同。

1. 工程概况

工程名称:2019—2022年度××公园养护工程。

工程地点:××市经济技术开发区××公园。

工程内容:水面日常养护、绿化日常养护、水生植物日常养护、主要设施日常维护、公园范围内新增树木及设施的养护等。

工程立项批准文号:/。

资金来源:市财政拨款。

2. 工程承包范围

养护总面积约145 500m²,其中湖面面积40 000m²。红线范围内的设施日常维护,水面清理,全部草坪、树木、花卉的浇水、修剪、施肥及病、虫、草害防治(含盆栽花卉栽种摆放),必要的越冬防寒,由于养护不当造成死亡的补栽、补种以及养护范围内全部绿化垃圾的清运(含全部树叶)。

3. 合同工期

开工日期:2019年9月30日;竣工日期:2022年9月30日。

工期总日历天数:1096天。

4. 质量标准

达到绿化养护一级质量标准。

5. 合同价款

人民币(大写):陆佰伍拾壹万肆仟贰佰元整

(¥:6 514 200.00元)。

6. 组成合同的文件

组成本合同的文件包括:

(1) 本合同协议书;

(2) 中标通知书(如果有);

(3) 投标函及其附录(如果有);

(4) 专用合同条款及其附件;

(5) 通用合同条款;

(6) 标准、规范及有关技术文件;

(7) 图纸;

(8) 已标价工程量清单;

(9) 其他合同文件。

双方有关工程的洽商、变更等书面协议或文件视为本合同的组成部分。

7. 本协议书中有关词语的含义与"通用合同条款"中分别赋予它们的含义相同。

8. 承包人向发包人承诺,按照合同的约定施工、竣工并在质量保修期内承担工程质量保修责任。

9. 发包人向承包人承诺,按照合同约定的期限和方式支付合同价款及其他应当支付的款项。

10. 合同订立时间:2019年9月20日。

11. 合同订立地点:××市经济技术开发区办公室。

12. 本合同双方约定签字盖章后生效。

发包人:(公章) 承包人:(公章)

地址: 地址:

法定代表人:(签字) 法定代表人:(签字)

委托代表人:(签字) 委托代表人:(签字)

电话: 电话:

传真: 传真:

开户银行: 开户银行:

账号：　　　　　　　　　　　　账号：
邮政编码：　　　　　　　　　　邮政编码：

第二部分　通用合同条款

使用《建设工程施工合同(示范文本)》(GF-2017-0201)的"通用合同条款"(略)。

第三部分　专用合同条款

一、一般约定

1. 词语定义
2. 合同文件组成及解释顺序

合同文件组成及解释顺序以合同协议书中所列顺序为准。

3. 语言文字和适用法律、标准及规范

3.1　本合同使用汉语。

3.2　本合同的适用法律和法规：《中华人民共和国合同法》《中华人民共和国招标投标法》《房屋建筑和市政基础设施工程施工招标投标管理办法》及《辽宁省招标投标管理办法》等有关法律及法规。

3.3　适用标准、规范。

本合同适用标准、规范的名称：略。

4. 图纸

发包人向承包人提供图纸的日期和套数：

提供时间：开工5日前，发包人通过监理工程师免费向承包人提供正式图纸。

提供套数：3套。

二、双方一般权利和义务

5. 发包人

5.1　监理人委派的工程师

姓名：×××　　　　　　　　职务：监理工程师

职权：对工程质量、进度、成本、文明施工、安全进行控制管理。

5.2　发包人派驻的项目经理

姓名：×××　　　　　　　　职务：项目经理

职权：受理所有与本工程有关的通知、指令、批复、证书、决定、投资控制、工程计量、洽商等发包人应承担的工作。

6. 承包人派驻的项目经理

姓名：×××　　　　　　　　职务：项目经理

职权：按发包人代表批准的施工组织设计、施工作业计划、工期计划、质量目标和发包人代表根据合同发出的指令来组织施工，处理施工过程中一切工程事宜。代表承包人协调发包人、设计人、监理人、造价师等各方关系。

7. 发包人权利和义务

7.1　发包人权利

(1)发包人对承包人拟在绿化项目实施中的绿化养护工作计划具有否决权。

(2)发包人对承包人所提供的绿化养护服务工作质量不满意时,发包人有权利向承包人反馈,并提出整改意见,同时承包人应采取有效措施给予纠正并改进。对发包人提出的情节较严重的养护服务问题,若承包人在合理时间内(双方确认)仍不改进的,发包人有权延付或扣减相应部分的绿化养护服务费,而不承担任何责任。情况严重的,双方协商解决,若协商不成,发包人有权书面通知承包人后,单方面终止本合同而不承担任何责任。

(3)对承包人的不符合相关标准的工作人员,发包人有权拒绝其入场工作,并有权对承包人不称职的人员提出撤换的建议,以使绿化养护服务工作水平达到本合同所要求的标准。

(4)发包人有权派遣专人进行定期或不定期检查,监督承包人工作的实施及制度的执行情况,若发现问题,承包人须在规定时间内整改。

7.2 发包人义务

(1)无偿提供绿化养护服务工作所需要的水、电接驳点,所产生的水、电费用由发包人承担,临时用水管道由承包人筹备并负责铺设。

(2)对承包人合理的工作要求及建议,发包人应全力支持,共同持续提升绿化养护服务工作质量。

(3)发现问题及时通知承包人,协调解决承包人在服务现场遇到的困难。

8. 承包人权利和义务

8.1 承包人应按约定的时间和要求,完成以下工作:

(1)根据绿地养护技术规范、绿化养护质量标准和有关要求,积极主动、保质保量地完成绿化养护工作。

(2)接受并主动配合发包人及行业主管部门的监督检查。

(3)养护范围之外的突击性、突发性工作,承包人须服从发包人的安排,不得无故拖延。

(4)严格管理所属人员,在绿化养护工作时,爱护场地内的各种设备、设施及公共财物,若造成损坏需照价赔偿,严重者追究其法律责任。

(5)严格按照合同及附件规定的绿化养护范围和工作要求,按质量标准完成各项工作任务,并提供相应的工作计划;

(6)及时、高质量地提供发包人管理人员所需求的绿化养护文档,提供专项作业计划。

(7)入场工作的员工必须着统一工作服,携带出入证。

(8)严格履行拟投入现场的人员、设备、资金的承诺,不得任意更换或减少。

三、施工组织设计和工期

9. 进度计划

9.1 承包人提供施工组织设计(施工方案)和总进度计划的时间:承包人应在合同签订后5日内,提交详尽的施工组织设计和施工总进度计划。

9.2 工程师确认的时间:承包人提交完整的书面资料后14日内,发包人逾期未确认也未提出修改意见的,视为同意。

四、质量(表 4-2-1)

表 4-2-1　绿化养护工作要求及检查验收标准

项目名称	工作要求	验收标准	备注
浇水	具体视天气、气候情况而定	保持植物长势良好,没有枯萎和缺水现象,草坪覆盖率达98%以上。夏季浇灌应选择早、晚温度适宜时进行,入冬前必须浇灌封冻水,冬季浇水要根据植物习性而定,严防因浇水不当使植物受冻	
施肥	2~3次/年	施肥均匀、适度、讲究科学,对种用肥,保持植物强壮茂盛	
修剪整形	草坪:6~8次/年。灌木:4~6次/年(根据长势状况而定)。乔木:冬季前修剪2次	草坪:高度一致(8~10cm),整齐美观,无疯长现象。灌木:主枝分布均匀,通风透气,造型美观。绿篱:整齐一致,生长正常,并根据植物生长情况及时修剪,确保其平整、轮廓清晰、层次分明。乔木:树冠完整,主、侧枝分布均匀,数量适宜,修剪合理,枯枝、病虫枝及时修剪,通风透光。行道树无缺株情况,绿地内无死树。保持树形整齐优美,冠形丰满	
病虫害防治	草坪、灌木、乔木	病虫害以预防为主,用药准确,使用得当,无病虫害现象发生(黄叶、焦叶、卷叶、带虫、蛛网灰尘)	
除杂草、松土	草坪除草:1~2次/月。雨后杂草清理:1次/周	绿地无杂草,造型植物以及乔木、灌木下无杂草、无枯枝败叶,杂草应连根拔除	
绿地整洁	修剪下来的树枝和杂草等当天要及时清运,不得就地焚烧;大型枯枝需要及时切割,安全清运,现场卫生要及时清理	无杂物、无白色垃圾污染(树挂),无绿化生产垃圾(树枝、树叶、草屑等),绿地内水面杂物应日产日清,做到保洁及时,有专人跟踪检查保洁质量,在重要节日和园区有关重要活动前进行清理	
冬季保温	对于冬季需要做防寒保温的植物,要及时采取措施,设立风障、树干涂白、草绳绕干等	确保冬季无植物受冻和死伤	

五、安全施工

10. 承包人应对派驻发包人现场的员工进行安全生产教育、风险防范及消防安全培训,使其严格遵守安全生产、消防法规。合同期间承包人员工发生的任何安全事故均由承包人承担。

六、合同价款与支付

11. 合同价款及调整

本合同价款采用固定总价方式确定。

合同价款以外的风险：由于设计变更引起的工程量变化。

风险范围以外的合同价款调整、计算方法：按合同相关条款执行。

12. 工程预付款

本工程没有工程预付款。

13. 工程量确认

承包人向工程师提交已完工程量报告的时间：另行协商。

14. 工程款（进度款）支付

养护费用按季度支付，承包人在每季度首月15日前，按发包人要求提交上一季度请款资料及有效税务发票，经发包人审核后1个月内支付当期费用。

七、材料设备供应

15. 发包人供应材料设备的结算方法：签订合同时约定。

16. 承包人采购材料设备的约定：签订合同时约定。

八、工程变更

17. 确定变更价款

17.1 本工程成交价即为结算价。但因设计变更和合同内容调整而引起的工程量的变化，则需参照原成交单价进行结算。

17.2 绿化养护承包费用的金额在合同期内保持不变，对于可能导致增加费用的服务或情况，承包人须以书面形式提前通知发包人，并详细列出可能增加的费用，经发包人书面批准后方可实施。否则，任何服务的增加或变更均不能构成承包费用增加的理由。

九、竣工验收与结算

18. 竣工验收

养护期到期时，若未达到养护质量要求，养护工程费用按实际完成情况结算。

十、违约和争议

19. 违约

19.1 任何一方违反本合同的约定，均应承担由此给对方造成的损失。

19.2 因承包人原因造成阶段性工期延误或延期竣工，应交付的违约金额和计算方法：因承包人原因造成阶段性工期延误1周（含）以上的，或造成延期竣工2周的，承包人向发包人支付合同结算价款的3%作为违约金，同时发包人有权随时与承包人解除本合同。

19.3 因承包人原因致使工程达不到质量要求，应承担的违约责任：因承包人原因，导致工程达不到承包人投标时承诺的质量标准，承包人应自费修补缺陷，确保达到合格标准。修补后仍达不到合格标准，导致不能按时交工的，发包人可另行委托其他承包人完成工程修补工作，直至达到合格标准。结算时，扣除其他承包人施工产生的价款。

20. 争议

双方约定，在履行合同过程中产生争议时，双方应本着互惠互利的原则协商解决，若双方无法协商一致，任何一方有权依法向本工程所在地有管辖权的人民法院起诉。

十一、其他

21. 合同份数

双方约定合同副本份数：3份。

发包人：（公章）　　　　　　　承包人：（公章）

法定代表人：（签字）　　　　　法定代表人：（签字）

委托代表人：（签字）　　　　　委托代表人：（签字）

日期：　　　　　　　　　　　　日期：

课后习题

1. 园林养护工程合同应具备哪些主要条款？
2. 《示范文本》由哪几个部分组成？

任务4.3　园林养护预算

任务指导书

>> **任务目标**

了解园林养护费用的基本构成；掌握园林养护费用的预算方法。

>> **任务描述**

1. 学习园林养护预算的基本知识和基本技术。
2. 运用不同预算方法计算园林养护费用。

>> **任务实施指导**

1. 园林养护预算费用组成。
2. 园林养护预算的基本方法。

相关知识

4.3.1　园林养护费用组成

4.3.1.1　园林绿化养护工作内容

园林绿化养护工作内容主要包括浇水、松土除草、剥芽修剪、施肥、病虫害防治、越冬防寒、场地清理等。

(1) 浇水

苗木栽植完毕后，必须浇透水并踩实，使土壤与树木根系紧密结合。若发现有缺水现象应及时浇水，而且每次必须浇透，使之在生长期无缺水现象。为浇透水，可将树盘内的表土耕松。在干旱的季节，要根据旱情及时浇水。苗木栽植后第一年的初冬要进行冬灌，第二年春季要进行春灌。

(2) 松土除草

在苗木周围松土，有利于浇水和施肥工作。及时铲除苗木周围的杂草，特别是藤蔓植物。除草深度以 5cm 为宜，并铲除硬土(即板结土)。

(3) 剥芽修剪

乔、灌木通过剥芽修剪减少树木水分、养分的消耗，以美化株形、调整平衡、增加长枝、提高栽植成活率。修剪树木的工具必须锋利，剪口要平滑，剪口边缘应尽量靠近干节，应使剪口切面与树干保持平行并尽量在同一平面为好。大的树枝锯去后，应在剪口上涂抹防腐剂。

同时，为保证草坪草的正常生长和质量，须适时剪草。剪草高度根据不同草种、季节、环境因素而定。一次性修剪高度原则上不多于草坪高度的 1/3。修剪时需一行压一行进行，不能遗漏。剪草机不能剪到的角落需人工修剪。剪下的草屑需及时彻底地从草坪上清除。

(4) 施肥

施肥是促进苗木枝叶茂盛、花朵繁密、健康生长的重要措施之一。施肥分为基肥(有机肥)和追肥(无机肥)两大类。北方地区，多在秋分前后施基肥，此时正值根系生长高峰，施基肥有利于有机养分的积累，能提高树体的营养储备，保证翌年春天土壤中养分的及时供应，以满足春季根系生长、发芽、开花、新梢生长的需要。花前、花后、花芽分化期施追肥，对于观花、观果植物，花后追肥更为重要。

(5) 病虫害防治

病虫害防治"以防为主，防治结合"。如高温、高湿天气是病虫害的易发期，要对易发生病虫害的植物进行喷药预防。

(6) 越冬防寒

北方冬季寒冷，部分抗寒能力弱的植物受到低温环境的影响，易产生落叶、枯梢甚至死亡的现象，即冻害；对于幼龄苗木因越冬性不强，易发生枝条脱水、皱缩、干枯的现象，即干梢。为避免冻害、干梢对苗木造成的损害，在植物越冬前可采取相应的防寒措施，对抗寒能力弱的植物进行保护。

常见的防寒措施有：

①覆盖法　在霜冻到来前，覆盖干草、落叶、草席、牛粪等，直至翌春晚霜过后去除。常用于一些 2 年生花卉、宿根花卉，以及一些可露地越冬的球根花卉和木本植物

幼苗。

②灌水法　北方一些地区，在土壤冻结前，利用水热容量大的特点进行冬灌来提高地面的温度，保护植物不受冻害。

③培土法　结合灌冻水，在植物根颈处培土堆或壅埋。宿根花卉、藤本植物等多用此法。

④涂白或喷白　用石灰加石硫合剂对树干涂白，不但可减少树干的水分蒸腾，还可防止昼夜温差大引起对植物的危害，并兼有防治病虫害的作用。对于一些苗干怕日灼和不能埋土防寒的落叶乔木适用此法。

⑤包扎法　对于一些大型的观赏植物，在气温很低的时候或地方，用稻草绳密密地缠绕树干来防寒，晚霜过后及时拆除。

⑥设风障　对于一些耐寒能力较强，但怕寒风的观赏植物，可在来风的方向用高粱秆、玉米秆等材料捆编成的篱设风障防寒。

(7) 场地清理

对于修剪下来的树枝和杂草等要及时清运，大型枯枝需要及时切割、安全清运，现场卫生要及时清理。

总的来说，园林养护施工单位应根据养护合同中约定的工作内容、养护标准、养护等级以及养护月历，按时、保质、保量地完成养护工作内容。

4.3.1.2　园林绿化养护费用构成

园林绿化养护费用一般由人工费、材料费、施工机具使用费、企业管理费、利润、规费、税金7个部分组成。

(1) 人工费

人工费是指按工资总额构成规定，支付给从事建筑安装工程施工的生产工人和附属生产单位工人的各项费用。包括：计时工资或计件工资；奖金；津贴、补贴；加班加点工资；特殊情况下支付的工资。

(2) 材料费

材料费是指施工过程中耗费的原材料、辅助材料、构配件、零件、半成品或成品、工程设备的费用。包括：材料原价；材料、工程设备运杂费；运输损耗费；采购及保管费。

(3) 施工机具使用费

施工机具使用费是指施工作业所发生的施工机械、仪器仪表使用费。

①施工机械使用费　以施工机械台班耗用量乘以施工机械台班单价表示。施工机械台班单价应由下列7项费用组成：折旧费、大修理费、经常修理费、安拆及场外运费、人工费[指机上司机(司炉)和其他操作人员的人工费]、燃料动力费、税费(车船税、保险费及年检费等)。

②仪器仪表使用费　是指工程施工所需使用的仪器仪表的摊销及维修费用。

(4)企业管理费

企业管理费是指建筑安装企业组织施工生产和经营管理所需的费用。包括：

①管理人员工资　是指按规定支付给管理人员的计时工资、奖金、津贴、补贴、加班加点工资及特殊情况下支付的工资等。

②办公费　是指企业管理办公用的文具、纸张、账表、印刷、邮电、书报、办公软件、现场监控、会议、水电、烧水和集体取暖、降温（包括现场临时宿舍取暖、降温）等费用。

③差旅交通费　是指职工因公出差、调动工作的差旅费、住勤补助费，市内交通费和误餐补助费，职工探亲路费，劳动力招募费，职工退休、退职一次性路费，工伤人员就医路费，工地转移费，以及管理部门使用的交通工具的油料、燃料等费用。

④固定资产使用费　是指管理和试验部门及附属生产单位使用的属于固定资产的房屋、设备、仪器等的折旧、大修、维修或租赁费。

⑤工具用具使用费　是指企业施工生产和管理使用的不属于固定资产的工具、器具、家具、交通工具和检验、试验、测绘、消防用具等的购置、维修和摊销费。

⑥职工福利费　是指由企业支付的职工退职金、按规定支付给离休干部的经费，集体福利费、夏季防暑降温补贴、冬季取暖补贴、上下班交通补贴等。

⑦劳动保护费　是指企业按规定发放的劳动保护用品的支出。如工作服、手套、防暑降温饮料以及在有碍身体健康的环境中施工的保健费用等。

⑧检验试验费　是指施工企业按照有关标准规定，对建筑以及材料、构件和建筑安装物进行一般鉴定、检查所发生的费用，包括自设试验室进行试验所耗用的材料等费用。不包括新结构、新材料的试验费，对构件做破坏性试验及其他特殊要求检验试验的费用和建设单位委托检测机构进行检测的费用。对此类检测发生的费用，由建设单位在工程建设其他费用中列支。但对施工企业提供的具有合格证明的材料进行检测发现不合格的，该检测费用由施工企业支付。

⑨工会经费　按全部职工工资总额的规定比例计提。

⑩职工教育经费　是指企业为职工进行专业技术和职业技能培训，专业技术人员继续教育、职工职业技能鉴定、职业资格认定以及根据需要对职工进行各类文化教育所发生的费用。按职工工资总额的规定比例计提。

⑪财产保险费　是指施工管理用财产、车辆等的保险费用。

⑫财务费　是指企业为施工生产筹集资金或提供预付款担保、履约担保、职工工资支付担保等所发生的各种费用。

⑬税金　是指企业按规定缴纳的房产税、车船税、土地使用税、印花税等。

⑭工程项目附加税费　是指《中华人民共和国税法》规定的应计入建筑安装工程造价内的城市维护建设税、教育费附加、地方教育附加。

⑮工程定位复测费　是指工程施工过程中进行全部施工测量放线和复测工作的费用。

⑯其他　包括技术转让费、技术开发费、投标费、业务招待费、广告费、公证费、法

律顾问费、审计费、咨询费、保险费等。

(5) 利润

利润是指施工企业完成所承包工程获得的盈利。

(6) 规费

包括：社会保险费，包括基本养老保险费、失业保险费、基本医疗保险费、生育保险费、工伤保险费；住房公积金；工程排污费；其他应列而未列入的规费，按实际发生计取。

(7) 税金

税金是指《中华人民共和国税法》规定的应计入建筑安装工程造价内的增值税销项税额。

4.3.2 园林养护预算的基本方法

4.3.2.1 基于园林绿化养护工作内容的预算方法

依据招标文件中提出的园林绿化养护工作内容、绿化面积、要求达到的养护等级、养护时间等信息进行预算，形成园林绿化养护费用明细表(表4-3-1)。

表 4-3-1 园林绿化养护费用明细

项目名称：

序号	养护内容	养护面积(m^2)	综合单价 [元/(m^2·年)]	养护时间 (年)	合价(元)
1	浇水				
2	松土除草				
3	剥芽修剪				
4	施肥				
5	病虫害防治				
6	越冬防寒				
7	场地清理				
8	其他				
9	小计				
10	税金				
11	总价				

4.3.2.2 基于园林绿化养护费用构成的预算方法

依据招标文件中提出的园林绿化养护工作内容、绿化面积、要求达到的养护等级、养护时间等信息进行预算，分别列出养护项目的人工、材料、机械费用构成表(表4-3-2

至表4-3-4)。结合园林绿化养护费用构成情况,将人工、材料、机械费用进行汇总,形成园林绿化养护费用汇总表(表4-3-5)。

表4-3-2 人工费用构成

项目名称:

序号	岗位	岗位人数(人)	人工费用单价[元/(人·月)]	养护时间(月)	人工费用合计(元)	备注
1	岗位1					
2	岗位2					
3	岗位3					
4	…					
5	合计					

表4-3-3 材料费用构成

项目名称:

序号	项目	单位	数量	单价(元)	材料费用合计(元)	备注
1	材料1					
2	材料2					
3	材料3					
4	…					
5	合计					

表4-3-4 机械费用构成表

项目名称:

序号	项目	单位	数量	单价(元)	机械费用合计(元)	备注
1	施工机具1					
2	施工机具2					
3	施工机具3					
4	…					
5	合计					

表 4-3-5　园林绿化养护费用汇总

项目名称：

序号	费用项目	计算方法	金额(元)	备注
1	人工费	见表 4-3-2		
2	材料费	见表 4-3-3		
3	机械费	见表 4-3-4		
4	企业管理费	(1+3)×企业管理费费率		
5	利润	(1+3)×利润费率		
6	规费	(1+3)×规费费率		
7	税金	(1+2+3+4+5+6)×税率		
8	费用合计	1+2+3+4+5+6+7		

4.3.2.3　简易快速预算法

(1) 按乔木、灌木数量及地被面积测算法

第一步，依据国家及地区制定的预算定额及招标文件要求，结合养护单位自身定额，确定乔木、灌木、草坪及地被的基本定额费用。内容如下：

a. 乔木养护费用：_____元/(株·年)

b. 灌木养护费用：_____元/(株或 m^2·年)

c. 草坪及地被养护费用：_____元/(m^2·年)

第二步，根据招标文件中提出的园林绿化养护范围，确定乔木、灌木数量，草坪及地被面积养护项目的基本数据。内容如下：

承包的养护区域绿地总面积：_____m^2

其中：

a. 乔木株数：_____株

b. 灌木株数(或面积)：_____株(m^2)

c. 草坪及地被面积：_____m^2

第三步，依据绿化养护承包总费用计算方法，计算养护项目总费用。计算方法如下：

a. 乔木养护费用=_____元/(株·年)×乔木株数×养护年限

b. 灌木养护费用=_____元/(株或 m^2·年)×灌木株数(面积数)×养护年限

c. 草坪及地被养护费用=_____元/(m^2·年)×面积数×养护年限

d. 税金=(a+b+c)×税率

e. 总费用=a+b+c+d

(2) 每平方米造价估算法

第一步，依据招标文件中提出的园林绿化养护工作内容、要求达到的养护等级等信息，结合以往类似的养护项目每平方米造价信息，确定拟养护项目每平方米造价。

××项目绿化养护每平方米造价：_____元/（m²·年）。

第二步，根据招标文件给出的绿化养护范围及总面积，确定拟养护项目总价。

××项目绿化养护总费用=_____元/（m²·年）×面积数×养护年限。

典型案例

××市××住宅小区绿化养护工程招标，项目范围为住宅小区内绿化养护（含除草，病虫害防治，草坪和花木修剪、浇水、防寒等工作内容），养护范围包括住宅区内草坪、乔木、灌木、地被等。绿化养护工程具体面积和数量如下：绿地面积为1.5万 m²，其中，草坪面积8800m²，地被面积6200m²；树木数量为1900株，其中，乔木556株，灌木1344株。表4-3-6为住宅小区养护工程量清单。养护期为1年。要求达到养护等级为二级。

投标单位投标时应详细了解住宅区的实际情况，充分考虑可能发生的所有情况和一切费用，要合理报价。本报价不包括住宅区内树木补植和移植费用，该费用发生时另行计算。

表4-3-6 ××市××住宅小区绿化养护工程量清单

序号	中文名	规格			种植密度（株/m²）	单位	数量	备注
		胸径/地径（cm）	株高/灌高（m）	冠幅/蓬径（m）				
一	乔木							
1	白蜡	13~15	4.5~5.0	3.5~4.0		株	34	
2	丛生茶条槭	—	3.0~3.3	2.2~2.5		株	62	
3	丛生花曲柳	—	4.5~5.0	3.0~3.5		株	20	
4	丛生蒙古栎		5.0~6.0	3.0~3.5		株	61	
5	丛生山槐		5.0~6.0	3.5~4.0		株	25	
6	丛生五角枫	—	5.0~6.0	4.0~5.0		株	41	
7	槐	13~15	5.0~6.0	3.5~4		株	69	
8	海棠	8	3.0~4.0	2.5~3.0		株	71	
9	京桃	15	5.0~6.0	4.5		株	43	
10	李	8~10	3.5~4.0	2.5~3.5		株	49	
11	栾树	13~15	5.5~6.0	2.5~3.0		株	12	
12	山杏	13~15	4.0~4.5	4.0		株	69	
二	灌木							
1	丛生假色槭		2.2~2.5	1.8~2.0		株	52	
2	丛生樱桃		2.5~2.8	1.8~2.0		株	58	

(续)

序号	中文名	规格			种植密度 (株/m²)	单位	数量	备注
		胸径/地径 (cm)	株高/灌高 (m)	冠幅/蓬径 (m)				
3	大花圆锥绣球		1.5~1.8	1.5~1.8		株	28	
4	红瑞木		1.3~1.5	1.0~1.2		株	29	
5	红王子锦带		1.5~1.8	1.3~1.5		株	13	
6	黄刺玫		2.0~2.3	1.3~1.5		株	49	
7	金叶榆(球)		1.3~1.4	1.3~1.4		株	167	
8	连翘		1.2~1.5	0.8~1.0		株	124	
9	水蜡(球)		1.3~1.4	1.3~1.4		株	291	
10	桃叶卫矛		2.3~2.5	1.5~1.8		株	50	
11	天目琼花		2.0~2.5	1.6~1.8		株	74	
12	天女木兰		2.2~2.5	1.8~2.0		株	16	
13	五角枫(球)		1.3~1.4	1.3~1.4		株	98	
14	小叶丁香(球)		1.0~1.2	1.0~1.2		株	127	
15	紫叶矮樱		1.3~1.5	1.3~1.5		株	75	
16	紫叶小檗(球)		0.8~1.0	0.8~1.0		株	93	
三	地被							
1	小叶丁香		60~80	35~40	36	m²	708	
2	珍珠梅		60~80	40~50	25	m²	180	
3	金叶榆		25~30	25~30	36	m²	505	
4	紫叶小檗		25~30	25~30	36	m²	556	
5	锦带花		40~50	35~40	36	m²	970	
6	大花圆锥绣球		50~60	40~50	36	m²	561	
7	水蜡		25~30	25~30	36	m²	945	
8	金焰绣线菊		40~60	35~40	49	m²	272	
9	金娃娃萱草		20~30	15~20	64	m²	160	
10	丰花月季		30~35	30~35	49	m²	548	
11	宿根福禄考		30~35	25~30	64	m²	183	
12	八宝景天		30~35	25~30	49	m²	510	
13	玉簪		25~30	25~30	49	m²	102	
14	冷季草坪		—	—	满铺	m²	8800	

报价方案一：基于园林绿化养护工作内容的预算方法(表 4-3-7)

表 4-3-7 绿化养护费用明细

项目名称：××市××住宅小区绿化养护工程

序号	养护内容	养护面积(m^2)	综合单价 [元/(m^2·年)]	养护时间 (年)	合价(元)
1	浇水	15 000	1.8	1	27 000
2	松土除草	15 000	2.0	1	30 000
3	剥芽修剪	15 000	2.0	1	30 000
4	施肥	15 000	1.4	1	21 000
5	病虫害防治	15 000	1.8	1	27 000
6	越冬防寒	15 000	1.2	1	18 000
7	场地清理	15 000	0.5	1	7500
8	其他	—	—	—	—
9	小计		10.7	1	160 500
10	税金(6%)				9630
11	总价				170 130

报价方案二：基于园林绿化养护费用构成的预算方法(表 4-3-8 至表 4-3-11)

表 4-3-8 人工费用构成

项目名称：××市××住宅小区绿化养护工程

序号	岗位	岗位人数	人工费用单价 [元/(人·月)]	养护时间 (月)	人工费用合计 (元)	备注
1	养护组长	1	1800	12	21 600	
2	养护工人(男)	2	1600	12	38 400	
3	养护工人(女)	2	1500	12	36 000	
4	合计				96 000	

表 4-3-9 材料费用构成

项目名称：××市××住宅小区绿化养护工程

序号	项目	单位	数量	单价(元)	材料费用合计 (元)	备注
1	肥料	kg	3000	3.5	10 500	
2	药剂	kg	115	145	16 675	
3	汽油	L	100	7.5	750	
4	其他材料费	项	1	600	600	
5	合计				28 525	

表 4-3-10　机械费用构成

项目名称：××市××住宅小区绿化养护工程

序号	项目	单位	数量	单价(元)	材料费用合计(元)	备注
1	剪草机	台	3	2500	7500	
2	割灌机	台	4	800	3200	
3	喷药机	台	5	280	1400	
4	高枝剪	把	3	200	600	
5	大枝剪	把	3	150	450	
6	小枝剪	把	4	100	400	
7	锄头、铲等其他小工具	项	1	1000	800	
8	合计				14 350	

表 4-3-11　绿化养护费用汇总

项目名称：××市××住宅小区绿化养护工程

序号	费用项目	计算方法	金额(元)	备注
1	人工费	见表 4-3-8	96 000	
2	材料费	见表 4-3-9	28 525	
3	机械费	见表 4-3-10	14 350	
4	企业管理费	(1+3)×8.5%	9379.75	
5	利润	(1+3)×7.5%	8276.25	
6	规费	(1+3)×1.8%	1986.30	
7	税金	(1+2+3+4+5+6)×6%	9511.04	
8	费用合计	1+2+3+4+5+6+7	168 028.34	

报价方案三：按乔木、灌木数量及地被面积测算法（表 4-3-12）

表 4-3-12　××市××住宅小区绿化养护工程计价

| 序号 | 中文名 | 规格 | | | 种植密度(株/m²) | 单位 | 数量 | 单价(元，不含税) | 总价(元，不含税) | 备注 |
		胸径/地径(cm)	株高/灌高(m)	冠幅/蓬径(m)						
一	乔木									
1	白蜡	13~15	4.5~5.0	3.5~4.0		株	34	40	1360	
2	丛生茶条槭	—	3.0~3.3	2.2~2.5		株	62	35	2170	
3	丛生花曲柳	—	4.5~5.0	3.0~3.5		株	20	40	800	

（续）

序号	中文名	规格			种植密度	单位	数量	单价	总价	备注
		胸径/地径 (cm)	株高/灌高 (m)	冠幅/蓬径 (m)	（株/m²）			（元，不含税）	（元，不含税）	
4	丛生蒙古栎	—	5.0~6.0	3.0~3.5		株	61	40	2440	
5	丛生山槐	—	5.0~6.0	3.5~4.0		株	25	40	1000	
6	丛生五角枫	—	5.0~6.0	4.0~5.0		株	41	40	1640	
7	槐	13~15	5.0~6.0	3.5~4		株	69	40	2760	
8	海棠	8	3.0~4.0	2.5~3.0		株	71	35	2485	
9	京桃	15	5.0~6.0	4.5		株	43	40	1720	
10	李	8~10	3.5~4.0	2.5~3.5		株	49	35	1715	
11	栾树	13~15	5.5~6.0	2.5~3.0		株	12	40	480	
12	山杏	13~15	4.0~4.5	4.0		株	69	40	2760	
13	小计								21 330	
二	灌木									
1	丛生假色槭		2.2~2.5	1.8~2.0		株	52	20	1040	
2	丛生樱桃		2.5~2.8	1.8~2.0		株	58	20	1160	
3	大花圆锥绣球		1.5~1.8	1.5~1.8		株	28	15	420	
4	红瑞木		1.3~1.5	1.0~1.2		株	29	15	435	
5	红王子锦带		1.5~1.8	1.3~1.5		株	13	15	195	
6	黄刺玫		2.0~2.3	1.3~1.5		株	49	20	980	
7	金叶榆(球)		1.3~1.4	1.3~1.4		株	167	15	2505	
8	连翘		1.2~1.5	0.8~1.0		株	124	15	1860	
9	水蜡(球)		1.3~1.4	1.3~1.4		株	291	15	4365	
10	桃叶卫矛		2.3~2.5	1.5~1.8		株	50	20	1000	
11	天目琼花		2.0~2.5	1.6~1.8		株	74	20	1480	
12	天女木兰		2.2~2.5	1.8~2.0		株	16	20	320	
13	五角枫(球)		1.3~1.4	1.3~1.4		株	98	15	1470	
14	小叶丁香(球)		1.0~1.2	1.0~1.2		株	127	10	1270	
15	紫叶矮樱		1.3~1.5	1.3~1.5		株	75	15	1125	
16	紫叶小檗(球)		0.8~1.0	0.8~1.0		株	93	10	930	
17	小计								20 555	
三	地被									
1	小叶丁香		60~80	35~40	36	m²	708	10	7080	
2	珍珠梅		60~80	40~50	25	m²	180	10	1800	

(续)

序号	中文名	规格			种植密度 (株/m²)	单位	数量	单价 (元,不含税)	总价 (元,不含税)	备注
		胸径/地径 (cm)	株高/灌高 (m)	冠幅/蓬径 (m)						
3	金叶榆		25~30	25~30	36	m²	505	8	4040	
4	紫叶小檗		25~30	25~30	36	m²	556	8	4448	
5	锦带花		40~50	35~40	36	m²	970	8	7760	
6	大花圆锥绣球		50~60	40~50	36	m²	561	10	5610	
7	水蜡		25~30	25~30	36	m²	945	8	7560	
8	金焰绣线菊		40~60	35~40	49	m²	272	10	2720	
9	金娃娃萱草		20~30	15~20	64	m²	160	6	960	
10	丰花月季		30~35	30~35	49	m²	548	6	3288	
11	宿根福禄考		30~35	25~30	64	m²	183	6	1098	
12	八宝景天		30~35	25~30	49	m²	510	6	3060	
13	玉簪		25~30	25~30	49	m²	102	6	612	
14	冷季草坪		—	—	满铺	m²	8800	8	70400	
15	小计								120 436.00	
四	工程总造价(不含税)								162 321.00	
五	税金								9739.26	
六	工程总造价(含税)								172 060.26	

报价方案四：每平方米造价估算法

根据××市××住宅小区绿化养护工程招标文件中提出的绿化养护工作内容、要求达到的养护等级等信息，结合公司近3年来已完成的类似养护项目每平方米造价，确定××市××住宅小区绿化养护工程养护造价为：11.5 元/(m^2·年)。

根据××市××住宅小区绿化养护工程招标文件给出的绿化养护范围及总面积，确定××市××住宅小区绿化养护工程总费用为：11.5 元/(m^2·年)×15 000m^2×1 年＝172 500 元。

课后习题

1. 常见的园林绿化养护工程预算方法有哪几种？
2. 园林绿化养护一般包括哪些工作内容？
3. 从费用构成上看，园林绿化养护费用包含哪些内容？
4. 园林绿化养护的简易快速预算法有哪几种？

任务 4.4 制订园林树木养护管理月历

📖 任务指导书

≫任务目标
了解园林植物养护管理月历制订原则；掌握园林植物养护管理月历制订方法。

≫任务描述
1. 根据园林树木养护需要安排全年养护工作，制订园林树木养护管理月历。
2. 园林树木养护管理工作任务的实施。

≫任务实施指导
园区调查→园区树种调查→制订树木养护管理月历。

相关知识

我国北方冬季寒冷，夏季温热。气温年较差大，气温日较差亦大。最冷月在1月，最热月在7月，春温高于秋温。年降水量少，而且降水季节分配不均，主要集中在夏季。整体来说，我国北方气候干旱少雨、温差过大，大部分苗木较难适应这种极端气候。所以北方苗木多以杨树、柳树、槐、榆树等抗逆性强的落叶树和松柏类常绿树为主，具有较强烈的地域特征。

近年来，随着气候的恶化、南北苗木的调运、外来苗木的引进、人类活动的加剧，以及受传统用药习惯的影响，园林植物的生境条件受到了影响，致使病虫害的种类也发生了很大的变化，对病虫害的鉴别和防治也变得更加复杂。因此，针对当前病虫害种类的变化特点和发生规律、危害规律，制订出系统、科学的养护方案是很有必要的，有助于正确指导用药，抓住用药的最佳时期，降低养护成本，提高养护质量。下面介绍北方地区园林树木养护月历的内容。

4.4.1　1月（小寒—大寒）：休眠期，加强防冻

4.4.1.1　管理要点
整形修剪、清洁田园、培土防冻、土壤改良。

（1）整形修剪

全面展开对落叶树木的整形修剪工作，做到"去弱留强"。整形修剪主要剪除病虫枝、细弱枝、下垂枝、徒长枝、过密枝和不利于观赏的枝条，以及妨碍架空线和建筑物的枝权。修剪后的树木应适应其生理特性或园林要求；树形要均匀，与原树冠相比不见缩小。修剪后的树木通风、透光性增强，能有效预防病害的发生。

落叶树木在1月处在休眠期，此时修剪，树液几乎不流动，对树体损伤少，随着气温的回升，伤口容易愈合。修剪时应做到剪口光滑，修剪后及时对切口涂抹"愈伤涂膜剂"，消毒防腐，促使剪口快速愈合。

(2) 清洁田园

清除园内的枯枝、杂草、碎石块、砖头及垃圾等杂物，减少病虫害的越冬场所，并将剪下的病虫枝集中在园外处理或焚烧。

(3) 培土防冻

在温度较低的地区，对于相对不耐寒的树种，尤其是树龄低、长势弱的树种，更要注意防冻保护。可以通过在根颈部培土、铺草垫、盖塑料膜、用草绳或塑料膜包裹树干，以及在风大、背阳处通过设置风障等常规防冻措施来减轻冻害；同时，也可以用防冻液灌根和整株喷施的方式来提高植株的抗冻性。

(4) 土壤改良

根据土壤的状况，酸性偏重的土壤可以通过撒施石灰粉，碱性偏重的土壤可以通过使用硫黄粉，来调节土壤的酸碱性；对于腐熟化程度低的土壤，建议施用腐熟的有机肥，来改善土壤的理化性质，利于植物苗壮生长。

4.4.1.2 病虫害防治

①清除园内病虫枝、枯枝、落叶和杂草，并将其带走或集中烧毁，以减少翌年的病虫源。

②全面喷施高活性的广谱性杀菌剂松尔和杀虫剂依它，或使用1波美度左右的石硫合剂，消灭越冬病虫。对于乔木，结合实际情况，还可以采用国光"糊涂"进行树干涂白保护。

4.4.2 2月（立春—雨水）：休眠期，继续加强防冻

气温有所回升，养护基本与1月相同。

4.4.2.1 管理要点

整形修剪、防春旱。

(1) 整形修剪

继续对大、小乔木的枯枝、病枝进行修剪，2月底以前，保证修剪工作基本结束。

(2) 防春旱

最近几年，北方暖冬现象越来越突出，且少雨，导致春旱现象严重。为了防止春旱对花草、树木生长的影响，应加强旱情的管理。对于草坪，应注意查看草坪的萌芽返青情况，若遇春旱，应适当浇水，以促其生长；对于移栽的苗木或大树，应通过地下灌水和利用抑制蒸腾剂来减弱地面的蒸腾作用，以减少水分的流失。同时，结合缠草绳和搭建防护网来减弱光照对树木的影响。

4.4.2.2 病虫害防治

①捡拾越冬的虫茧、虫蛹。对于温度回升快的地区，可以通过翻耕来消灭在土中越冬

的虫和病菌。

②有些地区的介壳虫和螨类在2月开始活动,可以采取刮除树干上的幼虫的方法;也可以在温度稍高的中午,使用高浓度的治介壳虫的国光必治和治螨类的"红杀"来消灭这些害虫。

4.4.3　3~4月(惊蛰—谷雨):萌芽期—开花初期

4.4.3.1　管理要点

浇返青水、补植(补种)、施肥、中耕、检修和购买机具。

(1)浇返青水

因春季雨水少且多风,地面水分蒸发量大,为防止春旱,对绿地等应及时浇返青水。返青水浇得越早,越能促进植物快速返青。同时,通过早浇返青水,能有效增加地温,保护根部,增强萌蘖能力。

(2)补植(补种)

补植主要包括抽稀、移植、扩大种植和补缺植株。栽植大树一般从3月中、下旬开始,此时的土壤开始解冻,树液开始流动,但温度还相对较低,蒸腾作用弱,有利于树木生根、发芽和伤口的愈合。最好在土壤刚开始解冻至土壤完全解冻之前,在能保证带走完整的土球的时段内,抓住时机种树。在土球挖好后,及时用"根盼"喷施根切口及有须根的部位;待土壤完全解冻后立即浇灌"动力",以增强植株的发根能力和提高成活率。土壤完全解冻时,春季栽树就此结束。

补植缺株苗木和坏死或质量差的草坪也应在该时期立即展开,应选在植物刚开始生长的时期进行补植;补植后,恰好能与原生地的植株生长达到一致,提高观赏性。在补植时,先用土壤消毒杀菌剂对土壤进行充分杀菌消毒,以防止土传病害的发生。

(3)施肥

土壤解冻后,应对植物及时施肥并灌足水。春季施肥,主要补充高氮型速效肥,如松尔肥,促进发芽;若施有机肥,必须要完全腐熟。

(4)中耕

在3月下旬、4月初,有条件的地方可以进行中耕。中耕既可以改善土壤的透气性、增强发根能力,又能破坏杂草的生长,减轻草害。

(5)检修和购买机具

根据以前养护存在的问题和预计今年新增的养护面积,应提前做好机具的检修和采购工作。

4.4.3.2　病虫害防治

①对于树下疏松的土壤,可以挖蛹减少虫源。

②对于树上缠的草绳和挂的草把,在气温稳定回升时,应及时取下焚烧,灭掉在草绳

和草把中越冬的虫卵和病菌；对于有必要再缠干的树可以继续将树干缠上。

③介壳虫的防治　多数介壳虫在4月上旬（暖和的地区在3月下旬）开始孵化，抓住其孵化期，立即用必治喷施，在气温相对较高时使用，连用2次，间隔5d左右；对于转移到树皮裂缝内、树洞、树干基部、墙角等处分泌白色蜡质薄茧化蛹的蚧虫，可以用硬竹扫帚扫除，然后集中深埋或浸泡。

④天牛的防治　4月，天牛开始活动，在发现新鲜虫粪的树，可以用"树体杀虫剂"，采用树干打孔、注射的方法将药液传导到植株的各个部位，发挥杀虫作用。对灌木可采用根部浇灌的方法杀虫。

⑤做好美国白蛾和松毛虫的监控、预防工作，一旦发现立即用依它进行杀灭。

⑥螨类害虫的防治　根据气温的回升情况，随时关注螨类害虫的活动，一旦发现，应及时用"红杀"进行防治。

4.4.4　5月（立夏—小满）：抽枝展叶—开花期

4.4.4.1　管理要点

浇水、追肥、修剪、抹芽除萌。

(1) 浇水

随着植物的生长，对水分的需求量增大，应根据气候的变化注意给植物浇水，采取"浇则浇透"的原则。

(2) 追肥

植物已全进入生长时期，为了促进植物健壮生长，应每间隔20d左右追肥一次，以施氮、磷、钾肥比例适中的"雨阳肥"，既能促进根系的发育，又能使花多、花大、开花整齐，且肥效均匀，利于植物生长的均一性，观赏性好。

(3) 修剪

5月，树木生长迅速。对春花植物进行修剪（结合整形进行）。此时草坪已进入生长旺盛期，严格控制草坪高度在15cm以内。白三叶草坪一年修剪3次即可，冷季型草每月修剪2~3次。

(4) 抹芽除萌

对移植发芽的大树应根据需要和生长量，进行有效、及时的抹芽除萌措施，抑制徒长。主要去掉萌蘖枝、过密枝、弱枝及徒长枝等，减少对养分的消耗，有利于成活。

4.4.4.2　病虫草害的防治

(1) 食叶害虫防治

食叶害虫主要包括美国白蛾、刺蛾、尺蛾、金龟子等，尤其是美国白蛾危害最为严重。此类害虫主要取食植物的叶片，严重时可将叶片吃光。药剂防治选用依它1000倍液、乙刻1000倍液等叶面喷洒，在害虫的3龄前期喷施，连用2次，间隔期5~7d。

(2) 刺吸式口器害虫防治

刺吸式口器害虫主要包括红蜘蛛、蚜虫等，此类型的害虫多以成虫或若虫群集于叶面及幼嫩枝条上，刺吸植物汁液，受害叶片出现小黄斑，进而枝条枯死或畸形，影响观赏。

①红蜘蛛 主要危害杜鹃花和柏树，吮吸叶片汁液，致使叶基部枯黄，叶间有丝网，逐渐延伸，致使整枝、整株死亡。此类害虫最易产生抗药性，药剂采取交替使用的方法。建议用国光"红杀"防治，间隔期为7~10d，连用2~3次。

②蚜虫 5月，蚜虫进入大发生期，主要危害毛白杨、柳树、百日红、海棠、红叶李等多种树种，常造成叶片卷缩、枯黄。建议用10%吡虫啉1000倍液防治，4~5d喷一次，连喷3次，以后随时发现随时打药防治。对土壤及树干上的蚂蚁也要喷药。

(3) 蛀干害虫防治

蛀干害虫主要包括天牛、吉丁虫等。该类害虫多以幼虫的形式钻蛀树干，造成树势衰弱，濒临死亡。常见的蛀干害虫有光肩星天牛、双条杉天牛、桑天牛、吉丁虫等。

①光肩星天牛 成虫发生期6~10月，高峰期7~9月；幼虫发生危害高峰期4~5月、8~10月。

②双条杉天牛 主要危害高度超过1.3m的龙柏、蜀桧。1年1代，以成虫在枝干木质部越冬，3月羽化出孔，交尾，产卵。幼虫4~8月在树干内钻蛀危害。

③桑天牛 主要危害毛白杨，近几年发生及危害呈上升趋势。6月上旬开始羽化，6月中、下旬至7月为羽化盛期，8月进入末期，交尾、产卵活动比较集中的时间是6月中旬至8月中旬。成虫喜在白天高温闷热时活动，有取食树叶补充营养的习性。

④吉丁虫 主要危害金枝柳、合欢，4月下旬到5月上旬提前预防。5月，蛀干害虫处在幼虫期，且大多数害虫刚开始危害，虫龄小、对苗木危害大，是治虫的关键时期，建议采用注射的方法将树体杀虫剂注入孔内进行防治。

(4) 主要病害防治

进入5月，气温回升较快，病菌繁殖也较快，开始发生多种病菌的危害。主要有霜霉病、锈病、白粉病、煤污病和叶斑病等叶部病害，以及溃疡病、腐烂病、枯枝病等枝干病害。为了预防病害的发生和减轻病害的危害，平时采用科学的浇水方法，即"不干不浇、浇则浇透"，且要求水温和气温与植物的温度几乎达到一致时才浇水；保持适当的株行距，适当修剪，加强通风透光等；在病害的发生初期就及时用药防治，还要做到对症用药。

①白粉病、锈病 建议用粉必治1500倍液或黑杀3000倍液叶面喷施防治，每12~15d用一次，用2次即可。

②煤污病 大多数是由刺吸式害虫危害引起的，对该病的防治一般是先治虫，然后用英纳400倍液整株喷施3~4次，即可很好地防治。

③叶斑病 植株的叶斑病主要是由半知菌类引起的，常造成叶片斑点，或早期落叶，影响观赏性；一般在病害的发生初期用英纳400倍液和松尔800倍液交替使用，采用喷雾

的方法喷全株，连用3~4次，间隔期为7~10d。

④溃疡病　是危害杨树的主要病害，大多数是由细菌和真菌引起的，对刚移栽、幼苗或树势弱的树危害严重。在病害的发生初期就用药防治，用药前先用刀在病斑处横向、纵向刻痕，深达木质部；然后用溃疡灵直接涂刷病斑，连涂2~3次，即可很好地防治。

⑤腐烂病　是一种弱寄生菌，主要危害树势衰弱的树。防治方法与溃疡病相同，但在防治该病的同时，一定要强壮树体、增强树势，提高树体对病菌的抵抗力，才能很好治疗该病。

⑥枝枯病　也是一种弱寄生菌，在防治该病时先修剪枯枝、枯叶，修剪时尽量使伤口小，少伤树。采用整株喷施英纳和根部浇灌松尔600倍液，连用3~4次，间隔期为5~7d；同时，加强追肥，施壮根壮苗的"雨阳肥"，恢复树势。

4.4.5　6月（芒种—夏至）：植物病、虫、草害多发期

4.4.5.1　管理要点

（1）浇水

随着温度的急剧升高和植物的迅速生长，对水分需求量大，要及时浇水，浇透水，一般1~2d浇一次。

（2）施肥

建议将速效性肥和缓释肥结合使用，既能快速补充植物生长所急需的养分，又能长时间维持土壤的肥力，利于植物健康生长。

（3）修剪

对模纹、球类及部分花灌木实施修剪。

（4）排水工作

有大雨天气时要注意低洼处的排水工作。

4.4.5.2　病虫害的防治

6月中、下旬刺蛾进入孵化盛期，应及时采取措施。目前基本上是采用依它乳剂1000~1500倍液喷洒，或用乙刻进行喷施，7~10d喷一次。

注意防治红蜘蛛。在该时节，红蜘蛛也危害猖獗，应加强防治。

对于灌木上的病害预防，可每隔10~15d喷洒400倍的英纳1次。

地下害虫的防治：进入6月后，蛴螬等地下害虫危害逐渐变得严重起来，但此时虫体小，危害还相对轻，还未大面积扩散成灾。应立即进行防治，建议用土杀1000倍液或地杀撒施防治，连用2次，间隔期为5~7d。在用药前先松土、修剪，并清除过厚的枯草层。

4.4.6　7~8月（小暑—处暑）

植物病、虫、草害重发期。

4.4.6.1　管理要点

植树、排涝、追肥。

(1) 植树

雨季期间，水分充足，可以移植针叶树，但要注意天气变化，一旦碰到高温要及时浇水。

(2) 排涝

7~8月雨水多，大雨过后要及时排涝。

(3) 追肥

在下雨前施肥，主要施缓效肥，肥料成分为高磷钾低氮型。建议用松尔肥，施后植株健壮、根系发达，能提高对不良环境的抵抗能力，减少病虫害的发生。

4.4.6.2 防治病虫害

继续对美国白蛾、天牛及刺蛾进行防治。监测植物生长情况，防治病虫害，将各类病虫害控制在最低范围内。

主要虫害：美国白蛾、紫薇绒蚧、黄杨绢叶螟等。

主要病害：杨树溃疡病、月季黑白病、木本花卉病害、金叶女贞褐斑病。

4.4.7 9月（白露—秋分）

气温开始下降。

4.4.7.1 管理要点

(1) 整形修剪

伐除死树，修剪干枯枝杈。绿篱内整齐一致，做到树木枝繁叶茂，绿地整齐干净。

(2) 施肥

对一些生长较强、枝条不够充分的树木，应追施一些磷、钾肥。9月是草坪的黄金期，适当薄施、勤施复合肥。

4.4.7.2 防治病虫害

继续做好美国白蛾等病虫害的防治工作。

4.4.8 10月（寒露—霜降）

树木开始落叶，陆续进入休眠期。

(1) 准备秋季补植

10月下旬耐寒树木开始落叶，就可以开始补植。

(2) 整形修剪

生长高峰期过后，对树木进行整理，剪去徒长枝、竖向枝，使枝条开张，加大覆盖面积和采光空间。

(3) 树干涂白，防病虫、防冻保温、防啃咬

减少越冬虫口密度和低温对树干的伤害。

4.4.9 11月（立冬—小雪）

进入休眠期，年度养护工作大部分结束，应抓紧利用冬闲机会做好机具保养与检修等准备工作。

①防止徒长　此时树木的生长较为缓慢，为提高植物的抗性，防止徒长，促其新发枝条及早木质化，应停止含氮肥量较多的肥料追肥，适当控制浇水量。

②重点施用有机肥，施后及时灌水。

③所有工具，机动设备等清洗上油，入库。

4.4.10 12月（大雪—冬至）

(1) 灌冻水、修剪、施肥

12月上旬浇越冬水，对落叶植物开始进行冬季修剪，摘除虫蛹等，在浇水的同时结合施肥（以有机肥为主，含草坪施肥）。

(2) 覆盖防寒

在严寒到来之前，对于常绿、露地越冬但又易受冻害的地被植物提前做好防冻工作，可在地面撒上木屑，或在低矮的枯株上盖上一层稻草，或适当浇水防冻。对大叶女贞、樱花等不耐寒的植物采取包裹保温保湿带的办法防寒。

任务4.5　制订草坪养护管理月历

任务指导书

>> 任务目标

了解草坪养护管理月历制订原则；掌握草坪养护管理月历制订方法。

>> 任务描述

1. 根据草坪养护需要安排全年养护工作，制订草坪养护管理月历。
2. 草坪养护管理工作任务的实施。

>> 任务实施指导

园区调查→园区草种调查→制订草坪养护管理月历（表格形式）。

相关知识

4.5.1　1月草坪养护管理

(1) 坪地保护

草坪地已经冻结，严禁有人进入过分踩踏。

(2)抗旱灌水

部分地区可被积雪覆盖,但大部分仍暴露在寒风中,白天气温仍能达到0℃以上。由于华北地区冬季多大风,且降水量少,土壤过于干旱,是造成草坪草死亡的重要原因。一般草坪70%的根系分布在地下8~10cm处,最深可达15cm左右,新播种草坪、草坪铺栽过后及土壤表层干土层达到5cm的坪地,适时补灌一次水。一般可在1月下旬选温暖天气的中午进行。

(3)清除积雪和落叶

运动场及儿童活动草地,应尽可能扫除积雪。属于冬绿性的草坪,则应根据需要,尽可能扫除落叶。

4.5.2 2月草坪养护管理

(1)补灌冻水

当土壤干旱时,1月未能补灌冻水的,需在惊蛰前土壤尚未解冻时,增加一次春灌。

(2)剪草

2月底对小环境内绿地中开始返青的草坪,适当进行一次低修剪,留茬高度控制在2~3cm。

(3)梳草

草坪低修剪后,用钉耙对老草坪进行梳草,搂除草坪地内过厚的草垫层,将枯草层控制在不超过1cm厚度为宜,以增加草坪的透气、透水性,促进根系分蘖提早返青。同时可以起到更新复壮、延长草坪寿命的作用。

(4)施肥

草坪返青前,均匀撒施腐熟、粉碎的有机肥,或磷酸二氢钾、尿素混合撒施。施肥后及时浇灌返青水。南方草坪,在条件许可下,可在草坪上撒施河泥或堆肥,增加草坪肥力。使用的河泥均应于入冬时从河底或池底下层掘出,并经历风化,使之成为粉末状后方可撒施。对于黏性稍重的草坪,应充分利用冬季施肥机会酌量掺入一些粗砂、细碎石屑,以便逐步增强黏性土质的疏松度和透气性能。

(5)浇灌返青水

对气温回升较早的南方地区,应加强早春草坪的管理,检查草坪草萌芽返青情况。2月底至3月初,开始浇灌返青水。灌水是促进草坪返青的必要措施,返青水必须灌足、灌透,做到灌水均匀、不跑水、不积水,土壤层应湿达15~20cm。坡地是土壤干旱最严重的地区,灌水时,可将水管置于坡顶,小水慢灌,防止水量急速流失使水灌不到位。灌水后需要检查土壤的湿润深度,未灌透处应进行补灌。

(6)病虫害防治

草坪低修剪后普遍喷洒波尔多液或石硫合剂,以杀死越冬病原菌及虫卵等,有利于减少当年病虫害的发生。

(7) 杂草防除

早春萌发的1年生早熟禾，在杂草3叶以前，冷季型禾本科草坪成坪可以使用早禾啶进行防除，暖季型草坪可以使用金百秀进行防除。

4.5.3 3月草坪养护管理

(1) 修剪

草坪开始进入返青期，对绿地草坪普遍进行一次低修剪，留茬高度在2~3cm。

(2) 打孔

根据从南向北气温回升情况，采取措施，防止过度踩踏草坪。对草坪致密和因踩踏板结严重地段及3年生以上的草坪，使用草坪打孔机、钢叉等进行打孔松土，或用滚齿筒翻松草根。土壤太干或太湿时不宜打孔。打孔时叉头应垂直插入，打孔应与施肥、覆沙、浇水结合进行。

(3) 施肥

当气温达到15℃时，草坪普遍施肥一次。施肥时以氮肥为主，尿素和磷酸氢二铵混合施用为宜。根据土壤情况适当补充磷、钾肥，做到科学合理施肥。踩踏过的草坪，应施复合肥。若施用腐熟粉碎的有机肥，施肥量50~150g/m²。要撒施均匀，防止出现草墩或斑秃，施肥后及时灌一遍水。

(4) 坪地平整

南方大部分地区进入春季，应全面检查草坪土壤平整状况。对低洼草坪，应适当增添薄层肥泥铺平。低洼处超过2cm时，则应使用草坪平板铲，先将低洼草坪扦起，再用肥土填平，然后将取下的草坪复原，并浇水、镇压。对草坪空秃地块进行补播。

(5) 滚压

早春土壤刚解冻时，土壤含水量适中，此时是滚压的最佳时期。适时对草坪进行一次滚压，可以使松动的草根与土壤紧密结合，同时又能提高草坪的平整度。

(6) 灌水

本月气温不高，可10~15d灌水一次。土壤湿润深度以10~12cm为宜。

(7) 草坪修补准备工作

检查草坪受损情况，对斑秃较严重地块及质量较差的草坪地，做好补播、补栽的准备。除去残留草坪草，土壤经消毒后，施肥、平整好土地，准备对草坪进行补播、补栽。

(8) 清理枯黄草叶

清理麦冬草基部的枯黄草叶，有利于新叶生长。

(9) 病虫害防治

本月下旬地老虎越冬幼虫开始活动危害，可撒施5%辛硫磷颗粒剂防治。

(10) 杂草防除

本月萌发的杂草主要是阔叶杂草，禾本科草坪可以使用坪阔净或消莎进行防除。对于未出土的杂草，建议使用播坪乐在禾本科成坪草坪中拌细沙撒施进行封闭，可以封闭大多数1年生阔叶杂草和禾本科杂草种子。

4.5.4　4月草坪养护管理

(1) 坪地保护

4月，我国大部分地区气温回暖，草坪草开始萌芽返青，对公共绿地中的公园、广场等开放性草坪应设置明显标牌，限制游人入内以防止过度踩踏。

(2) 剪草

①本月中旬，草坪已完全返青，待草坪草生长高度超过10cm时，开始对草坪进行第一次修剪。早熟禾草坪的修剪，应比高羊茅与黑麦草混播草坪修剪时间稍晚。一般留茬高度为4~6cm，使草坪保持低矮致密。

②草坪开始进入旺盛生长期，本月冷季型草坪可半个月修剪一次。

③4月下旬，长江以南地区，大部分生长快的草坪如早熟禾、黑麦草、狗牙根、地毯草等可适当修剪，留茬高度在5cm。对于生长过高的草坪，不可一次修剪到位，每次修剪应遵循1/3原则。要求无漏剪，花坛边缘修剪到位，草面平整，草坪边缘线条清晰、平顺自然。

(3) 灌水

春季为冷季型草坪草旺盛生长期，应保证水分供应。灌水需早，见干见湿，一般10~15d灌水一次。灌水深度以土壤湿润10~12cm为宜。

(4) 草坪铺栽

本月可对新建草坪进行铺栽。铺栽后保持土壤湿润。随着草坪草新根的生长，适当增加灌水量。灌水后，注意做好成品保护工作，指派专人看管，严禁闲杂人员随意进入草坪内践踏。斑秃地块可用草块进行修补。

(5) 草坪播种

①中旬开始冷季型草坪播种建坪或补播工作。对践踏或病虫危害造成较大面积缺损的草坪，可以采取播种修补。②播种后7d内，每天喷水保持地面湿润，严禁地表缺水发生土面干裂现象。

(6) 施肥

对色泽、生长欠佳的草坪，增施氮肥一次，促进草坪正常生长。

(7) 坪地保护

大部分草坪已经返青,应防止过度践踏草坪。

(8) 病虫害防治

①本月草坪容易发生锈病、白粉病、黑粉病等病害,应注意检查,一旦发现病害,及时喷施三唑类药剂。发病严重的地块,应连续3次喷药防治。②本月蛴螬等地下害虫和蚜虫、螨类开始发生,应注意及时检查,一旦达到防治指标,应及时防治。4月中、下旬,华北蝼蛄越冬成虫开始活动危害,严重时可设置黑光灯诱杀成虫。

(9) 杂草防除

本月萌发的杂草主要是大量阔叶杂草。本月除草2次,广场等主要观赏地段,需每10d左右集中拔除杂草一次,确保杂草率低于1%。禾本科草坪可使用坪阔净或消莎进行防除。对于未出土的杂草,可使用播坪乐拌细沙撒施进行封闭,可以封闭大多数常见的1年生阔叶杂草和禾本科杂草种子。

4.5.5　5月草坪养护管理

(1) 草坪播种

一般冷季型草坪的春播工作在5月20日前结束。本月中旬可进行暖季型草坪的播种工作。结缕草最佳的播种时间为5~6月。

(2) 灌水

草坪进入旺盛生长时期,干旱缺雨地区需保证水分供应。灌水要见干见湿,不可频繁灌水。新铺草皮喷水以土壤湿润5cm为宜。

(3) 剪草

5月,大部分地区的草坪开始进入旺盛生长时期,应对草坪草及时修剪。可根据草坪生长快慢来确定修剪间隔时间。a. 新栽植草坪草生长至6~8cm高度时,可进行第一次修剪;野牛草进行全年第一次修剪。b. 草坪进入旺盛生长期,增加草坪修剪次数,一般10d修剪一次。草坪留茬高度4~6cm。c. 失剪的草坪按照1/3原则修剪,切忌一次修剪过低。d. 中、下旬早熟禾进入抽穗生长阶段,及时剪草,防止结籽。e. 面积较大的冷季型观赏草坪可使用植物生长调节剂,如茎叶喷施矮壮素或用多效唑等,抑制草坪草的高生长,减少修剪次数。

(4) 施肥

结合灌水,适当追施磷酸二铵等氮肥,以促进草坪旺盛生长。中、下旬气温升高,草坪病害已发生,喷洒0.3%硫铵可提高抗病能力。野牛草全年首次施肥,避免叶面潮湿时撒施,施肥后必须及时灌水。

(5) 梳草

待枯草层厚度超过1.5cm时,应在剪草后用竹耙连同草屑一起进行清理,清理时需呈十字交叉方向自地面耧除。

(6) 病虫害防治

本月，草坪容易发生锈病、黑粉病、白粉病、褐斑病等病害，从下旬起应做好预防，每隔 10~15d 喷洒一次保护性杀菌剂广菌灵或多菌灵。

在蛴螬等地下害虫高发地区，应及时检查，一旦达到防治指标，应及时防治。食叶害虫草地螟处于盛发期，应做好预防工作。蛴螬和小地老虎幼虫危害期，抓住 1~3 龄幼虫最佳药剂防治时期，用毒饵诱杀，或喷施 50%辛硫磷防治。淡剑夜蛾幼虫、草地螟成虫开始活动，应加强巡视检查，及时防治。适时修剪草坪，减少病菌。在锈病孢子扩散前及时喷洒杀菌剂防治，控制病害扩散。

(7) 杂草防除

本月以一年蓬等阔叶杂草为主，部分地区有马唐、狗尾草等禾本科杂草。人工拔除绿地内杂草，杂草较多时应使用除草剂进行防除。对已成坪绿地杂草，应根据草坪和杂草种类，使用选择性除草剂进行除治。有大量阔叶杂草出现时，对杂草集中地段，可喷洒2,4-D丁酯、阔叶净、扑草净等除草剂。

杂草生长旺盛期，本月需除杂草 3 次，应连根拔除。本月中、下旬菟丝子种子开始萌发缠绕寄主植物，一旦发现很难除治。在菟丝子幼苗期必须人工彻底拔除。

4.5.6 6 月草坪养护管理

(1) 剪草

6 月应适当提高修剪草坪的高度，一般在 6cm 左右。每次修剪后注意及时喷洒杀菌剂如广菌灵、代森锰锌等，防止病菌感染。

(2) 灌水

浇水应在早上进行，避开高温时间，忌地表积水。南方多雨地区，此时雨水充沛，应预先做好排涝准备，防止草坪积水。

(3) 施肥

施肥以钾肥为主，磷肥为辅，避免施用氮肥，施肥量以 10~15kg/亩为准。若有失绿的草坪地段，结合灌溉施以适量的速效性氮肥。

(4) 病虫害防治

①冷季型草坪草逐渐进入热休眠季节，抗性降低，很容易发生腐霉枯萎病、褐斑病、镰刀枯萎病等病害，应提前喷施保护性杀菌剂广菌灵等进行预防。一旦草坪发病，应选择治疗性杀菌剂烯肟醇、御林菌、草坪喷克菌等进行防治。

②本月，蛴螬的越冬幼虫、草地螟幼虫等食叶性害虫大量危害草坪，部分地区蚂蚁、蚯蚓、蜗牛、野蛞蝓等也时有危害，应做好检查工作，一旦达到防治指标，应及时进行防治。南方地区水蜈蚣大量发生，禾本科草坪可以使用镢莎进行防除。

(5)杂草防除

本月是马唐、狗尾草、稗草等禾本科杂草的高发时期,冷季型禾本科草坪成坪可以使用消禾进行防除,暖季型禾本科草坪可以使用金百秀进行防除。

4.5.7　7月草坪养护管理

(1)剪草

修剪草坪时,应遵循剪去量1/3的原则,切忌剪去量过大。冷季型草坪草进入热休眠时期,抗性降低,应适当提高留茬高度。病害发生时修剪草坪应对剪草机的刀片进行消毒处理,防止病害蔓延。

(2)灌水

及时浇水,确保草坪草正常生长,浇水应在清晨或傍晚,避免在中午和夜晚进行。

(3)病虫害防治

①冷季型草坪很容易发生腐霉枯萎病、镰刀枯萎病、夏季斑病等病害,应注意喷施保护性杀菌剂广菌灵等。一旦草坪发病,应选择治疗性杀菌剂烯肟醇、御林菌、草坪喷克菌等药剂进行防治。

②本月是草地螟幼虫、黏虫等食叶性害虫危害草坪的时期,应做好检查工作。在幼虫3龄以前防治,可以使用灭幼脲进行防治。

(4)杂草防除

7月部分马唐、狗尾草、稗草等禾本科杂草草龄比较大,防除时先采用人工将个别比较大的杂草拔除后,再使用除草剂防除小的杂草,防除方法参考6月。

4.5.8　8月草坪养护管理

(1)灌水

继续做好浇水等管理工作。

(2)剪草

若因剪草次数少而草坪草的茎叶过高,应分两遍剪低,第一遍只剪去顶部,第二遍再调整滚刀,降低剪草高度。

(3)补播

暖季型草坪交播冷季型草坪,若有需要,则可在本月下旬开始撒播草籽。撒播后应及时使用钉耙耙松土壤,使播下的草籽落入土壤中,并浇水促进草籽萌芽。

(4)病虫害防治

①冷季型草坪很容易发生腐霉枯萎病、镰刀枯萎病、夏季斑病等病害,具体防治措施同7月。

②本月下旬蛴螬幼虫开始危害草坪草,部分地区飞虱、黏虫等危害严重,可使用地害

平、狂杀蚜进行防治。

(5) 杂草防除

8月，草坪中的大部分杂草处于开花结果时期，使用除草剂进行防除不能根除，但可以抑制其开花结果，减少种子落入土中，降低翌年杂草的萌发量。防除阔叶杂草可以使用坪阔净、消莎；防除禾本科杂草，冷季型草坪成坪使用消禾，暖季型草坪使用金百秀。

4.5.9　9月草坪养护管理

本月是冷季型草坪草最佳生长季节，管理工作以防治害虫为主，适当修剪，增施肥料。

(1) 病虫害防治

①本月起由于气温下降，草坪害虫如草地螟、蝼蛄、蛴螬等开始活跃，应选用西维因、地害平、呋喃丹等进行防治。

②病害主要有锈病、白粉病，应注意检查防治。本月草坪病害基本不再蔓延，应及时清除枯死的病斑，中、下旬可对草坪上凹凸不平或秃裸空白地块进行修补。

(2) 清理坪地

对所有草坪，均可使用钉耙清除垃圾及厚的碎草片，刺激分蘖。对因踩踏板结的地块进行打孔，深度应为1cm，并撒一薄层配制的混合覆盖土，用扫帚将叶片上的土粒扫掉。

(3) 施肥

施肥以磷肥为主，可施入少量钾肥，以促进草坪草根群强大，增强其抗病能力和越冬能力。

(4) 补植

本月是建植冷季型草坪的最佳时期，本月或下月初播种草籽，生产草皮卷，铺设新草坪进行工程绿化。

4.5.10　10月草坪养护管理

(1) 剪草

正常的剪草工作在本月初结束，最后一次剪草时的留草高度应适当提高，以利于草坪草正常越冬。

(2) 浇水

浇水次数可适当减少。

(3) 病虫害防治

使用地害平防治地下害虫，使用氧化亚铜等杀菌剂防治苔藓。修补草坪，修整草坪边缘，对踩踏硬实处进行打孔等草坪养护管理工作，均应合理安排，力争在本月起开始进行，新建草坪应于月初完成。

(4) 杂草防除

1年生早熟禾、看麦娘等越年生杂草开始危害。杂草萌发以前，冷季型草坪成坪使用早禾封封闭未出土的杂草种子，暖季型草坪可以使用金百秀封闭未出土的杂草种子。

4.5.11　11月草坪养护管理

本月草坪生长缓慢，部分草坪出现枯黄现象，月初适当施氮肥，保证水分需要，可延缓草坪休眠期的到来，获得更长的绿期。草坪管理的主要工作是清除树木落叶，对于新建的草坪应充分保证水分供应。

(1) 剪草

如果天气晴朗温暖，土面较干实，特别是在我国南方地区，应再适当增加一次剪草。

(2) 整理机具

一般情况下，本年度草坪养护工作大部分结束，应将所有工具、机动设备等清洗上油，以利于收藏，备至翌年使用。

(3) 病虫害防治

本月在部分草地上，如果发生蜗牛危害，可及时施药消除。

(4) 铺植草皮

本月仍是铺草皮的最好季节，一般情况下，容易成活发根，有利于越冬。

4.5.12　12月草坪养护管理

(1) 清理坪地

本月我国大部分地区进入冬季，扫除落叶。

(2) 坪地保护

注意潮湿地块及雨雪时土壤冻结情况，禁止在草坪上踩踏，否则会使草坪草受严重伤害。若必须在草坪上通行车辆，应先铺上木板。

(3) 灌水

有条件的地区，在12月入冬前进行一次冬灌，充分保证草坪完全越冬并有利于春季草坪返青。

参 考 文 献

陈国民，李春枝，邱海峰，等，2007. 关于园林绿色植保方面的探讨研究[J]. 现代农业科技(5)：53-54.

丁世民，2010. 园林绿地养护技术[M]. 北京：中国农业大学出版社.

丁素春，2008. 浅谈园林 a 设计中的绿色园林植保技术应用[J]. 河北林业(1)：26，29.

杜培明，2008. 宁杭高速公路路体绿化研究[D]. 南京：南京林业大学.

傅海英，2016. 园林绿地施工与养护[M]. 北京：中国建筑工业出版社.

高国平，单锋，赵瑞星，等，2014. 辽宁树木病害图志[M]. 沈阳：辽宁科学技术出版社.

韩国生，2011. 林木有害生物识别与防治图鉴[M]. 沈阳：辽宁科学技术出版社.

李沂芝，孟光荣，2010. 高速公路苗木的绿化精细管理[J]. 交通企业管理(11)：52-53.

马国胜，2015. 园林植物保护技术[M]. 苏州：苏州大学出版社.

马艳红，2011. 小议城市园林绿化不同季节的管理措施[J]. 现代园艺(10X)：104，106.

任志挥，张杰，2012. 园林绿化种植与养护管理[J]. 现代园艺(6)：173.

王飞宇，赵淑英，李志武，2010. 园林有害生物[M]. 沈阳：辽宁科学技术出版社.

王桂娟，钱金军，2008. 城市园林绿化树木的养护管理[J]. 上海农业科技(1)：17-18.

魏岩，2003. 园林植物栽培与养护[M]. 北京：中国科学技术出版社.

吴立威，周业生，2015. 园林工程招投标与预决算[M]. 北京：科学出版社.

杨明，2007. 园林养护工作浅析[J]. 黑龙江科技信息(11S)：156.

杨兴芳，李寿冰，丁世民，2010. 居住区园林绿色植保技术应用[J]. 安徽农业科学，38(15)：8256-8257，8278.

张艳玲，2009. 园林植物常见病虫害防治及园林植保可持续发展的建议[J]. 现代园艺(3)：57-58.

张晔，2007. 园林养护工作浅析[J]. 科技信息：科学教研(15)：233.

祝遵凌，罗镪，2010. 园林工程造价与招投标[M]. 北京：中国林业出版社.